新型废水处理功能材料的研究与应用

谌建宇　罗　隽　骆其金　庞志华　著

中国环境出版社・北京

图书在版编目（CIP）数据

新型废水处理功能材料的研究与应用/谌建宇等著. —北京：中国环境出版社，2015.2

ISBN 978-7-5111-2194-3

Ⅰ. ①新… Ⅱ. ①谌… Ⅲ. ①废水处理—功能材料—研究 Ⅳ. ①X703.3

中国版本图书馆 CIP 数据核字（2015）第 003086 号

出 版 人 王新程
责任编辑 宋慧敏
责任校对 尹 芳
封面设计 宋 瑞

出版发行 中国环境出版社
（100062 北京市东城区广渠门内大街 16 号）
网 址：http://www.cesp.com.cn
电子邮箱：bjgl@cesp.com.cn
联系电话：010-67112765（编辑管理部）
010-67112738（管理图书出版中心）
发行热线：010-67125803，010-67113405（传真）
印 刷 北京中科印刷有限公司
经 销 各地新华书店
版 次 2015 年 5 月第 1 版
印 次 2015 年 5 月第 1 次印刷
开 本 787×1092 1/16
印 张 15.25
字 数 365 千字
定 价 55.00 元

前 言

功能材料是目前材料科学领域研究最为活跃的方向之一，在各行各业得到了广泛的应用。水质净化功能材料技术即是由工程材料学与环境工程学交叉形成，其基本特征是应用天然或人工合成改性材料（如沸石、活性炭、纳米催化铁等），通过物理化学或生物化学等途径形成新的水质净化工艺，达到去除水中各类污染物的目的。

环境功能材料的研究和用途十分广泛，本书以作者最新研究成果为主要叙述对象，并参考了同行的研究成果，选择其中研究较为集中、技术基本成熟并逐步走向工程应用的部分进行梳理总结。主要内容包括：粉煤灰人工沸石的制备及改性、功能陶粒制备技术、蒙脱石负载纳米铁材料制备技术及上述功能材料在可渗透性反应墙、人工湿地及曝气生物滤池中的工程应用。这些研究内容对于进一步深化与拓展环境功能材料的研究和应用，特别是在目前水质净化领域中的热点方向（如持续性毒害性污染物的去除、污水处理工艺的提标改造和生态治污等）具有重要的参考价值。

本书编写中注意了体系的完整性和系统性，紧密结合国内外最新研究进展与观点，对材料的制备、优化到材料在实际污水处理工程中的应用进行了论述。全书共分 8 章，其中第 1 章由谌建宇负责编写，第 2 章由谌建宇、骆其金负责编写，第 3 章由罗隽、谌建宇负责编写，第 4 章由庞志华负责编写，第 5 章由骆其金编写，第 6 章、第 7 章、第 8 章由罗隽、谌建宇负责编写。参与本书部分章节编写的还有刘畅、黄荣新、周秀秀等。全书由谌建宇、罗隽统稿。编写过程中，承蒙不少环境功能材料研究领域的前辈和同行的热诚鼓励和支持，本书在编著过程中得到了环境保护部华南环境科学研究所许振成、北京大学吴为中的支持和帮助，在此一并表示感谢！

本书可作为高等院校环境工程专业本科生和研究生学习有关水处理技术的参考用书，也可供从事废水处理工程设计技术人员或运行管理人员参考。

限于著者水平，书中错误和不足之处在所难免，欢迎读者批评指正！

作　者

目　录

第1章　绪 论

1.1　材料与环境材料

材料科学是研究各类材料的组成、结构、工艺、性能与使用效能之间相互关系的学科。材料学主要为材料设计、制造、工艺优化和合理使用提供科学依据。材料学所涉及的理论主要包括固体物理学、材料化学、材料力学等。材料学与其他学科广泛结合，形成了大量交叉学科。材料科学按物理化学属性来划分，主要包括以下几个类别：高分子材料（Polymer materials）、无机非金属材料（Inorganic nonmetallic materials，包括陶瓷材料、半导体材料等）、金属材料（Metal materials）及复合材料（Composite materials）等。实际应用中又常分为结构材料和功能材料等。

近年来，环境材料作为一门新兴学科正受到广泛的关注。而作为环境材料的主要分支，水质净化功能材料的开发已显示出日益重要的地位。我国目前正处于水体污染治理的关键阶段，需要发展大量有效的废水处理和水体修复新技术，而环境功能材料的应用将有望大大提高传统水处理工艺的处理效率，进而促进我国水环境质量的改善。

1.2　水质净化功能材料研究概述

目前，我国水污染主要包括营养物污染、重金属污染及痕量毒性有机物污染三类。我国长期以来采用传统生物法进行废水处理（包括活性污泥法及生物膜法），对常规有机污染物的去除效果较好，但对前述二种类型污染物的去除效果并不理想，仍存在很大的提升空间。

从广义上说，所有用于污水处理的功能材料均属于污水净化功能材料。目前着重研究的是污水处理过程中可通过物理或化学过程去除水中污染物，或是作为生化处理时的生物膜载体的功能材料。具体研究主要包括两方面：一是生物膜处理工艺中载体填料的开发；二是包括吸附型材料、分子筛、复合吸附-还原材料等在内的新型吸附分离材料的开发。从现有的研究来看，分子筛型、复合多功能废水处理填料等将是废水处理功能材料发展的重点方向。

当功能材料作为生物膜的载体时称为填料，主要用在曝气生物滤池（BAF）和人工湿地等；而当功能材料作为过滤型污水处理设施的核心时则称为滤料，一般用于滤坝、滤式反应墙和各类滤池等。应用较为广泛的废水处理功能材料主要包括沸石、陶粒、玄武石、活性炭、炉渣、焦炭、无烟煤、细石英砂、塑料球及高分子材料等。从目前的应用状况来看，用作过滤型材料时，滤料的成本、过滤性能、可再生性等是制约其应用的关键因素；

而功能材料作为生物膜载体时，其比重、比表面积、挂膜速度、抗水力冲击负荷、制造成本和原料取材等方面则尤其重要。由于天然原材料的功能难以满足水处理的要求且资源有限，利用各种廉价原料（如各类燃烧飞灰、天然吸附材料等）去开发具有污水净化功能的材料及相应的污水处理技术具有巨大的发展潜力。各类新型废水净化功能材料将在我国的水污染控制治理领域发挥越来越重要的作用。

1.3 水质净化功能材料的分类

废水处理功能材料按其实际用途进行区分，可分为生物膜载体材料、吸附型材料、过滤型材料及催化氧化材料四大类；按其获得方法进行区分，可分为天然材料及人工合成功能材料；而按材质进行区分，则可以分为有机功能材料和无机功能材料。此外还可以根据作用的机理，分为物理作用型功能材料与化学作用型功能材料等；根据其与水之间的接触特性，可分为亲水型功能材料及憎水型功能材料等。本书主要以水处理功能材料的实际用途进行区分。

1.3.1 生物膜载体型环境功能材料

生物膜载体又称作生物填料，是最常用的水处理环境功能材料之一，主要包括高分子材料制备的弹性填料，以及页岩、火山岩、黏土等材质制成的陶粒填料。此类功能材料本身对污染物的去除效果可能较差，但均具有表面粗糙、比表面积大、坚固耐用、微生物对其无法降解等方面的特点，适合为微生物提供生长栖息的场所。

1.3.1.1 高分子合成生物膜载体材料

高分子合成生物膜载体材料又分为硬性材料、软性材料和半软性材料等几类。其中，硬性材料是由玻璃钢或塑料制成的波状板或蜂窝状材料。软性材料常为纤维束状，由尼龙、涤纶、维纶、腈纶等化纤编结成束并用中心绳连接而成，其优点是比表面积大，物理化学性能稳定，运输组装方便；缺点是纤维束易于结块，形成厌氧环境，使用寿命短。半软性材料的材质通常为变性聚乙烯、聚氯乙烯等有机塑料，优点包括比表面积大、孔隙率高、耐腐蚀、不易堵塞、易于安装等，其缺点是易老化。高分子合成生物膜载体材料一般用在污水处理工程中的好氧处理工艺中。

1.3.1.2 陶粒

陶粒是污水处理中使用最为广泛的生物膜载体材料，目前广泛用于生物滤池、人工湿地等污水处理工程中。陶粒的外观一般为圆形或椭圆形球体，因生产制造工艺不同而有所差异，一般陶粒的制备均需要经过蒸汽养护或烧结等步骤以增加其强度，经烧制后的陶粒表面为坚硬的陶质或釉质的外壳，强度足够应付污水处理的需要。陶粒的粒径一般为 5～20 mm。

用来加工生产陶粒的原材料一般包括火山岩、黏土和页岩等。近年来生产陶粒的原材料种类明显增加，多种固体废弃物被用来生产陶粒，包括粉煤灰、钢渣、矿渣、炉渣、河道淤泥、污水处理厂污泥、生活垃圾焚烧灰渣、农作物秸秆等，但由于陶粒对强度的要求，通常仍需加入黏土等作为黏合剂。新型陶粒由于其制备及烧结工艺可控可调，因此其孔容大小、孔径分布等均能根据不同的需要确定。与传统陶粒相比，新型陶粒不仅生物膜挂膜性能更好，且通过制备工艺的改进，还能具备强化废水脱氮除磷、吸附重金属、去除有机物等作用，具有良好的应用前景。

陶粒表面粗糙多孔，内部呈细密蜂窝状微孔结构，这是在焙烧过程中原料生成气体并逸出而形成的。这种结构导致陶粒具有轻质性，某些烧胀陶粒的颗粒密度与水接近，能够悬浮在水中，在全池均匀流化。同时，这种多孔结构也为微生物在其表面附着创造了条件。

李国昌等[1]利用煤矸石生产的陶粒挂膜快、易于反冲洗，对水中有机物和 NH_3-N 的去除效果良好。齐元峰等[2]以脱水污泥、黏土和粉煤灰为原料制备的填料孔隙率更大，更适合微生物的附着和生长。杜芳等[3]以铁尾矿为原料，以粉煤灰、城市污水处理厂剩余污泥为添加剂，进行了陶粒烧制研究，得出最佳配比为：铁尾矿 40.3%，粉煤灰 44.7%，污泥 15%。

应用陶粒处理污水是国内有关生物载体材料应用研究的一个热点。相会强等[4]将粉煤灰陶粒用于处理含金属离子的废水、腐殖废水、含磷废水、含氟废水、含油废水，相关试验结果表明粉煤灰陶粒对于各种污染物均具有良好的去除效果。岳敏等[5]对国产轻质球形陶粒的理化性能、挂膜特性及用于塔式厌氧生物滤池处理有机废水的效果进行了研究，表明该种材料适于作厌氧微生物载体。袁煦等[6]以陶粒作为曝气生物滤池的载体材料处理低浓度生活污水，对 COD、NH_3-N 及 SS 的去除效果进行了研究，对生物膜的形态进行了观察，结果表明：在进水 COD 为 30.8～184.8 mg/L、NH_3-N 平均值为 25 mg/L、SS 为 61.2～206.9 mg/L，水力停留时间（HRT）分别为 12 h、10 h、8 h、5 h 和 3 h 时，处理后出水的 COD、NH_3-N 和 SS 的去除率均分别可达 80%、90%和 80%以上。桑军强等[7]考察了磷源对陶粒滤池生物膜的影响，结果表明在进行生物陶粒滤池预处理的过程中，如果原水中磷源含量低，不能满足微生物生长需要，则向原水中添加磷源可以提高陶粒滤池中微生物的数量和活性，从而改善陶粒滤池预处理效果。

1.3.2 吸附型环境功能材料

吸附型环境功能材料能够在水处理过程中通过吸附作用直接将废水中污染物质去除，包括生物质吸附材料和无机吸附材料两大类。与生物膜载体型环境功能材料不同的是，吸附型环境功能材料主要依靠自身对污染物的吸附能力完成污染物的去除，为保证其对污染物的吸附能力持续、稳定，一般应避免微生物在吸附材料上生长，以免影响其吸附能力。

1.3.2.1 生物质材料

生物质材料目前选材的范围非常广泛，近年来国际上大量的相关研究均取材于生物质材料，包括各类微生物、果壳、藻类、树皮、椰丝、木片、贝壳、玉米芯、锯末、淀粉、壳聚糖、蛋白质、纤维素、木质素、天然橡胶型高分子材料、海藻酸钙、琼脂、角叉菜胶等。在使用过程中经过预处理、改性等制备过程赋予其不同的废水处理特性。从目前所报道的研究情况来看，大量的生物质材料均能表现出良好的废水处理性能，尤其以吸附性能为主。这类原料来源丰富，成本低廉，对微生物无毒、无害性，传质性能好，因而其研究开发应用领域前景广阔；但在运行过程中常因有机物质的分解而影响使用效果，尤其在厌氧条件下易被微生物分解，因此使用寿命相对较短。

1.3.2.2 无机吸附材料

1）炭质吸附材料

炭质吸附材料主要是指活性炭，此外还包括部分膨胀石墨等。活性炭因其优良的吸附性能和发达的孔隙结构，一直是使用最普遍的吸附材料之一。活性炭属无定型炭，由许多呈石墨型的层状结构的微晶不规则地集合而成，具有结晶缺陷。活性炭内部有无数微细孔隙纵横相通，其孔径为 1×10^{-10}～1×10^{-6}μm，特别是 1×10^{-10}～1×10^{-9}μm 的微孔居多，这使得活性炭具有巨大的比表面积（可达 1 000 m^2/g）[8]。由于炭质吸附材料的化学性质稳定，所以其应用范围很广。

活性炭不仅对色、嗅去除效果良好，而且对合成洗涤剂也有较高的吸附能力。利用活性炭去除水中大部分有机物是其重要应用之一。此外，活性炭还能有效地去除几乎无法分解的氨基甲酸酯类杀虫剂和 COD 等。活性炭能有效地去除水中的游离氯和某些重金属（如汞、锑、锡、铬等），且不易产生二次污染。在处理工业废水中，活性炭主要用于最后的深度处理。对于石油化工和印染这类 COD、BOD 含量较高的废水，活性炭也可用于二级处理组合系统。

2）沸石

沸石是一族架状结构的多孔性含水铝硅酸盐矿物的总称，含有 Na、Ca、Sr、Ba、K 和 Mg 等金属离子，其一般化学通式可表示为$(Na, K)_x(Mg, Ca, Sr, Ba)_y[Al_{x+2y}Si_{n-(x+2y)}O_{2n}]\cdot mH_2O$，式中 x 为碱金属离子个数，y 为碱土金属离子个数，n 表示硅铝离子个数之和，m 表示水分子个数。

沸石的晶体结构是由硅（铝）氧四面体连成三维的格架，格架中有各种大小不同的空穴和通道，具有很大的开放性。碱金属或碱土金属离子和水分子均分布在空穴和通道中，与格架的联系较弱。沸石可以借水的渗滤作用进行阳离子的交换，其成分中的钠、钙离子可与水溶液中的钾、镁等离子交换，工业上用以软化硬水。不同的离子交换对沸石结构影响很小，但可以使沸石的性质发生变化。晶格中存在的大小不同空腔，可以吸取或过滤大小不同的其他物质的分子。工业上常将其作为分子筛，以净化或分离混合成分的物质，如气体分离、石油净化和处理工业污染等。

自然界已发现的沸石有 30 多种，较常见的有方沸石、菱沸石、钙沸石、片沸石、钠沸石、丝光沸石、辉沸石等。由于沸石的天然特性，目前有大量的研究通过利用粉煤灰、草木灰等原料合成人工沸石，其吸附容量与天然沸石相类似，而获取的成本更低；最近的研究则着重于对人工沸石掺入稀土元素等物质赋予其新的废水处理特性。

3）硅藻土

硅藻土是一种多孔、密度小、耐酸、耐碱和绝缘的非金属矿物。其具有孔隙率高、孔体积大、质量轻、堆积密度小、比表面积大、导热系数低、吸附性强和活性好等优点。硅藻土由于布满大量的、有序排列的纳米微孔结构，其比表面积巨大，是天然的纳米材料，能吸附等于自身质量 1.5～4 倍的液体；硅藻土颗粒壁壳上的天然的多级有序的微孔结构使其在作为聚合物材料、涂料的填料和增强剂、化工的助滤剂、吸附剂、催化剂载体、表面活性剂以及色谱固定相或载体等方面有很高的应用价值[8]。硅藻土由于表面被大量硅羟基所覆盖，通常其颗粒表面带有负电荷，这样使其对重金属离子拥有良好的交换性和选择吸附性。硅藻土具有独特的特性，用硅藻土处理重金属污染的方法不但简便、有效而且成本低廉，并且重金属在脱吸附时的释放率较低。

4）海泡石

海泡石是一种富含多种矿物质和有机物的具有较强吸附性和黏合性的特种稀有非金属矿物。海泡石属斜方晶系，为链层状水镁硅酸盐或镁铝硅酸盐矿物，呈细脉状和网状填于岩石中，主要化学成分是硅（Si）和镁（Mg），化学式为 $Mg_8Si_{12}O_{30}(OH)_4(OH_2)_4 \cdot 8H_2O$。晶体结构为 2 层硅氧四面体，中间 1 层为镁氧八面体。这种独特的结构使海泡石具有比较大的比表面积和较强的离子交换能力，同时具有物理吸附和化学吸附作用。海泡石的吸附活性中心可以分成 3 种类型：①硅氧四面体中的氧原子；②在八面体侧面与镁离子配位的水分子；③在四面体外的表面由 Si—O—Si 键破裂而产生的 Si—OH 离子团，这些 Si—OH 离子团能与海泡石外表吸附的分子相互作用，并具有形成共价键的能力。

海泡石同时存在着位于硅酸盐“外表面”的硅烷醇基团形成的中性吸附位和用低价金属离子替代 Si^{4+} 形成的负电吸附位，这两种位置在海泡石上的分布使得它对中性有机分子或有机阳离子有很强的吸附能力。Sabah 等[9]对海泡石首先在 300℃下进行热活化，然后用硝酸在室温下酸化 3 h，用于吸附废水中的溴化十二烷基三甲铵、溴化十六碳烷基三甲铵、长碳链和短碳链季铵盐等有机化合物，均有很好的效果。海泡石不仅可用来吸附有机阳离子，近年来也有人尝试用它来吸附有机阴离子，并取得了很好的效果。Ozdemir 等[10]用典型季铵表面活性剂十六碳烷基三甲铵对海泡石改性，用改性海泡石对黄、黑和红三种含阴离子磺酸基染料进行吸附，得出最大吸附容量分别为 169.1 g/kg、120.5 g/kg 和 108.8 g/kg。

5）膨润土

膨润土是一种黏土岩，主要化学成分是 SiO_2、Al_2O_3 和 H_2O，还含有 Fe、Mg、Ca、Na、K 等元素，Na_2O 和 CaO 含量对膨润土的物理化学性质和工艺技术性能影响颇大。按可交换阳离子的种类、含量和层电荷大小，膨润土可分为钠基膨润土（碱性土）、钙基膨润土（碱土性土）、天然漂白土（酸性土或酸性白土），其中钙基膨润土又包括钙钠基和钙镁基等。膨润土具有较强的吸湿性和膨胀性，可吸附 8～15 倍于自身体积的水量，体积膨胀可达数倍至 30 倍；在水介质中能分散成凝胶状和悬浮状，这种介质溶液具有一定的黏滞性、能变性和润滑性；膨润土有较强的阳离子交换能力；它对各种气体、液体、有机物质均有一定的吸附能力，最大吸附量可达自身的重量的 5 倍，具有表面活性的酸性漂白土能吸附有色离子；它与水、泥或细沙的掺合物具有可塑性和黏结性。

天然膨润土表面的硅氧结构具有极强的亲水性，而且层间大量可交换性阳离子发生水解，使其表面通常存在一层薄的水膜，不能有效地吸附疏水性有机污染物。将天然膨润土钠化后再进行无机聚合，能大幅提高膨润土对有机污染物的脱色去污能力，将其用于处理印染废水，COD 去除率可达 85%以上。

6）蒙脱石

蒙脱石矿物属单斜晶系，通常呈土状块体，白色，有时带浅红、浅绿、淡黄等色，光泽暗淡。硬度 1～2 莫氏硬度，密度 2～3 g/cm^3。蒙脱石是典型的 2∶1 型层状结构硅酸盐矿物，具有巨大的比表面积和表面能。蒙脱石每个单位晶胞由两个硅氧四面体与一个铝氧八面体平行链组成，在每个晶体构造层间吸附和放出水分子。蒙脱石具有较高的阳离子交换性能，表现出较强的吸附性，且容易使颗粒分裂成很细的带电粒子。大量的研究和试验表明，天然或经过适当改性的蒙脱石在处理重金属污染等方面效果良好。蒙脱石与膨润土已成为目前国际上环境功能材料研究的热点方向之一。

7）硅胶

硅胶是由水玻璃和硫酸或盐酸作用生成的白色胶状硅酸沉淀经分子间脱水而形成的一种多孔性物质，属于无定形结构，具有较大的比表面积、良好的吸附性能以及较高的耐辐照性能和化学稳定性。其表面的羟基具有一定程度的极性，通过吸附作用和电荷效应可固定微生物细胞。多孔硅胶是一种非晶体物质，表面具有丰富的表面硅羟基。硅胶分子筛是由 SiO_2、Al_2O_3 和碱金属或碱土金属组成的无机微孔，具有相当于分子直径大小的均匀孔径，主要通过水热合成法和水热转化法制备[11]。此类分子筛除了可以用作吸附分离材料，还可作为微生物载体用于污水处理，其分子筛孔径分布均匀、气孔率高、比表面积大。

硅胶作为分离材料有其突出优点，尤其是机械强度高、辐照稳定性好，但只有羟基单一功能团，且不同类型的硅胶产品性能差别较大。根据实际应用的需求，利用硅胶表面羟基将一些具有特定功能的基团接枝在硅胶表面，进行孔内外表面修饰，获得多种具有特殊分离功能的新型材料，是当代分离材料科学研究的热点和前沿课题之一[12]。

1.3.3　过滤型环境功能材料

1.3.3.1　常规水处理滤料

常规水处理滤料主要包括离子树脂、石英砂、锰砂、矿化石、橄榄石、陶粒、珍珠岩、沸石、海泡石、珊瑚石灰石、蒙脱土、硅藻土、烟煤、褐煤、纤维球、聚苯乙烯、玻璃珠、KDF 铜锌合金、磁石等，尤以石英砂及陶粒的应用最为广泛。

石英砂是一种常见的过滤材料，广泛应用于给水处理、污水处理和环境治理等各种水质净化工艺。由于石英砂滤料表面孔隙少，其对水中有毒有害物的去除效果并不理想。现阶段对石英砂滤料的开发主要在于改善其表面特性，制成具有优良机械强度和一定吸附性能的改性滤料。周岳溪等[13]应用铁盐表面改性剂制备了可以去除水中磷酸盐和重金属离子的石英砂滤料；丁春生等[14]以石英砂为载体，用反复加热蒸干法制备了铝盐改性石英砂，对水中 COD 和 UV254 的去除率均高于改性前的石英砂；马军等[15]采用改性石英砂滤料强化过滤处理含藻水的试验结果表明，与原石英砂滤料相比，改性石英砂滤料对含藻水具有优良的处理效果。

多孔陶瓷是一种新型的功能材料，结合了多孔材料的高比表面积和陶瓷材料的物理强度特性及化学稳定性，具有一定尺寸和数量的孔隙结构，通过控制其孔径、孔形状、孔隙率、容重可达到不同的过滤功能。吴建锋等[16]以白云石、石墨为成孔剂制备了赤泥质多孔陶瓷滤料，其气孔分布均匀，孔容积大，可以满足用作水处理过滤介质的要求。

1.3.3.2　纤维过滤材料

颗粒过滤材料的重要特征是可以方便地在过滤池或过滤器内完成清洗，因此作为纤维过滤材料的一个发展方向。纤维过滤材料比石英砂或其他实体颗粒材料具有更大的比表面积和孔隙率，其构成的滤床应具有比常规颗粒过滤材料更大的截污容量，从而有着更高的过滤器效率。纤维过滤材料的种类主要包括：①短纤维单丝乱堆过滤材料；②低卷曲纤维椭球过滤材料；③实心纤维球；④中心结扎纤维球；⑤卷缩纤维中心结扎纤维球；⑥棒状纤维过滤材料；⑦彗星式纤维过滤材料；⑧纤维束过滤材料等。根据上述材料开发出不同类型的纤维过滤器。

1.3.4 催化反应型环境功能材料

在催化反应型材料中，纳米环境功能材料是最重要的组成部分。纳米材料是指其结构单元的尺寸介于1～100 nm之间的材料，包括零维的原子团簇和纳米微粒、一维的纳米多层膜、二维的纳米微粒膜以及三维的纳米相材料。当材料的尺寸进入纳米级时，会产生许多传统固体所不具备的性能，主要包括表面效应、体积效应、量子尺寸效应和宏观量子隧道效应。另外，由于尺寸很小，纳米材料通常拥有很大的比表面积，表面原子配位的不饱和性会导致大量的悬键和不饱和键，使纳米材料具有很高的化学活性。这些特殊性使纳米材料具有良好的分离、光催化、还原及吸附性能。同时，纳米材料结构单元的尺寸小，使得它与污染物的有效接触面积比较大，对水中污染物的去除效果比传统的水处理方法更好，因而在水处理行业具有广阔的应用前景。目前用于水处理的纳米材料主要可以分为四种：纳滤膜材料、光催化材料、纳米还原性材料及纳米吸附性材料。目前在废水处理中，应用最多的纳米材料主要包括纳滤膜、二氧化钛光催化剂、纳米零价铁、纳米镍、纳米锌、碳纳米管等。

1.3.4.1 光催化型环境功能材料

在污水处理技术中，半导体光催化是一种高级化学氧化技术。目前已经开发了一系列的半导体光催化材料，主要有氧化物（如 TiO_2、ZnO、WO_3、$La_2Ti_2O_7$、$BiVO_4$）、硫化物（如 CdS、ZnS、CdSe）和磷化物（GaP、InP）。在这些光催化剂中，TiO_2 具有优异的化学稳定性、光稳定性和生物相容性等独特性能，被认为是最受欢迎的光催化剂。商用的锐钛矿和金红石的质量比约为 80/20 的混晶 TiO_2 被作为开发新型光催化剂的研究标准，其平均粒径为 25 nm，比表面积为 50 m^2/g。具有量子尺寸效应的纳米半导体光催化材料因其高比表面积和良好的分散性能在最大限度上满足了高效光催化性能的需求，但由于悬浮状态的纳米颗粒易团聚，导致光催化性能的迅速降低。因此，人们更加注重制备多孔光催化材料或者将纳米光催化材料负载在多孔固体衬底上。目前，很多设计方法已被用于制备具有高比表面积、结晶性良好的纳米构筑体以及在不同尺度范围内对多孔光催化剂进行形貌调控。

1.3.4.2 铁系催化环境功能材料

纳米铁材料是指三维粒径在1～100 nm范围内的超细铁粉末材料。较微米级铁粒子而言，纳米铁粒子直径的极端细小，使其粉末表面原子数急剧增加，同时增大的还有铁颗粒的表面张力以及表面能，因此纳米铁材料较常规细粉材料表现出了一些独特的性质。胡六江等[17]利用负载型纳米铁材料去除废水中的硝基苯，120 min 可实现对初始浓度为

200 mg/L 的硝基苯 98%的去除，且负载型纳米铁材料可在较广的 pH 变化范围内保持较高的去除硝基苯的能力。唐次来等[18]的研究结论表明，凭借对 NO_3^-、重金属、氯代有机物等污染物有效的处理能力，纳米铁在水体污染修复领域具有巨大的应用空间。

1.3.5 各类水处理环境功能材料对比

水处理环境功能材料种类繁多，随着技术的不断进步，水处理环境功能材料逐渐向复合多功能化发展，一些功能材料可能同时具备几项功能，如目前研发的部分多功能陶粒不仅能够作为生物膜载体进行使用，同时还具有良好的污染物去除性能，但其功能大致上仍可归为上述的四大类别。表 1-1 为目前主要的水处理环境功能材料比较一览。

表 1-1 目前主要的水处理环境功能材料比较一览

序号	功能材料类型	特点	主要用途	代表材料	代表性应用范围
1	生物膜载体型	生物可附着性强，性状稳定	可作为污水处理时生物膜附着生长场所	弹性填料、陶粒等	曝气池、水解酸化池、生物滤池、人工湿地等
2	吸附型	具有大量的微孔隙，或有大量吸附活性位点，可针对不同污染物进行专属吸附	对污染物直接通过吸附作用以达到去除目的，主要吸附氮、磷、重金属、有机物等	活性炭、人工沸石、蒙脱石等	各类吸附塔、吸收塔
3	过滤型	液体透过性好，性状稳定，不易被生物膜附着，以免影响其过滤性能	用作过滤时滤料使用	石英砂、烟煤、纤维滤料等	各类过滤器、滤池等
4	催化反应型	具有良好催化活性，催化性能持久，不易出现催化剂中毒现象	用作难降解有机物的高级氧化	零价铁、纳米 TiO_2	光催化氧化、零价铁催化氧化

1.4 环境功能材料研究目前存在的问题

我国进行环境功能材料研究还为时尚短，相对国外先进国家如日本等有关技术发展及理论研究仍较为落后，仍以学习模仿为主。目前我国应用于常规污水处理工程强化污染物去除的功能材料主要包括新型人工沸石、多孔陶粒、改性黏土矿物材料及多功能复合功能材料等。但大部分的研究主要还处于初期阶段，对于功能材料去除污染物的机理阐述仍不明确，所研发的材料基本上均停留在实验室范围内使用，距离实际的工程应用有相当的差距，缺乏实际的工程处理应用案例，尚有待深入研究。上述问题的存在大大限制了废水处理功能材料的应用及其废水处理潜力的挖掘，无法有效提升我国废水处理的整体技术水平。因此，废水处理功能材料的相关研究仍有待继续深入推广。

鉴于上述原因，本研究团队早在 2005 年便着手开展废水处理功能材料的研究工作，经过多年的积累沉淀，在人工沸石、功能陶粒、改性矿物材料、零价铁材料等方面进行了较为全面深入的研究，有关研究成果已在 PRB（可渗透性反应墙）滤式反应墙、新型曝气生物滤池、人工湿地等实际废水处理工程中进行中试及示范工程规模的长期应用，获得了良好的处理效果，尤其是在强化脱氮除磷、痕量毒性有机污染物的吸附降解、重金属吸附等方面效果显著。为此，本书拟将近年来研究团队在新型废水处理功能材料方面的研究成果进行介绍，以供同行参考。

参考文献

[1] 李国昌，王萍，魏春城. 煤矸石陶粒滤料的制备及性能研究. 金属矿山，2007，(2)：78-83.

[2] 齐元峰，岳东亭，岳钦艳，等. 利用脱水污泥制备超轻污泥陶粒的膨胀机理研究. http://www.paper.edu.cn，2012.

[3] 杜芳，刘阳生. 铁尾矿烧制陶粒及其性能的研究. 环境工程，2010，28（1）：369-372.

[4] 相会强，李冬，巩有奎，等. 粉煤灰陶粒在废水处理中的应用. 辽宁工程技术大学学报，2006，25（12）：291-292.

[5] 岳敏，胡九成，赵海霞. 国产轻质陶粒用于厌氧滤池的特性研究. 环境污染与防治，2004，26（1）：22-24.

[6] 袁煦，沈耀良，陈坚. 瓷粒和陶粒填料曝气生物滤池处理低浓度生活污水的试验研究. 给水排水，2007，33（5）：142-145.

[7] 桑军强，张锡辉，张声，等. 原水生物预处理的轻质滤料滤池和陶粒滤池运行效果对比. 环境科学，2004，25（3）：40-43.

[8] 杨慧芬，陈淑祥. 环境工程材料. 北京：化学工业出版社，2008.

[9] SABAH E，CELIK M. Adsorption mechanism of quaternary amines by sepiolite. Separation Science and Technology，2002，37（13）：3081-3097.

[10] OZDEMIR O，ARMAGAN B，TURAN M，et al. Comparison of the adsorption characteristics of azo-reactive dyes on mezoporous minerals. Dyes and Pigments，2004，62（1）：49-60.

[11] 冯玉杰，孙晓君，刘俊峰. 环境功能材料. 北京：化学工业出版社，2009.

[12] 方玉堂，蒋赣，匡胜严，等. 硅胶/分子筛复合物的制备及吸附性能. 硅酸盐学报，2007，35（6）：746-749.

[13] 周岳溪，王晓松，孔欣，等. 含重金属离子废水吸附过滤处理技术（Ⅰ）—— 新型吸附过滤材料的研究. 环境科学研究，1994，6.

[14] 丁春生，蒋志元，张德华，等. 铝盐改性石英砂制备及其吸附性能研究. 非金属矿，2009，(5)：17-20.

[15] 马军，盛力. 改性石英砂滤料强化过滤处理含藻水. 中国给水排水，2002，18（10）：9-11.

[16] 吴建锋，黄香魁，徐晓虹，等. 赤泥质多孔陶瓷滤料气孔率的调控研究. 武汉理工大学学报，2010，(18)：24-28.

[17] 胡六江，李益民. 有机膨润土负载纳米铁去除废水中硝基苯. 环境科学学报，2008，28(6)：1107-1112.

[18] 唐次来，张增强，张永涛. 纳米铁的制备及其在地下水污染修复中的应用. 环境卫生工程，2007，15（3）：61-64.

第 2 章　粉煤灰人工沸石的制备及改性

2.1　人工沸石概述

2.1.1　沸石与人工沸石简介

沸石是一族架状结构的含水铝硅酸盐矿物，具有良好的吸附性能、阳离子交换性能及催化性能。沸石的化学组成十分复杂，不同种类之间又有很大差异，主要含 Na 和 Ca 及少数的 Sr、Ba、K、Mg 等金属离子。沸石的一般化学式为：$A_mB_pO_{2p}\cdot nH_2O$，结构式为 $A_{(x/q)}[(AlO_2)_x(SiO_2)_y]n\,(H_2O)$，其中：$A$ 为 Ca、Na、K、Ba、Sr 等阳离子，B 为 Al 和 Si，p 为阳离子化合价，q 为阳离子电价，m 为阳离子数，n 为水分子数，x 为 Al 原子数，y 为 Si 原子数，（y/x）通常在 1～5 之间，（$x+y$）是单位晶胞中四面体的个数。

目前已知的天然沸石有 80 多种，分布最广的有方沸石、斜发沸石、片沸石、浊沸石、交沸石、菱沸石、毛沸石、丝光沸石、钠沸石和钙沸石等。随着研究工作的进展，新的沸石种类还将不断出现。

天然沸石虽然具有分布广、储量大、成本低等许多优点，但也有其不足之处，如杂质多，纯度不高，有些性能不能满足特定的实际需要。因此，人们根据沸石的物理化学结构与性质，着手研究合成沸石。

1948 年人工合成沸石首次获得成功，目前已有 40 余种天然沸石被合成，另外又合成了 100 多种新沸石。我国合成沸石的研究工作开展较晚，1959 年首次合成了 A 型、X 型、Y 型沸石分子筛。此后，我国的合成沸石研发水平和产业化应用不断进步，合成沸石的类型和产量在不断提高，目前，某些合成工艺水平和产品已达到国际先进水平。

合成沸石的主要用途是洗涤剂和催化剂。国内外的一些公司也正在开发新沸石产品，拓展沸石产品的应用范围，包括 CFC 代用品、密封绝缘（隔热）特种玻璃、吸附剂、干燥剂、环境功能材料等诸多领域。

合成沸石根据合成原料可分为两类：利用化工原料合成的沸石和利用天然矿物原料合成的沸石。利用化工原料合成沸石是以纯化工产品为原料，如 $Al(OH)_3$、SiO_2、Na_2O 等，进行沸石的合成。以传统化工原料合成常用的工业沸石，其工艺成熟，技术条件易控制，产品质量高；但原料价格较高，来源受到限制，严重影响了合成产品的广泛应用。以天然矿物原料合成沸石，原料来源丰富、价格低廉，降低了生产成本，目前已利用膨润土、高岭土、叶蜡石、煤矸石、凝灰岩、珍珠岩、天然沸石、钾长石粉、浮石等天然矿物原料成功地合成了性能优良的沸石产品[1]。

除了以上两类合成原料，近年来研究发现电厂粉煤灰与天然沸石的前躯体——火山灰存在化学及矿物组成和纹理结构上的相似性，为粉煤灰合成沸石提供了可能。而作为世界上最大的煤炭生产国和消费国，粉煤灰的处理利用是我国面临的一大环保问题。因此，利用粉煤灰来制备高附加值的产品具有非常大的实用价值，不仅可以解决废弃粉煤灰带来的一系列问题，而且可以变废为宝，一举两得，这使得粉煤灰人工沸石成为合成沸石的重点研究方向。

2.1.2　沸石合成机理

目前关于沸石合成的机理主要有以下三种学说。

1）液相转变机理

Zhdanov 认为沸石晶核是在液相中或在凝胶的界面上形成的[2]，晶核生长消耗溶液中的硅酸根水合离子，溶液提供了沸石晶体生长所需要的可溶结构单元，晶化过程中液相组分的消耗导致了凝胶固相的继续溶解。原料混合以后，首先生成初始的硅铝酸盐凝胶，这种凝胶是无序状态的，但它们可能含有某些简单的初级结构单元，如四元环、六元环等。当凝胶和液相建立了溶解平衡，硅铝酸根离子的溶度积依赖于凝胶的结构和温度，当升温晶化时建立起新的凝胶和溶液的平衡。液相中硅铝酸根浓度的增加导致晶核的形成，相继使晶体生长。成核和晶体的生长消耗了液相中的硅酸根离子，并引起无定形凝胶的继续溶解，最终凝胶完全溶解，沸石晶体完全生长。

2）固相转变机理

固相机理认为，在晶化过程中既无凝胶固相的溶解，也无液相直接参与沸石的成核及晶体的生长。当原料混合时，硅酸根和铝酸根聚合生成硅铝酸盐初始凝胶。虽然产生了凝胶间液相，但液相部分不参加晶化，并且液相在整个晶化过程中恒定不变。初始凝胶在 OH^- 的作用下解聚重排，形成某些沸石所需要的初级结构单元，这些初级结构单元围绕水合阳离子重排构成多面体，这些多面体再进一步聚合、连接形成沸石晶体。

3）双相转变机理

双相转变机理认为沸石晶化的固相机理及液相机理都存在，它们可以分别发生在两种体系中，也可以在同一种体系中发生。例如，Gabelica 等[3]发现采用不同的反应物配比和反应条件，ZSM-5 合成体系中固相转变和液相转变两种方式均可能发生。

粉煤灰沸石合成机理较为复杂，且受硅铝比、温度、碱液浓度、反应时间等诸多因素影响，不同学者提出不同的看法。Dawson[4]提出水热条件下晶体形成过程分为“溶解”和“沉淀”两个阶段；Murayama 等[5]认为粉煤灰合成沸石晶体首先经历了碱溶解粉煤灰颗粒形成硅铝酸盐凝胶的过程，然后硅铝酸盐凝胶发生缩聚并开始在颗粒表面沉积，最后沉积的凝胶体转化成沸石晶体。Murayama 等[5]通过分析水热合成典型产物——P 型沸石的生成过程提出了粉煤灰合成沸石的三阶段理论，即：①粉煤灰中 Si^{4+} 和 Al^{3+} 溶解；②碱液中硅铝浓缩并形成硅铝凝胶；③硅铝凝胶在一定条件下结晶形成分子筛晶体。实验表明碱液中 OH^- 的存在可以使粉煤灰中 Si^{4+} 和 Al^{3+} 溶解，而 Na^+ 则控制了结晶的速度，当碱液中同时存在 Na^+ 和 K^+ 时，结晶速度则随着 K^+ 浓度的增加而降低。付克明等[6]通过对粉煤灰水热法制备 A 型沸石的实验研究，提出水热体系中 A 型沸石的生长经历了粉煤灰颗粒的溶解→$Al(OH)_3$ 沉淀→$Al(OH)_3$ 沉淀溶解→硅铝酸盐凝胶→集聚→初晶（晶核）→完整晶体等阶段。硅铝酸盐凝胶的集聚是形成晶核的基础，晶核及小颗粒的集聚则是 A 型沸石晶粒长大的主要方式。目前关于沸石晶体形成过程的认识，主要倾向两种观点：①聚集生长理论[7]，即通过相似尺寸小颗粒的聚集形成大颗粒；②附着生长理论[8]，即通过小颗粒附着大颗粒，使沸石颗粒长大。

粉煤灰沸石的合成可分为溶解、凝缩、晶化三个过程，可将粉煤灰沸石合成机理如图2-1所示。

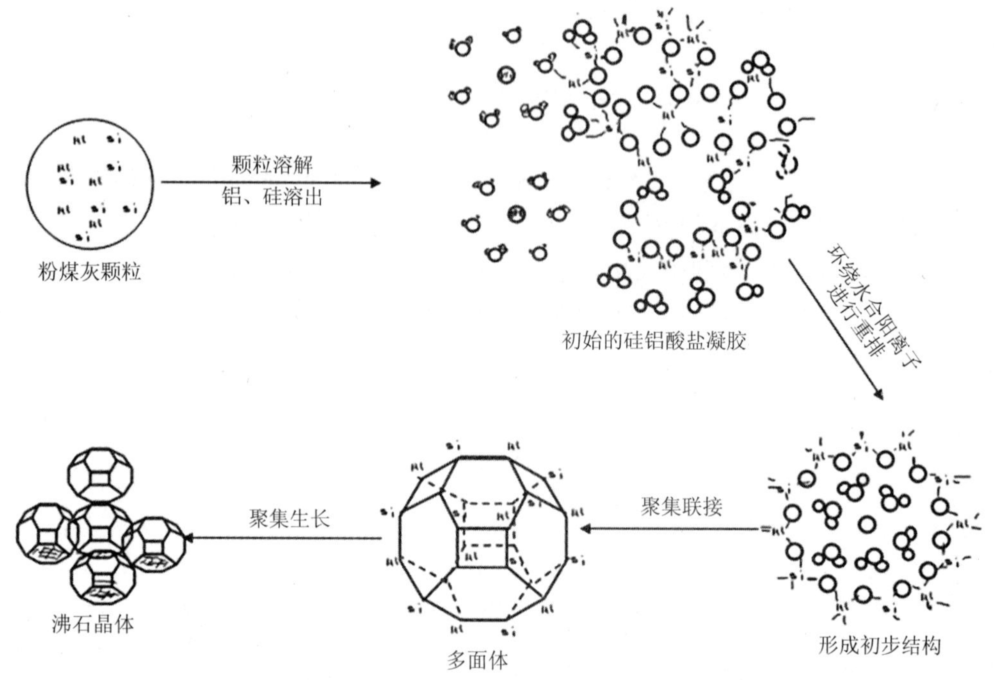

图 2-1 粉煤灰沸石合成机理图

2.1.3 粉煤灰人工沸石制备技术的研究进展

最早开发的粉煤灰沸石工艺是水热晶化合成法(水热合成法)，是由 Holler 与 Wirsching 于 1985 年完成。经过近 30 年的发展，合成方法以传统的水热合成法为基础，开发出其他众多合成方法，尽管在工艺过程优化方面有不少改进，但水热合成法依然是经典工艺。

1）水热合成法

水热合成法的基本过程是：首先在碱性条件下粉煤灰中的玻璃相溶解，进而生成铝硅酸盐胶体，胶体再结晶转化为具有相应组成和结构的沸石。其代表工艺介绍如下：

①一步法。

用 NaOH 或 KOH 作为活化剂，配成适当浓度的碱溶液，将一定体积碱溶液和一定质量粉煤灰混合均匀，在一定温度条件下老化一段时间，在适当温度范围内晶化，然后将溶液过滤，用去离子水洗涤固体（至滤液的 pH 约为 10），在 100℃下进行烘干，即为沸石产品。Inada 等[9]利用一步水热法合成了 Na-P1 型沸石。Steenbruggen 等[10]在水热条件下合成了 Na-P1 沸石，实验结果发现其对 Ba^{2+}和 Cu^{2+}等重金属离子具有很好的吸附能力。

②两步法。

两步法的基本过程是：第一步，在一定量的粉煤灰中加入 Na_2CO_3、NaOH 或 KOH

溶液，然后将溶液老化、静置结晶一段时间，最后过滤洗涤得到部分沸石产品。第二步，检测滤液中的硅、铝离子的浓度，根据所需相应地添加硅铝源，再在水热条件下晶化，最后再得到相应的沸石产品[11]。Hollman 等[11]利用两步法合成出 Na-P1 和 Na-X 及 Na-A 型沸石，Na-P1 和 Na-X 型沸石的纯度很高，可以达到 95%。王春峰等[12]以粉煤灰为原料，采用两步法合成了亚微米 NaA 型沸石[$Na_{12}(Al_{12}Si_{12}O_{48})\cdot 27H_2O$]，平均粒径分别为 450 nm 和 250 nm，粒径分布范围（Size Span，SP）分别为 3.84 和 2.44；合成产物的 NH_4^+和 Cu^{2+}离子交换容量随着晶粒的减小而显著增加。

③微波合成法

微波合成法的基本过程是：在反应过程中使用微波加热代替传统的油浴和电热对溶液进行加热，在一定温度下老化、静置晶化一段时间后，再进行过滤、洗涤、烘干，得到沸石产品。Inada 等[13]研究了微波加热对沸石合成的影响，结果表明在沸石合成早期用微波加热 15 min 有利于沸石的合成，在中期（特别在合成 45～60 min 后）不利于沸石的合成，在后期（90 min 后）对沸石的合成影响较小。

2）碱熔融法

将一定比例的活化剂 NaOH 或 KOH 加入粉煤灰中，两者混合均匀，在较高的温度下焙烧，使粉煤灰中的所有硅铝组分，包括惰性晶相物质莫来石和石英也得到活化；将焙烧产物研磨均匀后加入一定量的蒸馏水，搅拌、老化一段时间，然后在适当的温度下进行晶化，反应停止后将产物过滤、洗涤、烘干，即为沸石。Molina 等[14]利用熔融法主要合成了 X 型沸石，因其特殊的表面积和较大的孔径，表现出较高的离子交换性能。

3）盐热法

将活化剂（NaOH、KOH 和 NH_4F）和某种盐（$NaNO_3$、KNO_3 和 NH_4NO_3）按适当比例加入粉煤灰中，混合均匀后在高温下进行焙烧，得到沸石结晶体。尽管在盐热过程中不需加水，但反应温度高，合成产物中含有大量的盐，需要用大量的水洗涤产品，且合成过程需要大量的盐，这给产品的后处理带来了麻烦。Park 等[15]和 Choi 等[16]采用盐热法合成得到方钠石和钙霞石结晶体，但方钠石和钙霞石的离子交换性能差，因此这种方法目前并未得到广泛应用。

4）混碱气相合成法

首先将一定比例的粉煤灰和 NaOH 或 KOH 溶液混合均匀，然后干燥成固态前驱态物质，再在水或水和有机胺蒸气中晶化[17]。

5）痕量水体系固相合成法

取一定比例的粉煤灰和活化剂与微量水充分研磨，将混合均匀的固体状反应物放入不锈钢反应釜中，在适当的温度下进行晶化，然后再经洗涤、烘干得到沸石产品。刘永梅等[18]以固相法合成了 A 型沸石分子筛，通过 XRD 和 SEM 图片可以看出合成出的 A 型沸石结晶度较高，晶粒呈规整的圆形颗粒；沸石的 Ca^{2+}阳离子交换容量（Cation Exchange Capacity，CEC）达到 300 g（$CaCO_3$）/g（沸石）。但是由于反应体系中水的量很少，混合不均匀，难以反应完全，合成沸石的总产率及性能都不理想。

6）逐步升温法

逐步升温法是在较低温度下晶化一段时间后（90℃/2 h），再升温（95℃）继续晶化 2 h 左右得到沸石产品。Hui 等[19]采用逐步升温法合成了结晶度近 80%的单一纯相 Na-A 型沸石，且大大缩短了晶化时间。

7）渗析-水热法

Tanaka 等[20]提出了渗析-水热合成法，其基本合成过程为：将 NaOH 溶液与粉煤灰按一定比例混合均匀后放入由半透膜制成的试管中，然后将试管放入 NaOH 溶液中，在适当温度下活化一段时间，试管中溶出的 Si^{4+}和 Al^{3+}透过半透膜进入 NaOH 溶液中；在分析 NaOH 溶液中各组分含量后，加入适量 $NaAlO_2$ 溶液调整硅铝比，在水热条件下晶化一段时间后得到 Na-A 型和 Na-X 型沸石。

8）现有方法优缺点比较分析

合成方法优缺点比较分析见表 2-1。

表 2-1 合成方法优缺点比较分析

序号	技术名称	技术优缺点
1	水热合成法（一步法）	老化时间长，反应温度高，能源消耗大，并且仍有大量的石英和莫来石不能溶解，生成的沸石还伴有副产物生成，影响产品沸石的离子交换性能
2	水热合成法（两步法）	充分利用了传统一步法产生的废液中的硅、铝离子，通过添加铝酸盐再次得到纯度和吸附性能较高的沸石，与传统的一步法相比，大大提高了总转化率，但其缺点是反应过程工作量较大，并且需要消耗一定量的硅铝盐，生产成本加大
3	水热合成法（微波辅助法）	利用微波对粉煤灰晶化过程加热，可以提高反应速度，大大缩短合成时间，降低了生产成本，为潜在的工业化生产提供了新的可能，但目前优质沸石的转化率尚不十分理想
4	碱熔融法	这种方法所得到的产物中不含莫来石和石英，粉煤灰中的硅铝成分大部分转化为沸石，提高了原料粉煤灰的利用率；在合成过程中通过调节硅铝比、优化合成条件，能得到纯度较高并且比较实用的沸石。但这种方法活化时间较长，不方便大量生产并且搅拌加热时间较长，在非密闭容器中反应时，反应中的水溶液很容易蒸发掉
5	盐热法	产品交换性能差，未得到广泛应用
6	混碱气相合成法	花费时间长和效率低
7	痕量水体系固相合成法	反应体系中水的量很少，混合不均匀，难以反应完全，合成沸石的总产率及性能都不理想
8	逐步升温法	该法沸石转化率低（50%以下），且局限于上清液反应范围内，有待进一步深入研究
9	渗析-水热法	该方法可合成纯度高、物相单一的优质沸石，但其存在合成反应时间长、渗析液回收难等问题

目前国内外在人工沸石合成制备方面已做了大量的工艺探讨工作，这些工作包括对合成工艺各种因素的改变，如提高原料利用率、加快反应速度、提高沸石转化率及提高人工沸石纯度等；这些研究取得了一定成果，但在沸石的基础性和实用性方面的研究还有很多工作要做。

①现有合成方法仍存在各种缺点，或是反应时间过长，或是成本过高，或是转化率低，或是产品性能不够理想等。因此，如何优化合成工艺，在降低成本的同时提高转化率是研究的重点。

②目前大部分人工沸石合成制备方法仍处于实验室研究阶段，离实际生产应用还有距

离。因此，如何进一步优化制备工艺条件，形成工业化生产技术流程；研发新型合成沸石成型技术，使其更符合实际应用要求等，形成一整套人工沸石产品制造工艺是研究的突破口。

2.2　粉煤灰人工沸石的制备

2.2.1　人工沸石制备技术优化

2.2.1.1　粉煤灰原料特性分析

粉煤灰作为人工沸石的合成原料，其成分是合成过程的重要参数。据相关文献资料，我国粉煤灰成分组成范围如表 2-2 所示。

表 2-2　我国粉煤灰成分组成　　单位：%

组分	SiO_2	Al_2O_3	Fe_2O_3	CaO	MgO	SO_3	Na_2O	K_2O	烧失量
比例	33.9～59.7	16.5～35.4	1.5～16.4	0.8～10.4	0.7～0.9	0～1.1	0.2～1.1	0.7～2.9	1.2～23.5

本研究合成沸石所用粉煤灰取自广东省某火力发电厂，其成分和结构分析结果如表 2-3 所示。

表 2-3　试验用粉煤灰成分组成　　单位：%

组分	SiO_2	Al_2O_3	Fe_2O_3	CaO	MgO	Na_2O	K_2O	烧失量
比例	48.61	33.31	6.56	6.69	0.86	1.15	0.75	2.07

对原料进行了 XRD（X 射线测量）和扫描电镜检测，检测结果如图 2-2 和图 2-3 所示。

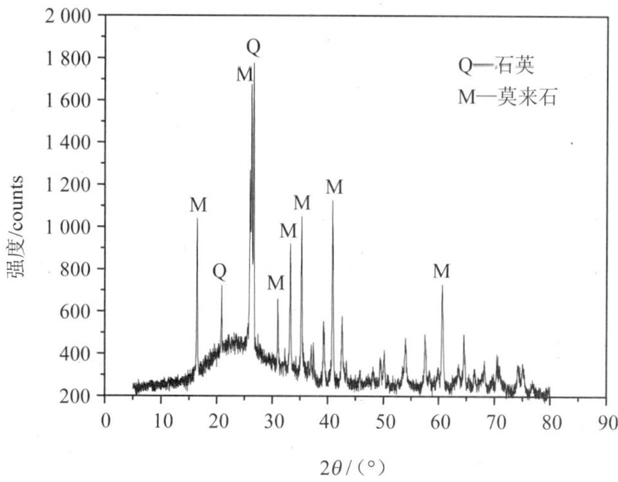

图 2-2　粉煤灰原料 XRD 图谱

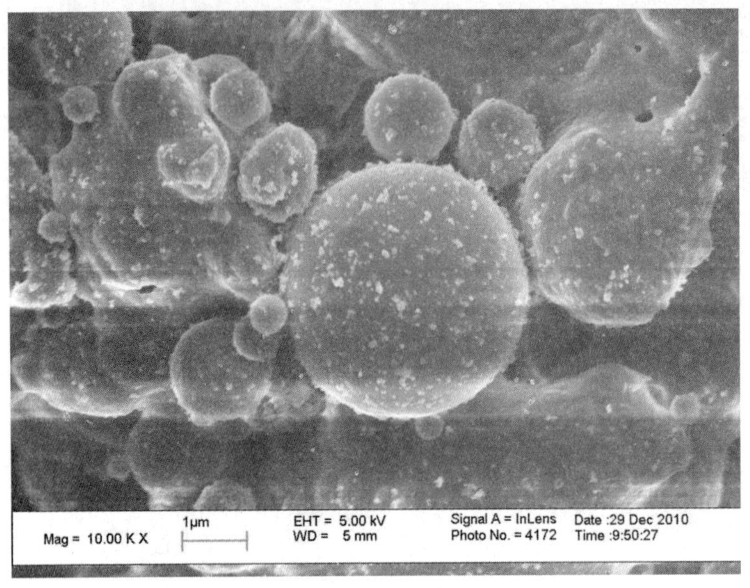

图 2-3 粉煤灰原料扫描电镜图

综合分析表 2-3、图 2-2 和图 2-3，可以发现本研究所用的粉煤灰具有以下特点：

①粉煤灰中的主要化学成分为 SiO_2 和 Al_2O_3，硅铝含量较高，达到 81.92%；

②粉煤灰中未燃尽碳量较低，约为 2.07%；

③粉煤灰具有较强的活性，通过对原料的 XRD 衍射图（图 2-2）的分析，可以得知主要结晶相为石英、莫来石等晶相；

④通过分析扫描电镜图（图 2-3），可以观察到原料粉煤灰形貌为规则的球形颗粒，表面粗糙。

2.2.1.2 原料预处理

粉煤灰中含有对合成沸石不利的磁铁矿等杂质，因此在合成前有必要对其进行酸洗预处理。根据已有研究成果及本研究的验证性试验，本研究的原料预处理步骤和参数如下：将粉煤灰与 2 mol/L 盐酸按液固比 3∶1 在磁力搅拌器上以 90～95℃搅拌酸洗 1 h，除去铁等杂质后水洗至 pH 约为 7，105℃烘干后研磨过 200 筛，在干燥器中保存待用。

2.2.1.3 制备技术参数优化

1）合成方法

本研究采用水热法合成沸石，将 300 g 预处理过的粉煤灰与配制好的 NaOH 溶液同时加入不锈钢反应釜中，一定温度下在 300 r/min 下反应。待达到反应时间后冷却至室温，用自来水反复重新洗至 pH 约为 7，105℃下干燥研磨，过 200 目筛，即得粉煤灰合成沸石产品。具体合成工艺如图 2-5 所示。

图 2-4　小试装置图

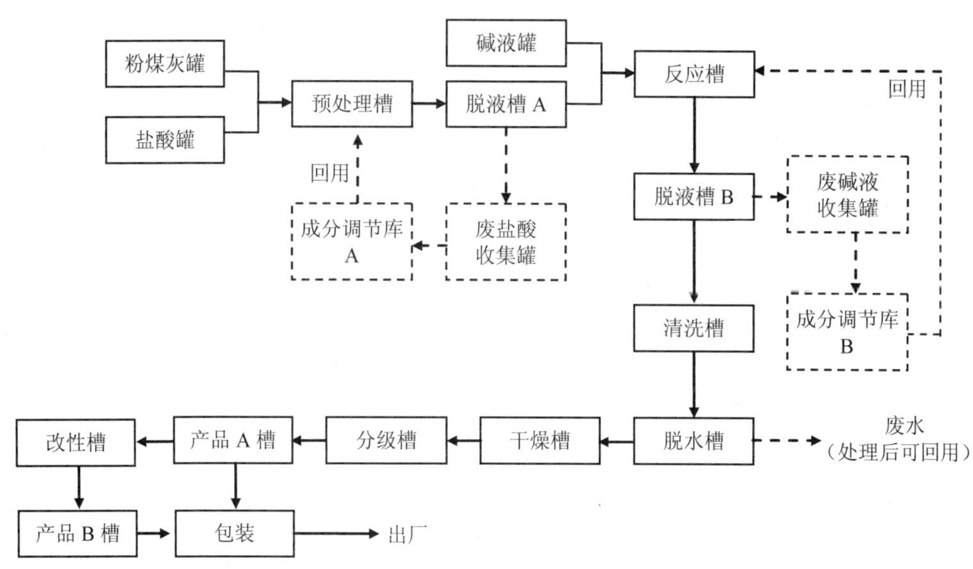

图 2-5　粉煤灰沸石合成工艺图

2）合成参数优化

本研究在广泛综合国内外众多学者研究成果的基础上，加上前期实验的摸索，确定以四因素三水平正交试验来确定合成条件，正交试验采用 L9（3^4）正交试验表进行实验，其因素水平如表 2-4 所示，分别以氨氮的去除率和磷酸盐的去除率为衡量指标，对正交试验的结果进行极差分析，正交试验表如表 2-5 所示。

表 2-4 正交试验因素水平表

序号	1	2	3	4
因素名称	液固比	碱液浓度/（mol/L）	反应温度/℃	反应时间/h
水平 1	3∶1	1	90	12
水平 2	4∶1	2	100	24
水平 3	5∶1	3	120	36

表 2-5 粉煤灰合成正交试验表

所在列	1	2	3	4
因素	液固比	碱液浓度/（mol/L）	反应温度/℃	反应时间/h
正交试验第一组	3∶1	1	100	12
正交试验第二组	3∶1	2	90	24
正交试验第三组	3∶1	3	120	36
正交试验第四组	4∶1	1	90	36
正交试验第五组	4∶1	2	120	12
正交试验第六组	4∶1	3	100	24
正交试验第七组	5∶1	1	120	24
正交试验第八组	5∶1	2	100	36
正交试验第九组	5∶1	3	90	12

3）样品表征

①XRD 分析。

用日本理学电机的 D/Max-3A 型 X-射线粉末衍射仪，鉴定合成产物的结晶成分。Cu 靶 Kα1 射线，扫描范围 3～80℃。

②SEM（扫描电镜）形貌观察。

利用德国 LEO 公司 LEO1530VP 场发射扫描电镜观察产物形貌。

③阳离子交换容量（Cation Exchange Capacity，CEC）测定。

采用醋酸铵法，将粉煤灰沸石产品在 100℃下烘干 1 h，冷却后取 5 g 样品加入到 100 ml、1 mol/L 的醋酸铵溶液中，吸附反应 24 h（25℃，150 r/min）。然后进行过滤，并用 95%的乙醇溶液冲洗掉沸石产品表面多余的醋酸铵溶液，直至 pH 约为 7（用 pH 试纸测定即可），将过滤后的样品转入凯氏烧瓶中，加 250 ml 蒸馏水，加入玻璃珠与 0.25 gMgO 粉末，用 2%的硼酸溶液 50 ml 做吸收液，蒸馏。待烧瓶中的水溶液至瓶底时停止蒸馏，取吸收液，加入两滴混合指示剂，用标准硫酸溶液滴定。

按下式计算阳离子交换容量：

$$\mathrm{CEC}=\frac{N\times(V-V_0)}{W}\times 100 \tag{2-1}$$

式中：N——标准硫酸溶液的当量浓度；

V——滴定待测液所消耗的标准盐酸溶液量，ml；

V_0——滴定空白消耗的标准盐酸溶液量，ml；

W——沸石样品重量，g。

4）实验结果及分析

①XRD 分析。

由谱图可以看出相比较于原料粉煤灰，合成沸石波峰变化明显，合成产物具有 P（PDF25-0778）型沸石的特征峰，且衍射峰型尖锐，强度大，表明合成产物结晶完好。特别是第六、第八、第九组三组样品，其峰形尖锐，说明这三组试验条件下，沸石合成效果最好；结合后续分析，特别是 CEC 的测定，第六组试验条件下合成的人工沸石的 CEC 达到 249.52 cmol/kg，综合性能最佳。

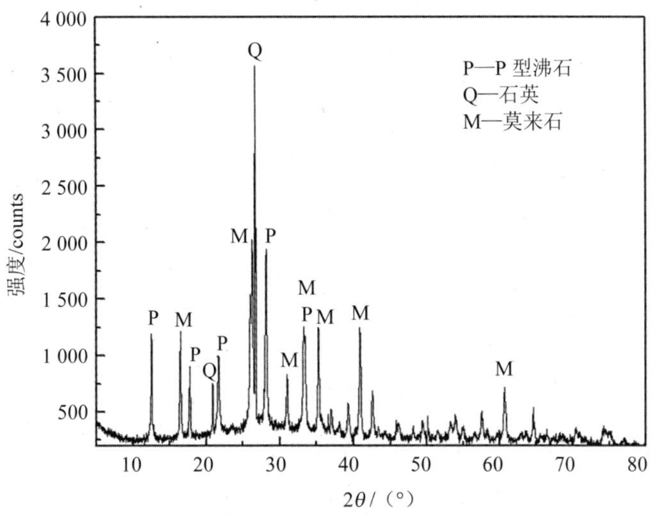

图 2-6　正交试验第一组 XRD 图谱

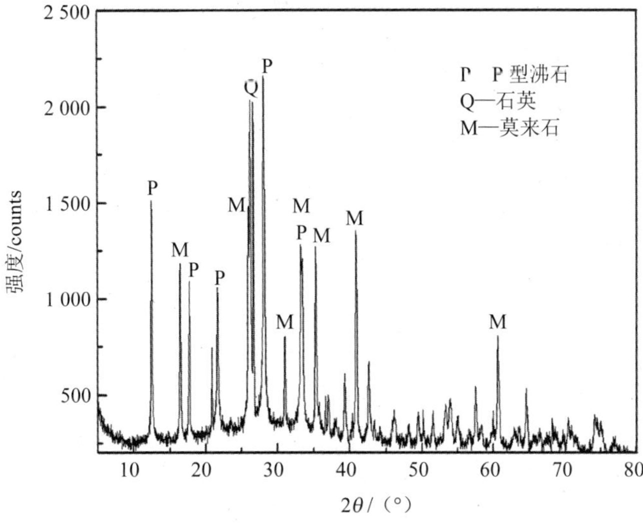

图 2-7　正交试验第二组 XRD 图谱

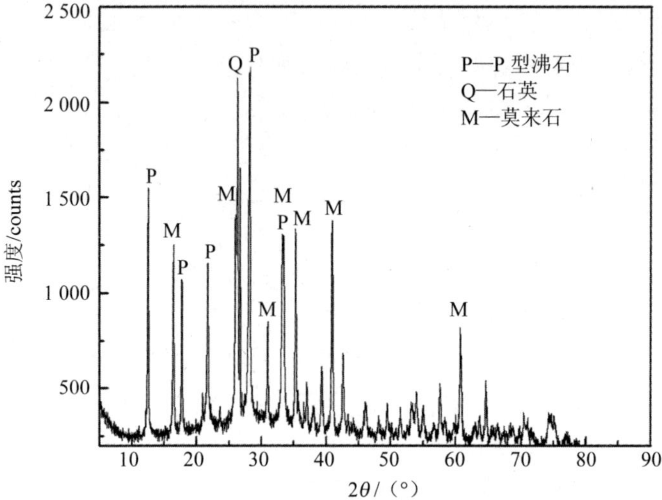

图 2-8 正交试验第三组 XRD 图谱

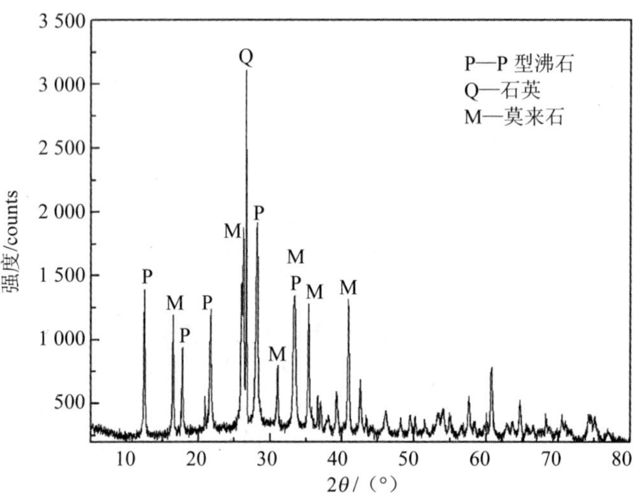

图 2-9 正交试验第四组 XRD 图谱

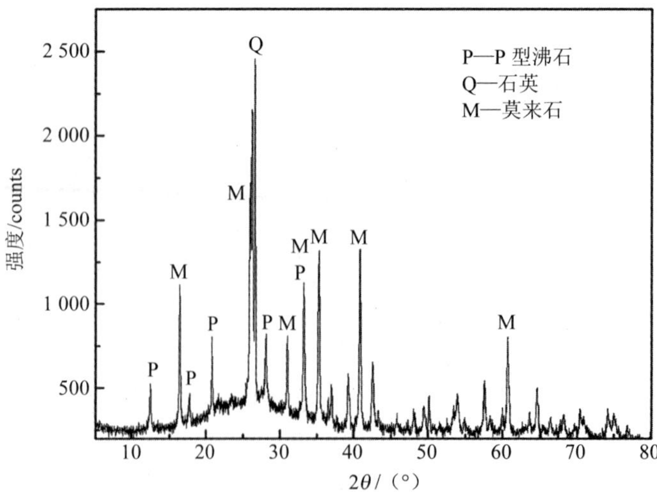

图 2-10 正交试验第五组 XRD 图谱

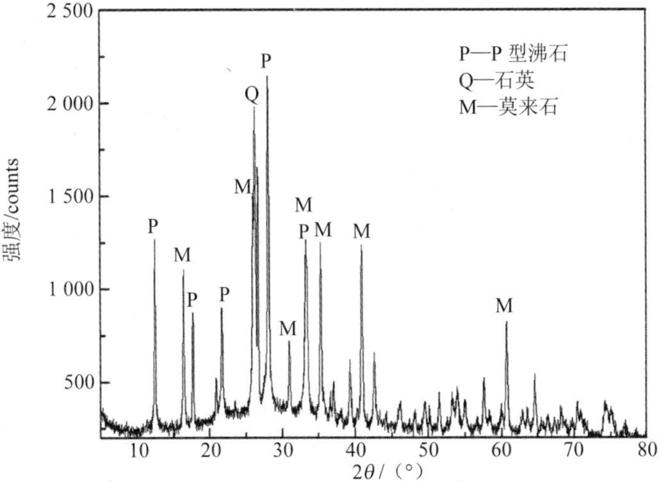

图 2-11　正交试验第六组 XRD 图谱

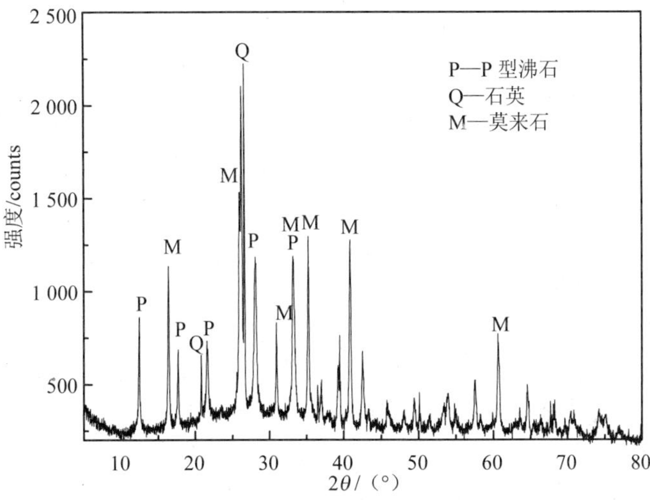

图 2-12　正交试验第七组 XRD 图谱

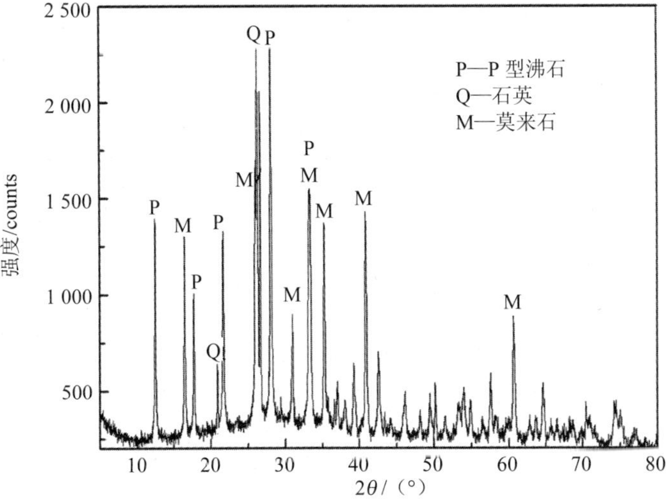

图 2-13　正交试验第八组 XRD 图谱

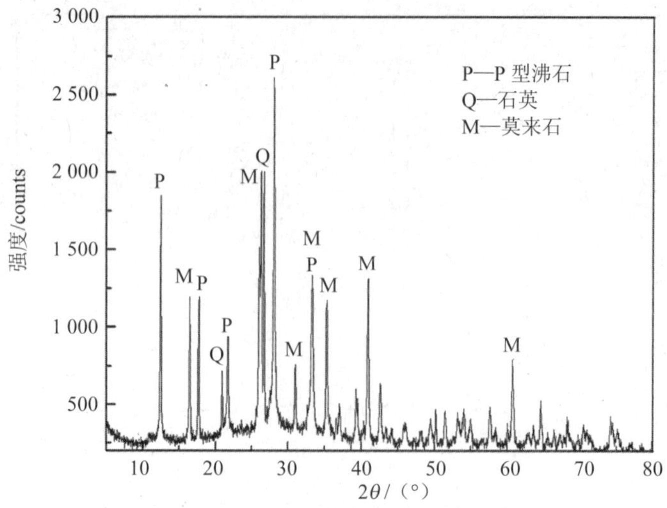

图 2-14 正交试验第九组 XRD 图谱

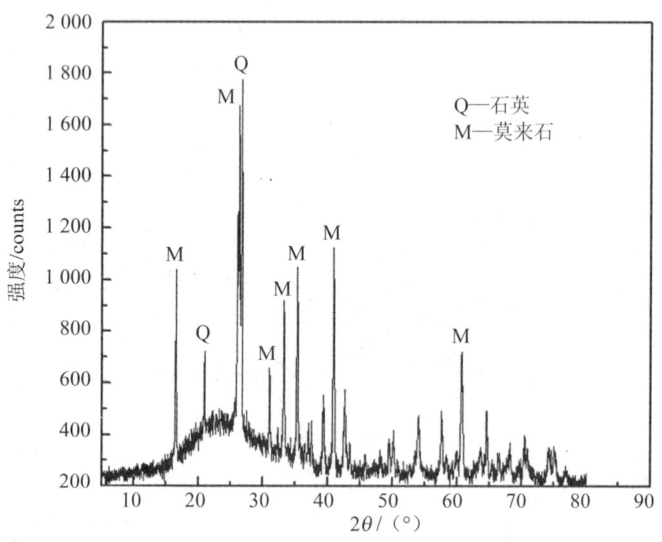

图 2-15 粉煤灰 XRD 图谱

我国粉煤灰的硅铝比一般在 2∶1～5∶1，比较适合合成 A 型、X 型或 P 型沸石。本研究合成了 P（$Na_6Al_6Si_{10}O_{32}\cdot 12H_2O$）型沸石，P 型沸石由于晶体内含有两种不同大小的孔径，因此离子交换性能、吸附性能均较好[21]。

②SEM 分析。

对正交试验九组样品进行 SEM 分析。由图 2-16 至图 2-24 可以看出在不同的合成条件下合成沸石的晶型变化呈现不同的形态。合成前后样品的形貌特征明显不同。与合成前均匀、单一的球状颗粒相比，合成产物的颗粒已失去球状形态，形成簇状晶体结构，有明显的晶型特征，且出现大量孔隙结构，由此确认了沸石结晶的生成。

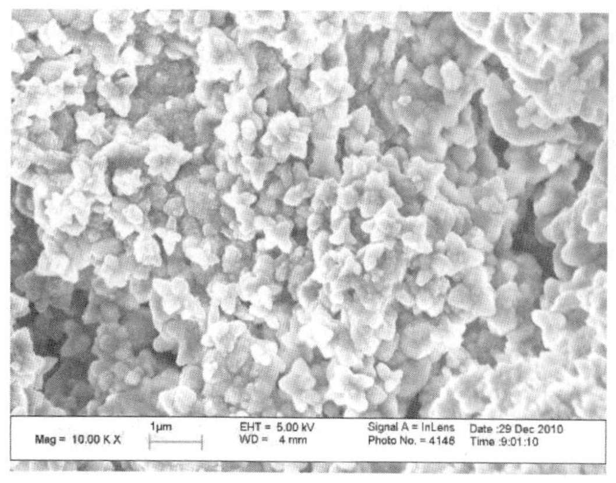

图 2-16　正交试验第一组 SEM 图

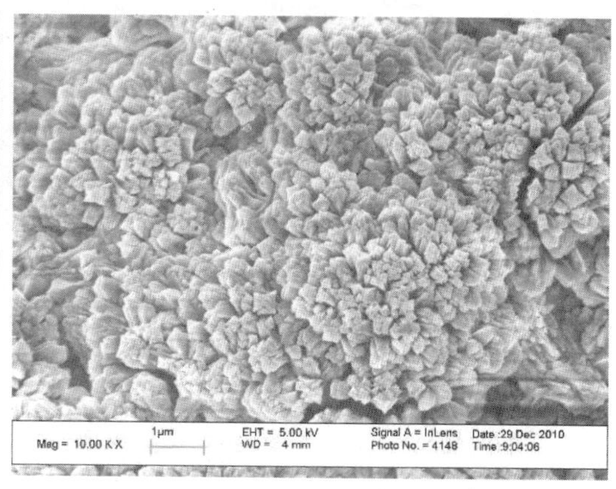

图 2-17　正交试验第二组 SEM 图

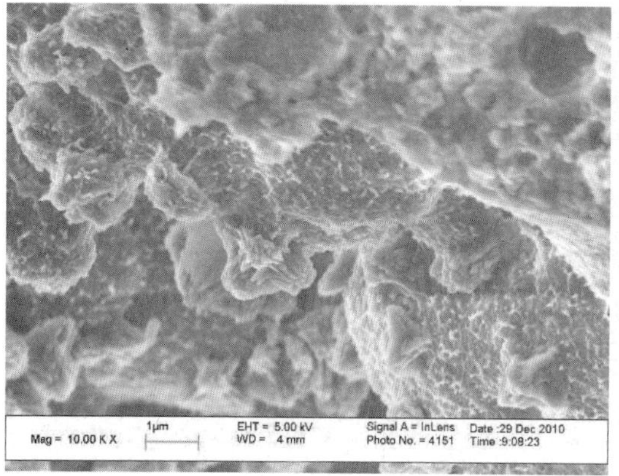

图 2-18　正交试验第三组 SEM 图

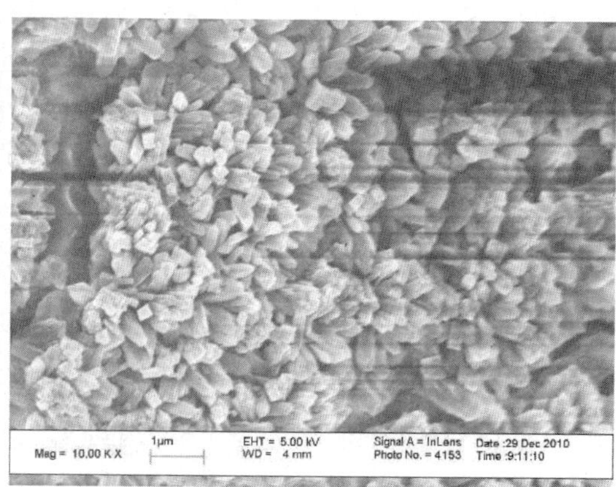

图 2-19　正交试验第四组 SEM 图

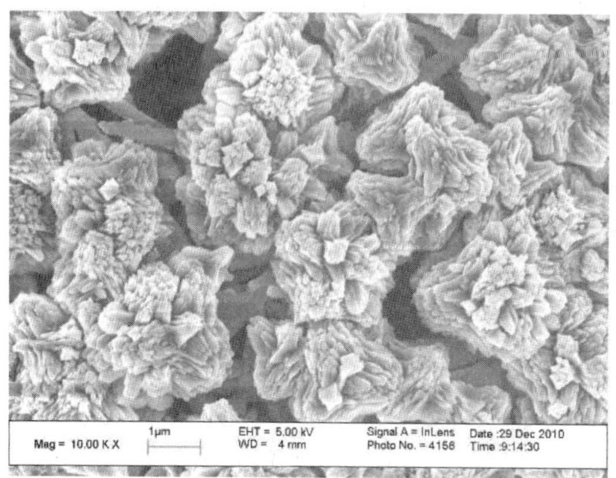

图 2-20　正交试验第五组 SEM 图

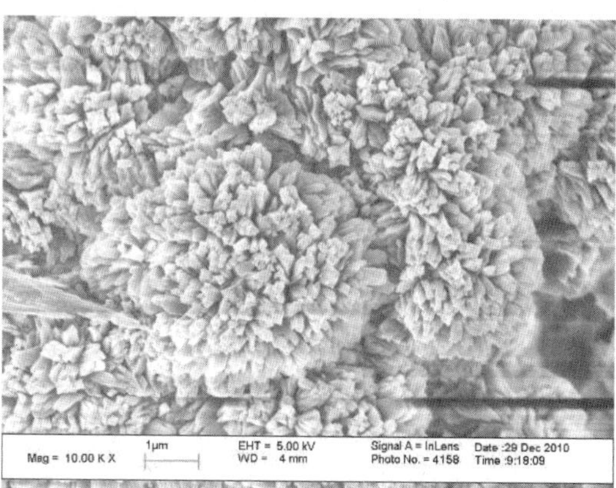

图 2-21　正交试验第六组 SEM 图

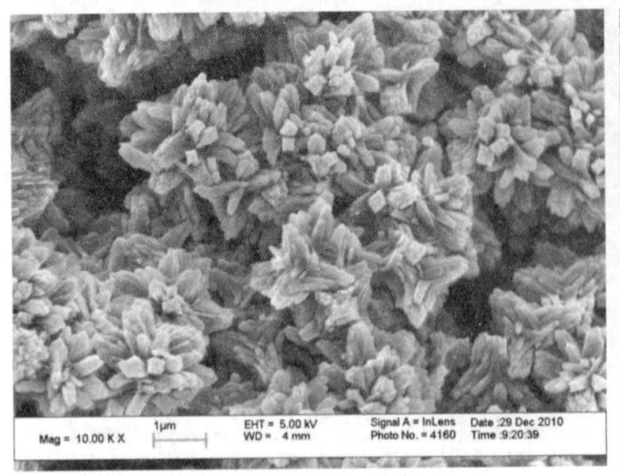

图 2-22 正交试验第七组 SEM 图

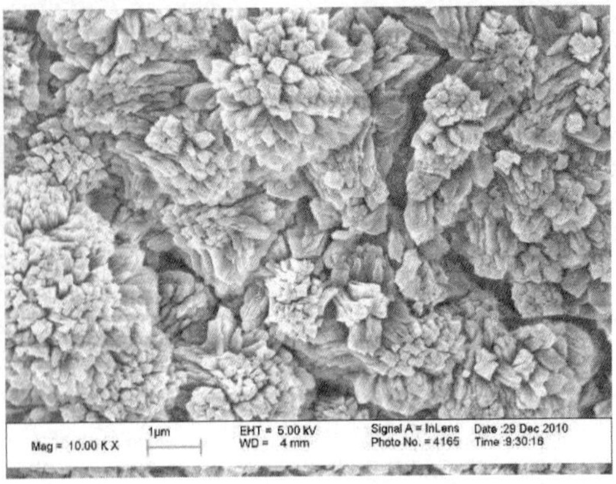

图 2-23 正交试验第八组 SEM 图

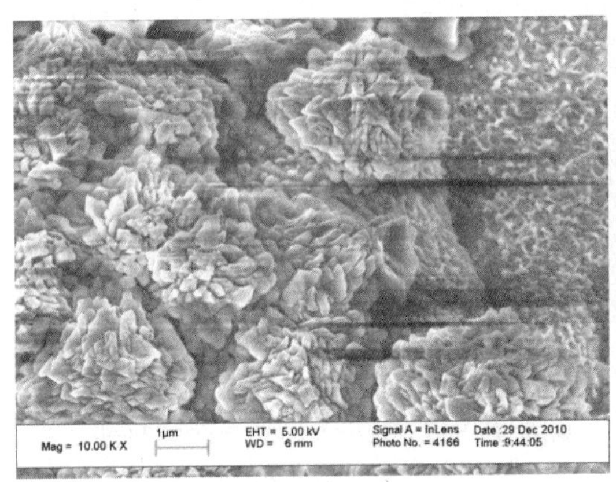

图 2-24 正交试验第九组 SEM 图

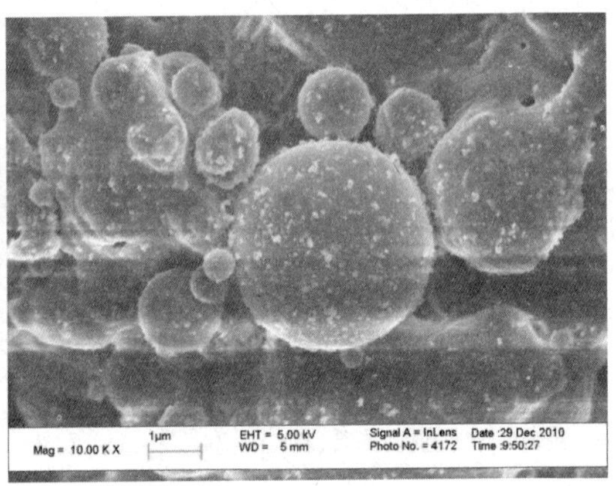

图 2-25 粉煤灰 SEM 图

③CEC 测试结果分析。

CEC 的测定结果如表 2-6 和图 2-26 所示，由表可知在第六组条件下合成沸石的 CEC 值最大（合成沸石的 CEC 值为 249.52 cmol/kg，粉煤灰的仅为 8.59 cmol/kg），其对氨氮的吸附性能最好。

进一步的极差分析表明，在所考察的四个因素中，碱液浓度对合成沸石的 CEC 值影响最大，次之为反应时间，而反应温度与液固比的影响较小。正交试验的效应曲线图也反映出这一趋势。此外，由效应曲线图可以看出，碱液浓度越高，合成沸石的 CEC 值越大，但这一条件受经济成本的限制。综合考虑可选正交试验第六组实验各参数，即液固比 4∶1，碱液浓度 3 mol/L，反应温度 100℃，反应时间 24 h。

表 2-6 正交试验结果

所在列	1	2	3	4	
因素	液固比	碱液浓度/（mol/L）	反应温度/℃	反应时间/h	CEC/（cmol/kg）
正交试验第一组	3∶1	1	100	12	98.24
正交试验第二组	3∶1	2	90	24	209.7
正交试验第三组	3∶1	3	120	36	222.56
正交试验第四组	4∶1	1	90	36	159.65
正交试验第五组	4∶1	2	120	12	175.58
正交试验第六组	4∶1	3	100	24	249.52
正交试验第七组	5∶1	1	120	24	172.53
正交试验第八组	5∶1	2	100	36	177.31
正交试验第九组	5∶1	3	90	12	219.29
均值 1	176.833	143.473	175.023	164.370	
均值 2	194.917	187.530	196.213	210.583	
均值 3	189.710	230.457	190.223	186.507	
极差	18.084	86.984	21.190	46.213	

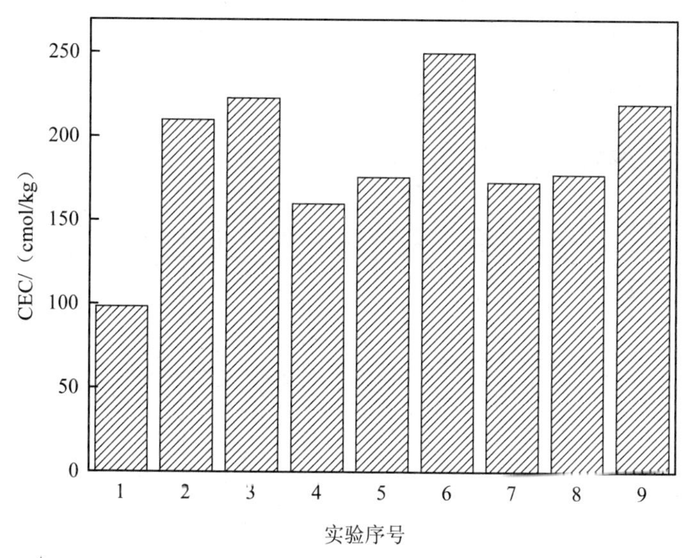

图 2-26 正交试验 CEC 结果图

2.2.1.4 制备参数确定

通过改良的水热法合成了低成本的粉煤灰沸石，并用正交试验优化了合成参数。利用 XRD 及电镜扫描对合成产物进行了分析，最后用 CEC 对合成沸石的吸附性能进行评价。综合分析，可知在第六组试验条件下合成的粉煤灰人工沸石的参数较好地符合后续试验对合成沸石性能的需要。

①XRD 表征的结果可以看出，在此条件下合成的沸石结晶完好，峰形完整。

②SEM 分析表明，粉煤灰合成沸石以后，其比表面积增加了几十倍，粉煤灰颗粒呈光

滑、规整的球形，而合成沸石以后颗粒已失去球状形态，且表面粗糙，出现明显的晶型形态，这种变化有利于吸附反应的发生，提高了应用性能。

③本实验制备的合成沸石 CEC 值较原料粉煤灰从不足 9 cmol/kg 提高至 250 cmol/kg 左右。

以上特性对比均表明，粉煤灰向沸石的转化是比较成功的，所合成沸石品质较高且成本较低。

2.2.2 废酸废碱回收利用技术

产品的成本是其市场前景的重要影响因素，为解决人工沸石合成过程中酸碱用量大、合成成本高、废酸废碱对环境造成的二次污染等问题，在确定沸石制造工艺参数的基础上，开展了沸石合成过程中废酸废碱的回收利用研究。目前，仅有少数研究人员对此进行了研究，吴德意等[22]在废碱液中添加工业硅、铝，调整 Si/Al 比，全部回收利用，以降低成本；但废碱液中的杂质会影响合成产品的质量，且在废碱液中添加工业硅、铝的同时也增加了成本。因此，本研究采用以下回收利用技术：按适当比例回用废酸液和废碱液，并对其酸碱浓度进行调节。该技术控制了废酸碱回用量，避免了废酸液和废碱液中的杂质对粉煤灰合成沸石产品品质的影响，保证了粉煤灰合成沸石产品品质，同时也减少合成过程中新鲜酸碱用量，降低合成成本，实现废酸废碱的资源化利用。

2.2.2.1 酸碱回收工艺流程

沸石合成工艺线路图如图 2-27 所示。

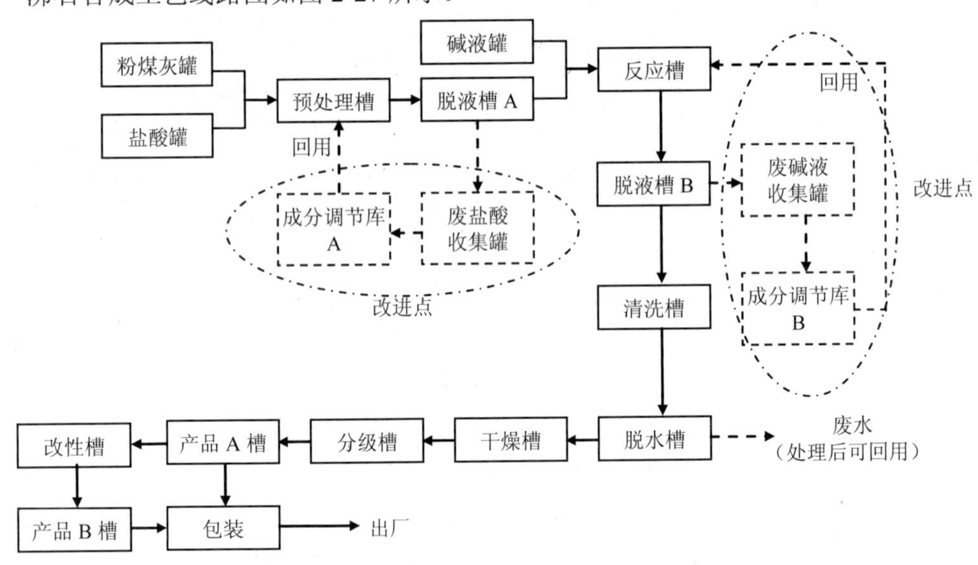

图 2-27 粉煤灰沸石合成工艺线路图及改进点

对传统水热合成工艺进行了如下改进：

①增加废酸回用系统，降低成本；

②增加废碱回用系统，降低成本。

1）酸碱回收方法

①酸碱回收。

以 2 mol/L 的盐酸按液固比 3∶1 在 90～95℃反应 1 h 左右进行酸洗预处理，酸洗完后回收废酸液；按液固比 4∶1，碱液浓度 3 mol/L，反应温度 100℃，反应时间 24 h 条件进行沸石合成实验，实验结束后回收碱液。

②回收酸影响。

用回收酸和浓盐酸按比例配成 2 mol/L 的盐酸溶液，按要求设定三个浓度：3∶1，2∶1，1∶1。其他参数不变，酸洗粉煤灰，得到各种不同回收酸比例酸洗的粉煤灰，将酸洗过后的粉煤灰水洗至中性，烘干，分批用 3 mol/L 的 NaOH 溶液合成沸石，水洗至中性，烘干。

③回收碱影响。

用浓盐酸配成的 2 mol/L 盐酸溶液酸洗粉煤灰，水洗至中性，烘干，用回收碱和 NaOH 配成 3 mol/L 的 NaOH 溶液，按要求设定三个浓度：3∶1，2∶1，1∶1。其他参数均不变，合成沸石，水洗至中性，烘干。

2）氨氮吸附试验

①模拟污水。

模拟污水由氯化铵（分析纯）根据 GB 7479—87 配制氨氮浓度为 25 mg/L 的溶液。

②吸附试验。

取 0.5 g 样品于 250 ml 锥形瓶中，加入 50 ml 配水（氨氮浓度 25 mg/L），25℃恒温下在气浴恒温振荡器中以 150 r/min 吸附反应 1 h，取出后以 5 000 r/min 离心 10 min，取上清液，用纳氏试剂分光光度法测定氨氮浓度。

③去除率及吸附量的计算。

$$\text{去除率（\%）} = (C_0 - C_t)/C_0 \tag{2-2}$$

$$\text{吸附量}\ Q = (C_0 - C_t)V/m \tag{2-3}$$

式中：C_0，C_t ——分别为初始及吸附反应后溶液中氮氮浓度，mg/L；

V——溶液体积，ml；

m ——回收酸碱合成沸石投加量。

2.2.2.2　回收比例对人工沸石性能的影响

1）回收酸碱合成沸石表征

①回收碱合成沸石 SEM 表征。

图 2-28 为回收碱合成人工沸石 SEM 照片，粉煤灰是由球形玻璃体和一些不规则的熔融颗粒构成的，球形体表面相对光滑。粉煤灰的无机成分在 1 000℃以上的高温下燃烧以后在烟道中骤然降温，在表面张力的作用下形成了以上结构。与原材料粉煤灰相比，合成沸石产物有明显的晶型特征，且出现大量孔隙结构。合成沸石由于含有大小不同的孔径，因此具有一定的离子交换性能和吸附性能。从图中可以看出，在同样的条件下观察到的回收碱合成沸石的 SEM 照片，与合成沸石相比，晶型大体无差异，沸石表面依旧存在大量的孔隙结构。一般来说，碱类物质能够破坏粉煤灰颗粒表面的坚硬外壳，使玻璃体表面可溶性物质与碱性氧化物反应生成胶凝物质。

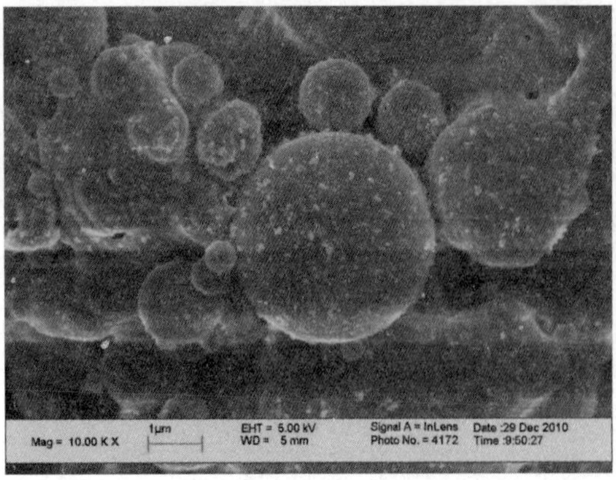

（a）粉煤灰（×10 000）

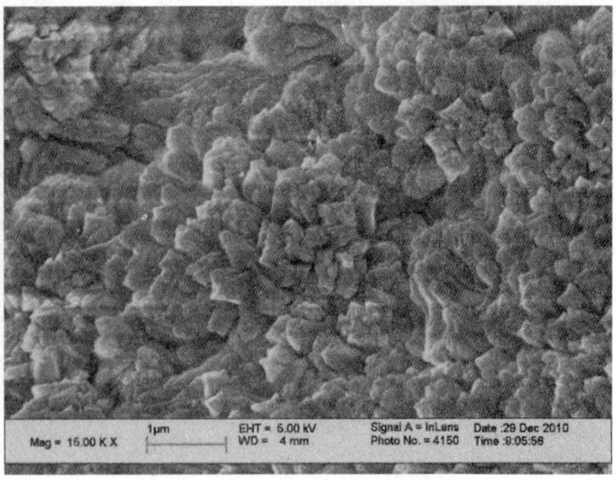

（b）合成沸石（×10 000）

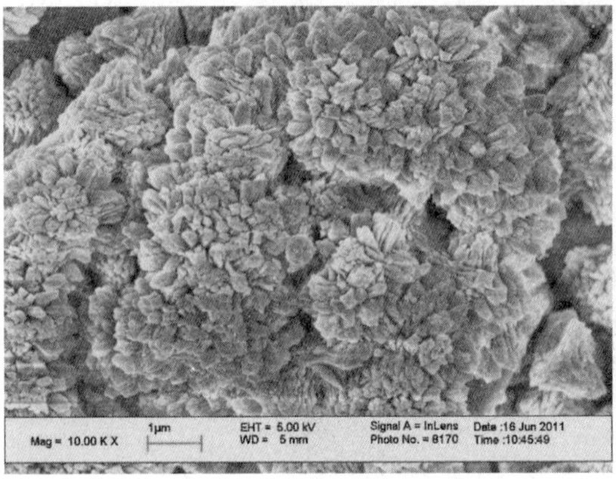

（c）回收碱∶新加碱=1∶1（×10 000）

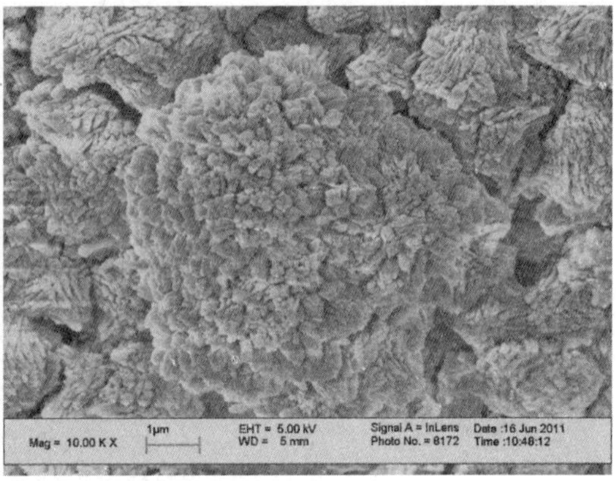

（d）回收碱∶新加碱=2∶1（×10 000）

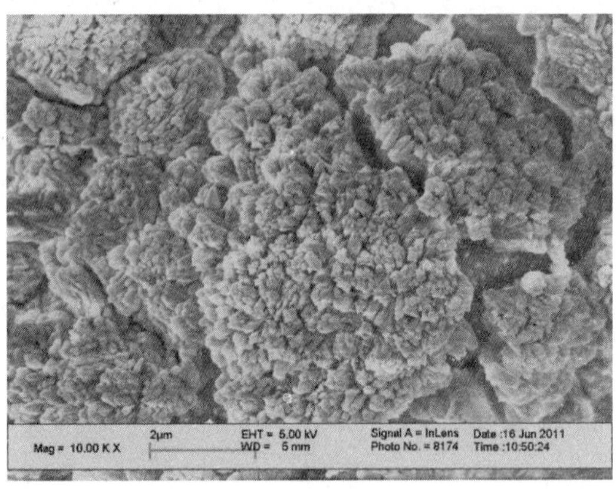

（e）回收碱∶新加碱=3∶1（×10 000）

图 2-28　不同比例回收碱合成沸石 SEM 照片

②回收酸合成沸石 SEM 表征。

不同比例酸洗粉煤灰后合成沸石的 SEM 照片如图 2-29 所示。由图可看出，回收酸合成沸石表面结晶效果良好，也有大量的孔隙结构，具有一定的离子交换性能和吸附能力。但与合成沸石及上述回收碱合成沸石相比，晶型在量上有下降趋势，且孔隙量也减少；这可能是由于在合成条件的影响下，沸石的合成不完全。随着回收酸比例的增大，粉煤灰合成沸石量下降，晶型效果也呈下降趋势；原因可能是原材料粉煤灰中含有对合成沸石不利的赤铁矿和磁铁矿，铁的存在会严重影响晶化产物的结晶度，导致结晶幅度降低；当酸洗后的盐酸重复利用时，实际上是再次浓缩了铁，使回收酸中的铁含量大大增加，从而影响到沸石的合成。

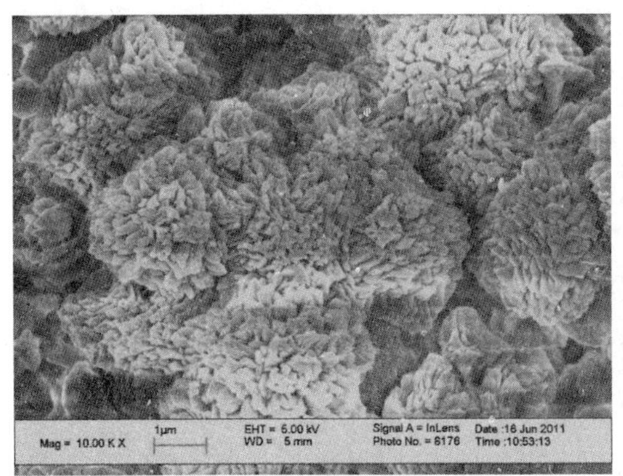

（a）回收酸：新加酸=1：1（×10 000）

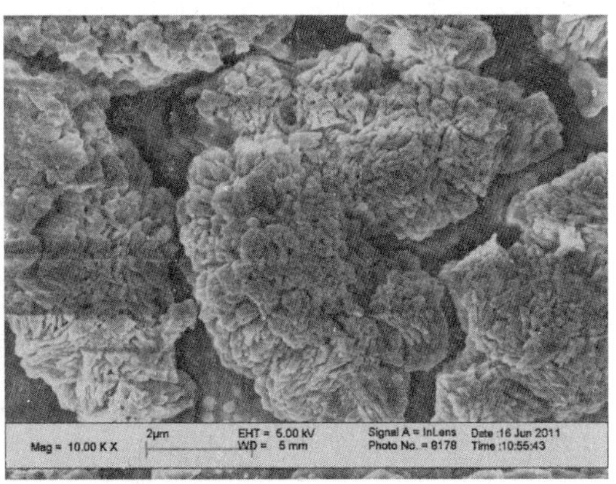

（b）回收酸：新加酸=2：1（×10 000）

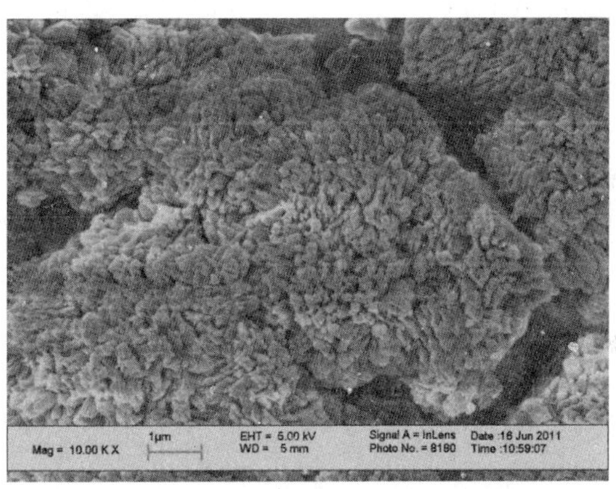

（c）回收酸：新加酸=3：1（×10 000）

图 2-29　不同比例回收碱合成沸石 SEM 照片

③回收酸碱的 XRD 图谱分析。

由图 2-30 可以看出，合成沸石与回收酸碱合成沸石峰形相当，且衍射峰形尖锐，强度大，表明合成产物结晶完好。衍射峰表明，合成沸石和回收酸碱合成沸石的沸石主要物相组成分别都是 43-0052＞$Na_3 \cdot 6Al_3 \cdot 6Si_{12} \cdot 4O_{32} \cdot 14H_2O$-Zeolite P，（Na），39-0219＞$Na_6Al_6Si_{10}O_{32} \cdot 12H_2O$-Zeolite P1，（Na），且峰在强度上几乎保持一致，说明回收酸碱合成沸石在物相上能保持一致，也就是说能得到我们所需要的沸石产物。

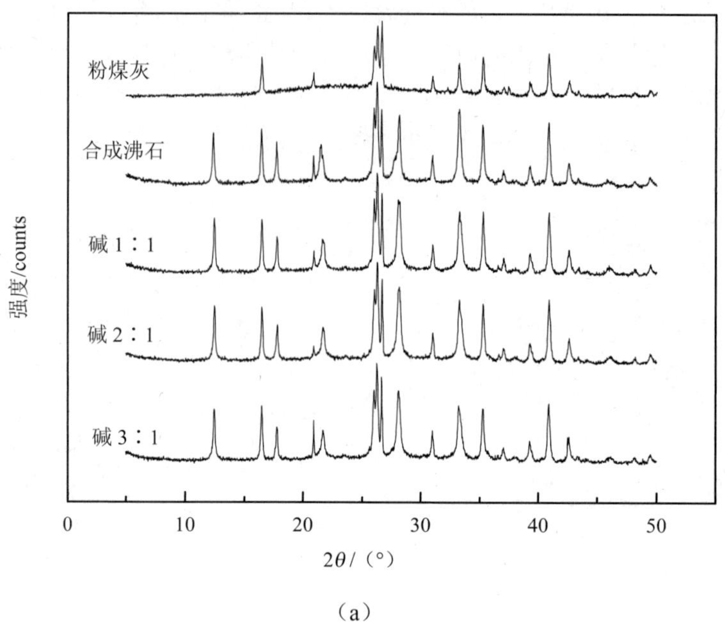

（a）

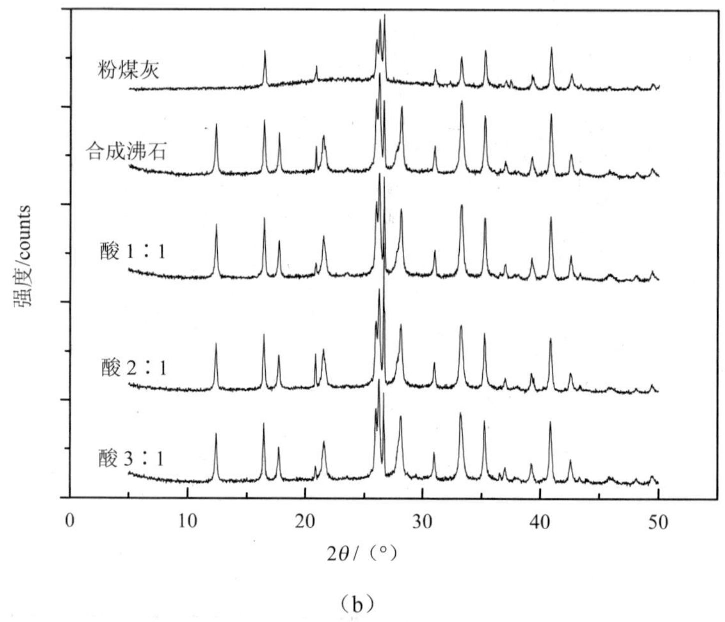

（b）

图 2-30 回收酸与合成沸石 XRD 图比较

2）回收酸碱合成沸石对氨氮的去除效果分析

从图 2-31 可以看出，用回收碱来合成人工沸石，对沸石的脱氨效果影响不大，几乎与完全用新碱合成的沸石效果相当；这是因为粉煤灰合成沸石在溶解阶段主要是 OH^-起主要作用，因此只要确保碱液浓度达到合成的最佳条件，对沸石的合成影响不大。但用回收酸洗粉煤灰对后期合成的人工沸石脱氨效果影响较大，这可能是由于酸洗过程洗掉了粉煤灰中含有对合成沸石不利的赤铁矿和磁铁矿，回收酸中含有的铁离子等杂质浓度较高，从而影响沸石的合成质量。

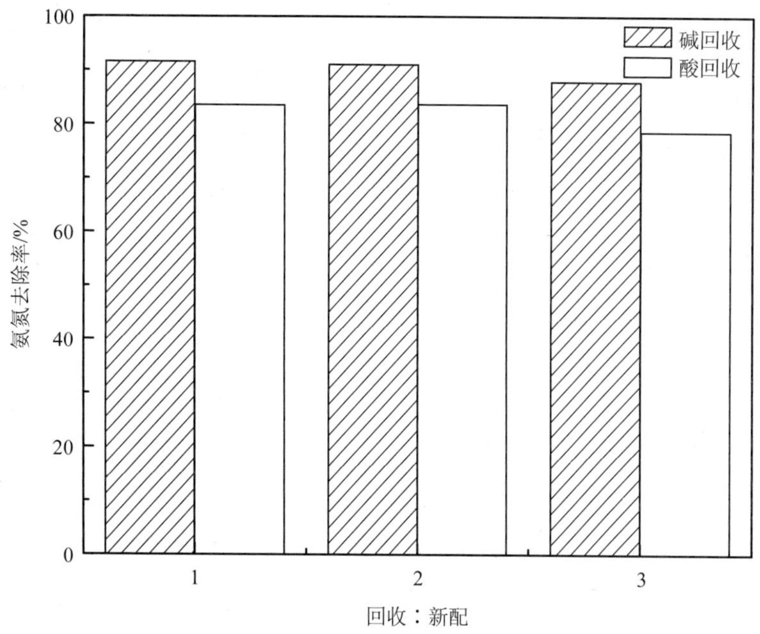

图 2-31　回收酸碱对氨氮去除率的影响

3）酸碱回收合成沸石等温吸附试验研究

Langmuir 方程：

$$C_e/Q_e = C_e / Q_{max} + 1/(Q_{max} \cdot b) \tag{2-4}$$

Freundlich 方程：

$$\lg Q_e = (1/n)\lg C_e + \lg K_F \tag{2-5}$$

式中：Q_{max} ——最大吸附量，mg/g；

Q_e —— 平衡时的吸附量，mg/g；

C_e ——吸附平衡时的浓度，mg/L；

b ——吸附强度，L/mg；

K_F ——吸附系数，L/mg；

$1/n$ ——吸附指数。

图 2-32 为酸碱合成沸石（比例 1∶1）与合成沸石等温吸附曲线。利用上述两个方程对试验数据进行拟合，发现 Freundlich 方程能够更好地描述三种沸石的吸附行为，r^2（相关系数平方）值均接近 0.99，而用 Langmuir 方程拟合结果较差（这里不再呈现）。从图 2-32 可以看出，碱回收沸石与合成沸石等温吸附线基本重合，而酸回收等温吸附线有所下移，说明碱回收对沸石合成影响不大，酸回收会对沸石品质有所影响。

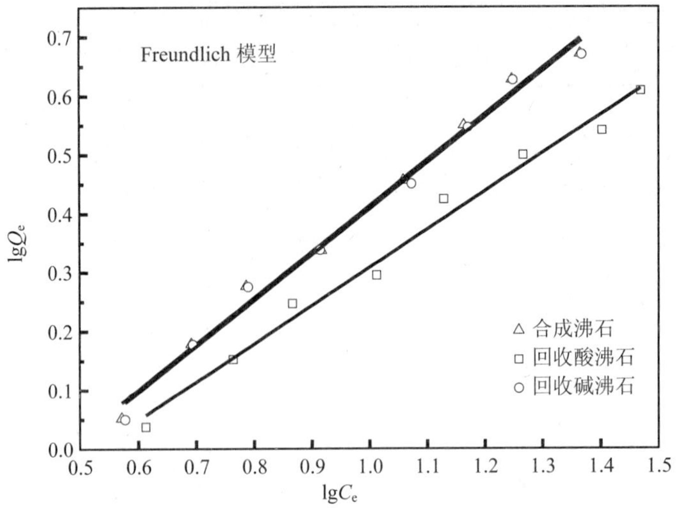

图 2-32 回收酸碱合成沸石等温吸附曲线

表 2-7 3 种沸石的 Freundlich 等温吸附线相关参数

合成沸石			回收酸沸石			回收碱沸石		
K_F	n	r^2	K_F	n	r^2	K_F	n	r^2
0.270 5	1.28	0.990 9	0.275 5	1.54	0.987 1	0.268 3	1.28	0.990 1

4）酸碱回收合成沸石投加量试验研究

从图 2-33 可以看出，在氨氮浓度为 25 mg/L 时，酸碱回收合成沸石（均为 1∶1 样品）对氨氮的去除率随着投加量的增大先不断增大，而后去除率比较稳定，达到吸附平衡状态。相比普通合成沸石，酸碱回收合成沸石不仅对氨氮去除效果稍微有所下降，达到平衡状态也稍微滞后一些。合成沸石在投加量为 10 g/L 时就基本达到平衡状态，而酸碱回收合成沸石在投加量为 15 g/L 左右时才基本达到平衡状态。其中，回收碱沸石对氨氮的去除效果优于回收酸沸石。

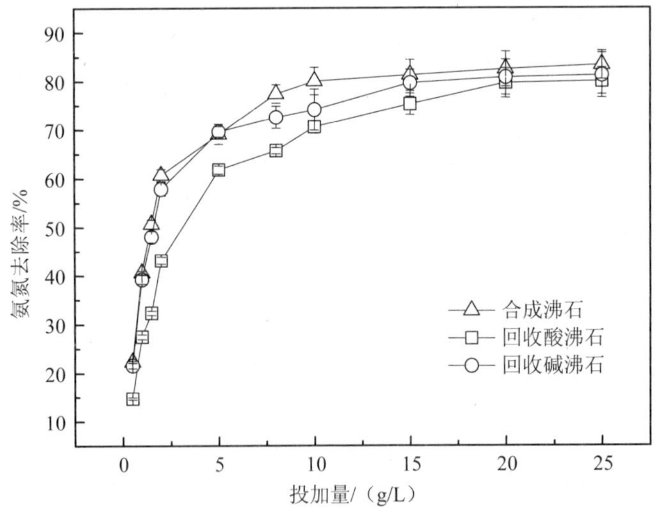

图 2-33 氨氮去除率随投加量的变化比较

5）pH 对酸碱回收合成沸石氨氮去除效果的影响

pH 对回收酸碱合成沸石（均为 1∶1）脱氨效果的影响如图 2-34 所示。pH 对三种沸石去除氨氮的影响规律类似，pH 为弱酸性（pH 为 4～6）的条件下对氨氮去除效果最好，pH<4 以及 pH>8 时氨氮去除效果下降明显。

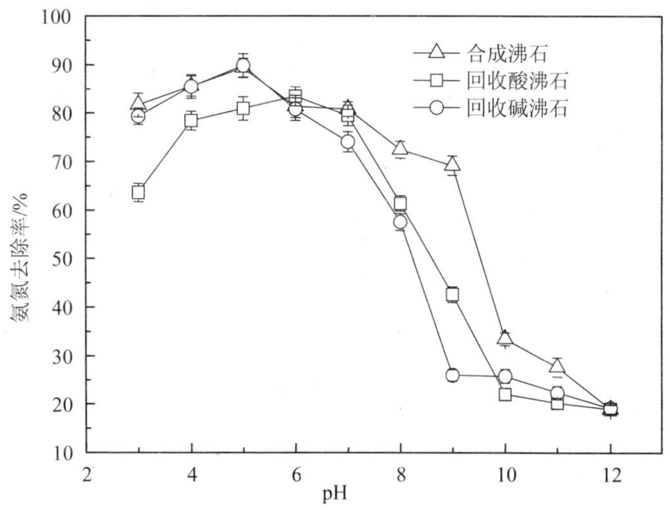

图 2-34　pH 对氨氮去除率的影响比较

2.2.2.3　回收参数确定

用适当比例的回收碱来合成人工沸石，对脱氨效果影响不大，性能几乎与完全用新碱合成效果相当；但用回收酸酸洗的粉煤灰合成的人工沸石，其脱氨效果会有一定程度的降低。综合考虑产品品质和成本等因素，在实际生产中可适量回用废碱液，掺和新碱液用于人工沸石合成，回收碱与新碱比应不大于 2∶1；原料预处理时的废酸回收酸与新酸比则应不大于 1∶1。

2.3　粉煤灰人工沸石改性及功能化

对于人工沸石，现有的研究主要集中于其阳离子交换性能及对水体中重金属离子的去除，而少有将其用于废水中氨氮及磷的同步去除，且现有合成沸石直接用于处理低浓度含磷污水时效果很不理想，因此有必要对其进行适当改性处理，强化其脱氮除磷能力。

人工沸石的改性主要是通过化学方法对人工沸石的表面进行处理，提高沸石的孔隙率、阳离子交换能力以及吸附其他非极性有机物等的能力。镧、铈等稀土元素对阴离子正磷有很强的吸附特性，利用稀土元素对合成沸石进行改性，在提高其阳离子交换容量的同时提高了磷的去除率，从而研发同步脱氮除磷人工沸石。我国的稀土蕴藏量和产量在世界上都排第一位，稀土企业的生产废水中含有一定量的稀土元素；本研究成果也为稀土工业废水的回收利用提供技术支持，以期达到以废治废的目的。

2.3.1　改性镧离子浓度对同步脱氮除磷的影响

粉煤灰合成沸石虽对高浓度的磷有一定的去除，但对低浓度的磷（≤5 mg/L）却几乎没有吸附作用[23]。而生活污水中磷浓度往往较低，这就需降低合成沸石对磷的吸附起点，使其具有实际应用价值。由图 2-35 可知经镧离子改性后的粉煤灰合成沸石对磷的去除效果有了显著增加，从改性前的不到 10%增加至 95%以上，在改性镧离子浓度 0.5%时达最大，其后对磷的去除率开始缓慢降低。这是由于随着镧离子浓度的提高，镧离子与合成沸石成分生成配位络合物，一开始时对阴阳离子具有吸附作用，但最终造成合成沸石孔道的堵塞，导致其去除率降低。改性后的粉煤灰合成沸石对氨氮的去除率虽没有明显增加，但其吸附速率显著提升，对 25 mg/L 的氨氮溶液，一般合成沸石达到吸附平衡需 24 h 以上，而改性后的合成沸石只需 30 min 左右，大大减少了吸附时间，对工程应用更加有利。

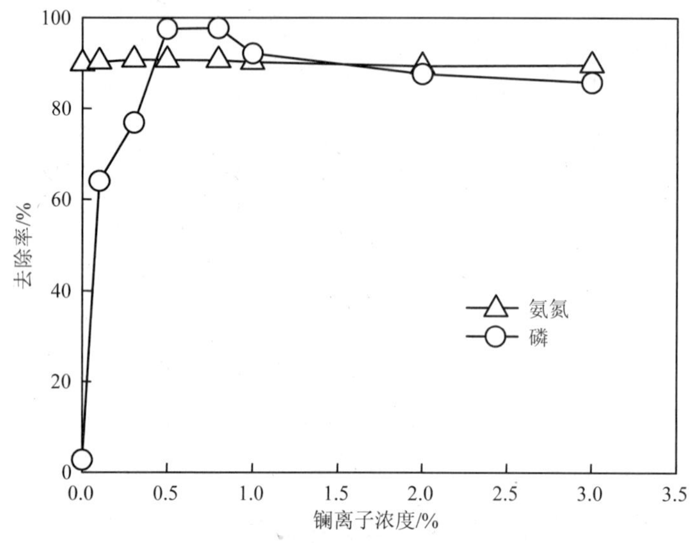

图 2-35　改性镧离子对同步脱氮除磷的影响

2.3.2　改性溶液 pH 对同步脱氮除磷的影响

pH 对改性效果的影响如图 2-36 所示，改性 pH 对氨氮的去除几乎没有影响，而对磷的去除影响较大，在低 pH 条件下，磷的去除效果较差，不到 50%；随着 pH 的升高，磷的去除率显著提高，在 pH 升到 10 左右时，磷的去除率达到最大，之后又显著下降。

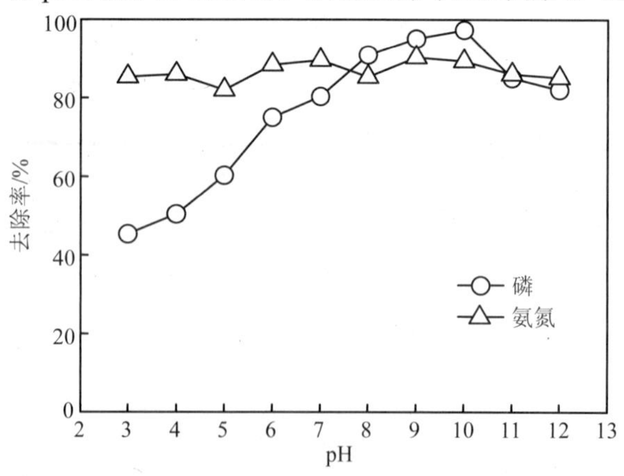

图 2-36　改性溶液 pH 对同步脱氮除磷的影响

2.3.3　改性时间对同步脱氮除磷的影响

改性时间对改性粉煤灰合成沸石同步脱氮除磷的效果有着很明显的影响。由图 2-37 可见，随着时间的增加，改性后的粉煤灰沸石的除磷效率逐步提高，由 2 h 时的不足 40% 达到 24 h 时的 95%；之后随着时间的积累，磷的去除效率增加不大。这主要是由于：改性后的合成沸石表面覆盖羟基后，易与阳离子和阴离子生成表面配位络合物反应，从而也能够除磷。开始时沸石表面的羟基覆盖随着时间的增加而增加，到覆盖的羟基饱和后不再随时间的增加而增加，改性沸石对磷的去除效率也达到最大。

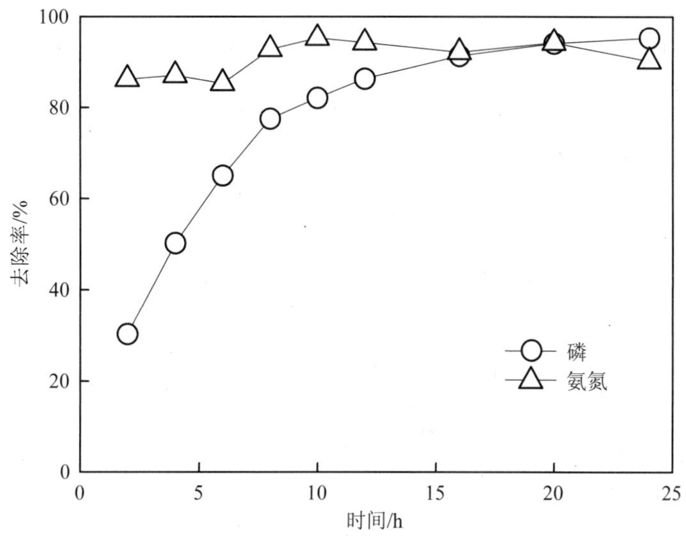

图 2-37　改性时间对同步脱氮除磷的影响

2.3.4　固液比对同步脱氮除磷的影响

固液比是影响改性经济成本的一个重要指标，较大的固液比无疑会加大经济成本，影响改性的实际应用。从图 2-38 可见，改性粉煤灰沸石在固液比为 1∶3 时对磷的去除率仅为 40%多，随着固液比的降低，磷的去除率逐步升高，在固液比为 1∶6 时对磷的去除率达最大，随后缓慢降低，趋于平缓。这是由于镧用量的增大使负载到分子筛的活性物质——羟基也相应地增多，而正是羟基对磷酸盐有着良好的吸附效果，所以磷酸盐的去除效果呈现出先上升后平缓的趋势。

2.3.5　改性条件的优化

在上述单因素实验的基础上，通过正交试验法对改性过程的影响因素进行优化，从而确定出最佳的改性条件。正交试验采用 $L_9(3^4)$ 正交试验表进行实验，其因素水平如表 2-8 所示，以磷酸盐的去除率为衡量指标，对正交试验的结果进行极差分析，其结果及分析结果如表 2 9 所示。

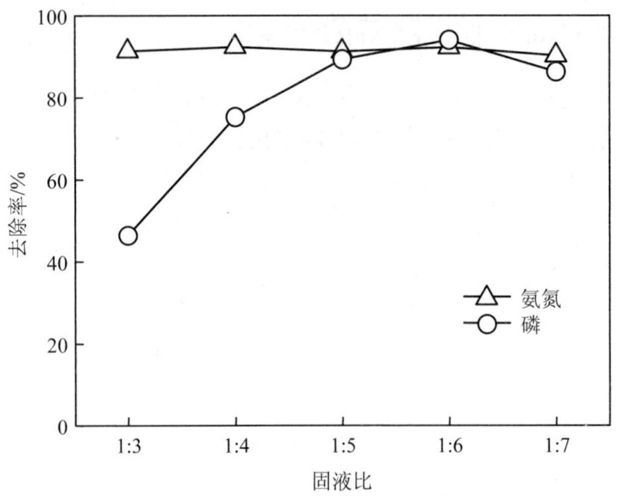

图 2-38 固液比对同步脱氮除磷的影响

表 2-8 改性正交试验因素水平表

序号	1	2	3	4
因素名称	改性浓度/%	改性 pH	改性时间/h	固液比
水平 1	0.4	9	18	1∶4
水平 2	0.5	10	24	1∶5
水平 3	0.6	11	30	1∶6

表 2-9 改性正交试验结果及分析

所在列	1	2	3	4	
因素	改性浓度/%	改性 pH	改性时间/h	固液比	磷去除率/%
正交试验第一组	0.4	9	18	1∶4	85.36
正交试验第二组	0.4	10	24	1∶5	95.98
正交试验第三组	0.4	11	30	1∶6	93.26
正交试验第四组	0.5	10	30	1∶4	95.01
正交试验第五组	0.5	11	18	1∶5	89.87
正交试验第六组	0.5	9	24	1∶6	93.14
正交试验第七组	0.6	9	30	1∶5	91.57
正交试验第八组	0.6	10	18	1∶6	90.25
正交试验第九组	0.6	11	24	1∶4	92.68
均值 1	91.53	90.02	88.49	91.02	
均值 2	92.67	93.74	93.93	92.60	
均值 3	91.50	91.94	93.28	92.21	
极差	1.17	3.72	5.44	1.58	

由极差分析可知，在所考察的 4 个因素中，改性时间的影响最大，次之为改性 pH 和固液比，改性浓度的影响最小。由表 2-8 可知，优化改性工艺参数为改性浓度 0.5%，改性 pH 为 10，改性时间 24 h，改性固液比 1∶5。

2.3.6　改性对人工沸石物理结构的影响

1）BET 对照分析

利用 ASAP2010M 全自动快速比表面孔径分析仪（美国 Micrometics 公司）对镧改性沸石（Lanthanum-modified Zeolite synthesized from coal fly ash，LaZP）、合成沸石（P-type Zeolite，ZP）与粉煤灰进行了比表面积测定，结果如表 2-10 所示。

表 2-10　比表面积测定结果

	BET 比表面积/（m^2/g）	Langmuir 比表面积/（m^2/g）	孔容/（cm^3/g）	孔径/nm
粉煤灰	0.867	1.137	—	—
ZP	45.804	63.575	0.137	11.935
LaZP	43.761	60.751	0.138	12.654

由表 2-10 可见，ZP 的比表面积相比于粉煤灰有了极大提高，从 0.867 m^2/g 增大到 45.804 m^2/g；孔结构发达，以中孔和微孔为主，总孔容积＞0.137 cm^3/g，平均孔径较小，约为 11.94 nm。而 ZP 进行改性后比表面积有些许下降，由 ZP 的 45.804 m^2/g 降至 43.761 m^2/g；孔径由 11.935 nm 扩大到 12.654 nm，孔容略微有所上升，由 0.137 cm^3/g 上升至 0.138 cm^3/g。

一般来说，如果孔道数目不变的话，孔径增加，孔容也会增加，比表面积也随之增加；但是如果处理后导致沸石孔径增大，那么肯定会破坏其中的小孔，使其平均孔径增大，表面积降低，孔容此时也可能出现降低或者稍微升高的趋势。据此分析可知，改性后沸石的孔径比未改性时增大，说明在改性的过程中合成沸石自身的一些小孔由于改性剂的填充及柱撑等作用而被破坏，成为大孔，因此孔径和孔容稍微增加，比表面积反而下降。

2）扫描电镜（SEM）观察

图 2-39 为粉煤灰与 ZP 及 LaZP 的电镜扫描照片。由图可知，粉煤灰主要是由球状颗粒组成，成分主要是无定形的 SiO_2 和 Al_2O_3（见图 2-39 a）。与粉煤灰相比，ZP 表面呈簇状（簇状物表面光滑），拥有良好的晶型特征，且出现大量孔隙结构（见图 2-39 b）。而 LaZP 保留了 ZP 的晶型特征及孔隙结构，在簇状物表面出现了分散效果较好的白色颗粒状物质，即负载于镧的水合羟基化合物（见图 2-39 c）。

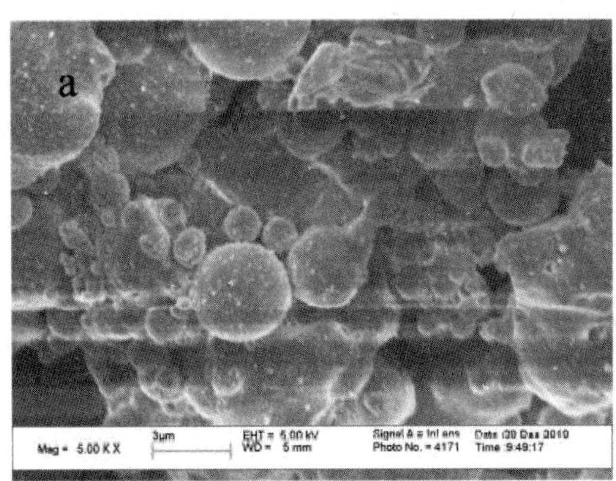

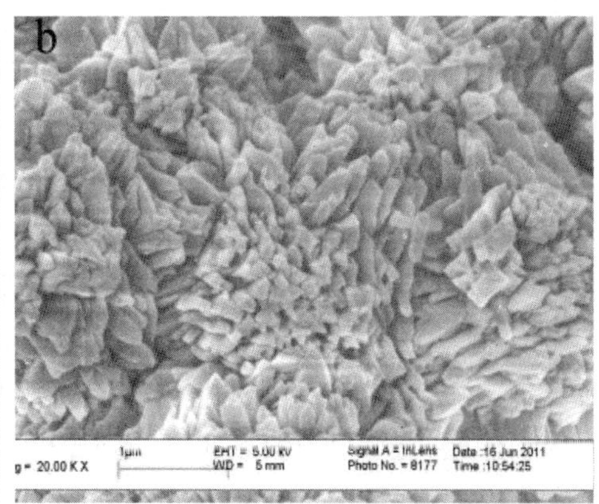

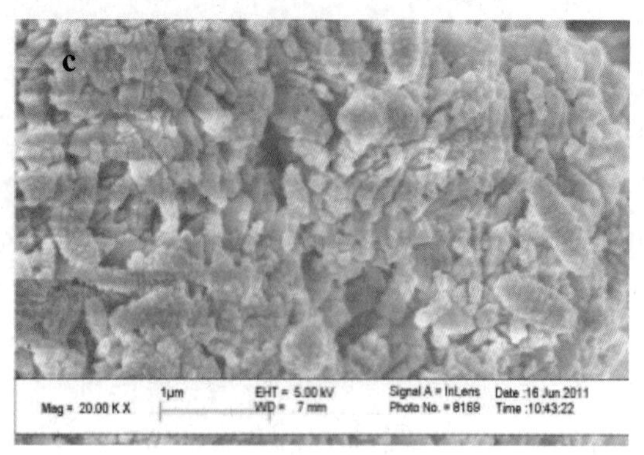

图 2-39　粉煤灰（a）、ZP（b）与 LaZP（c）电镜照片

3）X 射线衍射分析（XRD）

图 2-40 为 ZP、LaZP 与粉煤灰的 X 射线衍射对比图。可以看出，粉煤灰的 XRD 图峰少，强度低，主要是石英和莫来石。合成沸石与改性沸石衍射峰尖锐，强度大，具有明显的 P 型沸石峰，并且改性前和改性后的沸石在其骨架上没有明显改变，其主要骨架仍为 Na-P 沸石结构，说明镧改性对其分子筛的骨架并未造成破坏，此种改性方法是对沸石的表面改性。

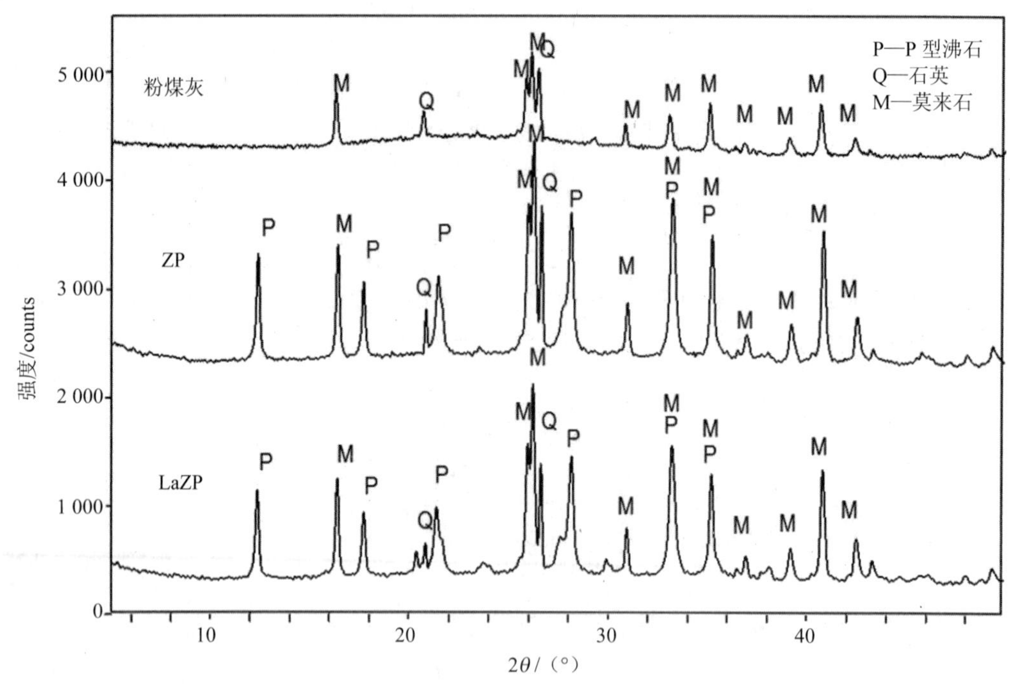

图 2-40　合成沸石（ZP）与镧改性沸石（LaZP）XRD 图

4）热重-差示扫描量热（TG-DSC）分析

图 2-41 为 ZP 与 LaZP 的热重-差示扫描量热分析（TG-DSC）。从图中的热重（TG）曲线我们可以看出，ZP 的失重为 6.74%，LaZP 的失重为 6.49%，两者相差不大，其中 LaZP

失重略少。差示扫描量热分析（DSC）曲线中，ZP 在 120℃附近有一个强烈的放热峰，这是由于沸石中残留的少量有机物的燃烧和沸石晶形结构转变所引起的放热峰，此时发生了主要的失重过程。与 ZP 相比，LaZP 在 161℃附近出现了强烈的放热峰，同样的在这一阶段也伴随着主要的失重过程。比较二者可知，镧离子改性在一定程度上提高了沸石的耐热温度。

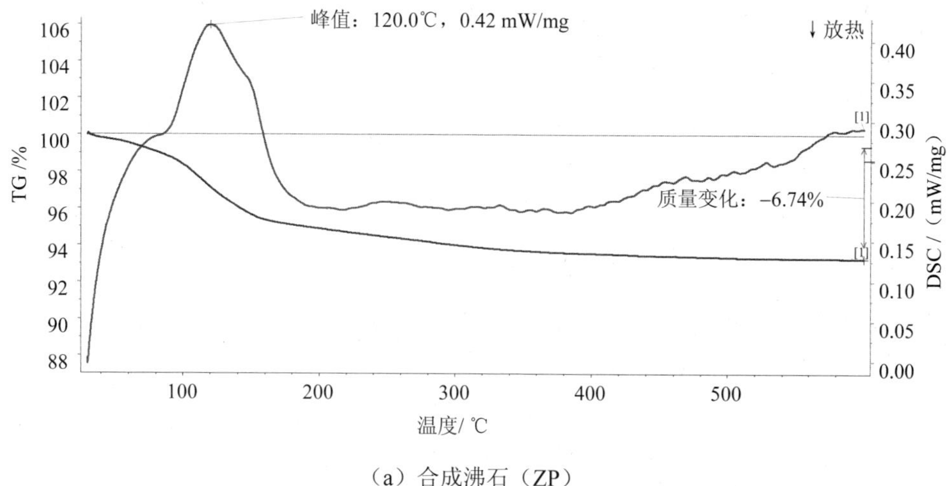

（a）合成沸石（ZP）

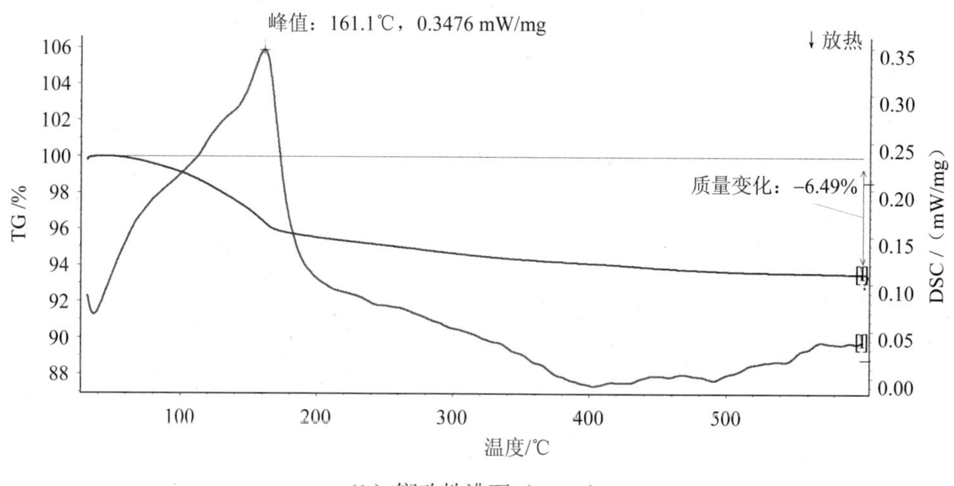

（b）镧改性沸石（LaZP）

图 2-41　ZP 与 LaZP 的 TG-DSC 曲线

2.4　改性粉煤灰人工沸石的同步脱氮除磷特性

2.4.1　投加量对同步脱氮除磷的影响

为研究投加量对氮磷去除的影响，采用了 1～20 g/L 不等的投加量进行了研究，反应条件如下：25℃恒温下在气浴恒温振荡器中以 150 r/min 吸附反应 1 h，取出后以 5 000 r/min 离心 10 min。从图 2-42 可以看出，对于氨氮浓度为 25 mg/L、磷浓度为 5 mg/L 的模拟污水，在 LaZP 的投加量为 5 g/L 以下时，氨氮及磷的去除率均随投加量的增加而显著提高；此后继续加大 LaZP 的投加量，氨氮及磷的去除率没有明显升高；当投加量达到 10 g/L 后其去除率基本稳定，氨氮和磷的去除率分别为 90%和 95%，其出水浓度分别为 2.5 mg/L 和 0.2 mg/L，达到城镇污水处理厂一级 A 排放标准。从工程应用的角度考虑，以 2～7 g/L 为最佳投加量。

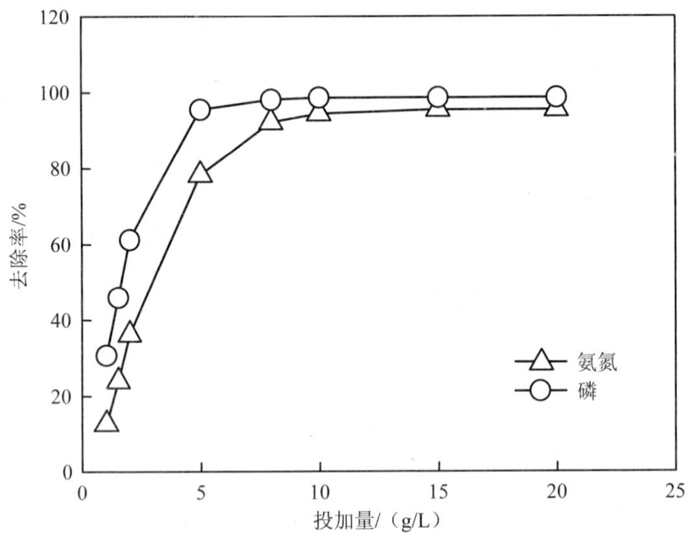

图 2-42 氨氮及磷酸盐去除率随投加量的变化

试验进一步以达到一级 B 排放标准的污水为进水（氨氮 8 mg/L，磷 1.5 mg/L），出水水质要求提升至一级 A（氨氮 5 mg/L，磷 1.0 mg/L），研究了此时 LaZP 对氮磷的去除规律。模拟污水氨氮浓度 8 mg/L，磷浓度 1.5 mg/L，在恒温振荡器中反应 24 h。研究结果表明，当投加量低于 2 g/L 时，去除率随投加量增加而显著增加，继续增加投加量，氨氮及磷酸盐去除率增加不明显。投加量为 1 g/L 时，氨氮出水浓度为 3.6 mg/L，磷酸盐浓度为 0.19 mg/L，达到城镇污水处理厂一级 A 排放标准（见图 2-43）。

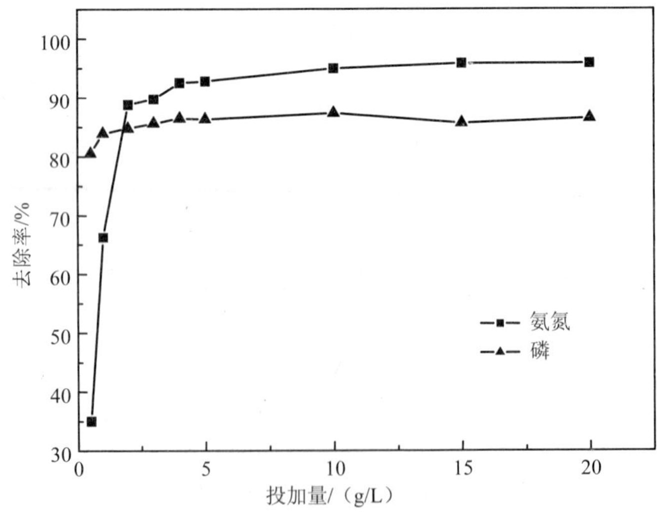

图 2-43 氨氮及磷酸盐去除率随投加量的变化

从图 2-44 可以看出，在投加量为 1 g/L 的情况下，氨氮及磷酸盐在 30 min 之内基本可达到吸附平衡，随着反应时间继续延长，去除率增加不明显，说明 LaZP 对氨氮及磷酸盐的去除速率非常快。

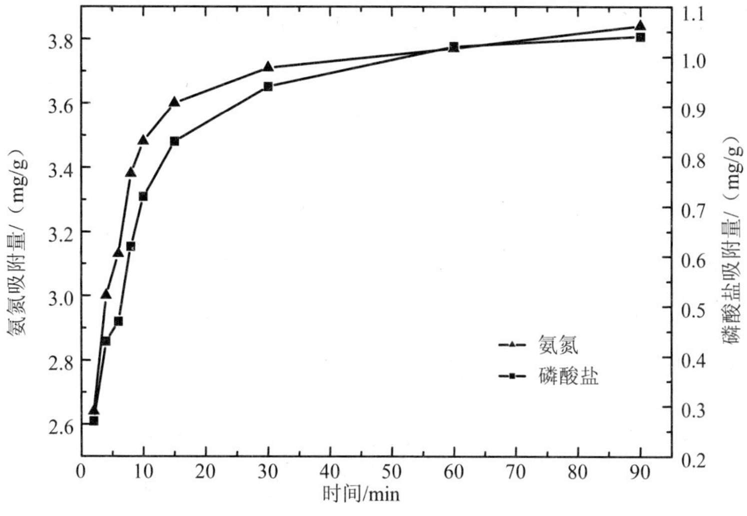

图 2-44　氨氮及磷酸盐去除率随时间的变化

2.4.2　反应时间对同步脱氮除磷的影响

研究了改性后的合成沸石对氨氮及磷的去除率随时间的变化，结果如图 2-45 所示。由图可知，LaZP 对氨氮及磷的吸附速率非常快，二者均可在 30 min 内基本至吸附平衡，与 24 h 吸附反应的结果相比较，其偏差不超过 2%。由于 LaZP 表面覆盖羟基后易与阳离子和阴离子生成表面配位络合物，而未改性沸石主要依靠离子交换与沸石成分反应，或者合成中间产物中的 Ca^{2+}、Al^{3+}等金属离子溶出后再与溶液中的离子反应，以达到脱氮除磷的目的，所以 LaZP 反应速率高于 ZP。反应过程中 pH 由开始的 6.0 缓慢增加到 7.8 左右，这主要是由于反应过程中合成沸石中的 Al^{3+}、Mg^{2+}等金属离子参加反应，从而使溶液的 pH 升高。

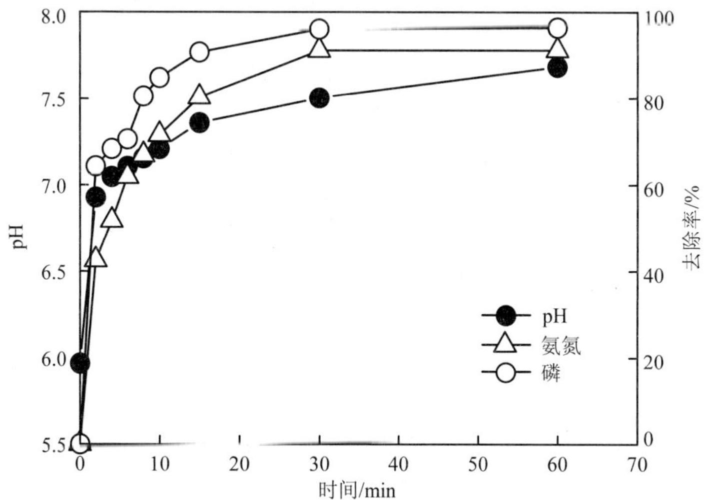

图 2-45　吸附时间对氨氮及磷酸盐去除率的影响

2.4.3　进水 pH 对同步脱氮除磷的影响

pH 对同步脱氮除磷的影响如图 2-46 所示。反应条件为：镧离子浓度为 0.5%，NaOH 及盐酸调节溶液 pH 为 3～12，进行吸附试验。由图可以看出，在弱酸偏中性的条件下，LaZP 同步脱氮除磷的效果较好，均能达 90%以上，且在 pH 为 5 左右时达到最大，之后基本保持稳定；在 pH＜3 及 pH＞8 时，氮磷去除率均明显下降。分析其可能原因为：pH＜3 时，酸性条件对合成沸石的孔隙结构有一定的改变，破坏了其已形成的晶体结构，溶液中大量增加的 H^+改变了吸附剂的表面特性，导致其表面的镧离子脱附，且在溶液 pH＜3 时，溶液中溶解平衡占主导地位，镧化物趋向于溶解，因而不能对磷酸根产生固定化作用，因此不利于氮磷的吸附去除；随着 pH 的升高，溶液中的 OH^-增多，导致 NH_4^+与 OH^-结合生成较为稳定的 $NH_3 \cdot H_2O$ 而不易被吸附，过多的 OH^-与溶液中的磷酸根产生竞争，导致氮磷的去除率均大幅降低。Pengthamkeerati 等[24]通过对粉煤灰沸石吸附磷酸盐后的 XRD 分析发现，其中存在大量钙的磷酸盐沉淀，表明其对磷的去除机理主要是合成沸石成分中的 Ca^{2+}、Al^{3+}等与磷酸盐发生化学反应，这也是碱性环境下去除效果较好的原因。而在本实验中，改性后的合成沸石对磷在偏酸性环境下去除效果较好，显然两者有不同的去除机理。

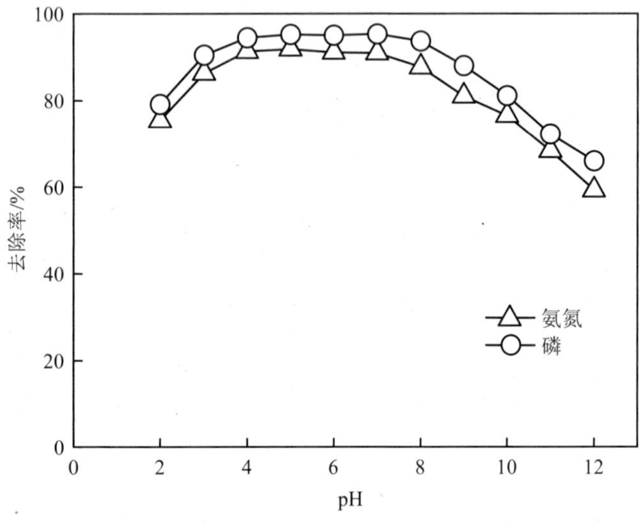

图 2-46　pH 对同步脱氮除磷的影响

2.4.4　LaZP 对氨氮与磷的吸附动力学实验

动力学模型通常用于研究吸附过程中的变化，而伪一级与伪二级动力学模型常用来描述液-固吸附过程，因此本研究采用这两种模型对氨氮及磷在 LaZP 上的吸附过程进行拟合。方程如下。

伪一级动力学模型：

$$\ln(Q_e - Q_t) = \ln Q_e - K_1 t \tag{2-6}$$

伪二级动力学模型：

$$t/Q_t = 1/K_2 Q_{e2} + t/Q_e \tag{2-7}$$

式中：Q_e，Q_t——分别为吸附平衡时和吸附 t 时的吸附量，mg/g；

t——吸附时间，min；

K_1，K_2——吸附速率常数，min^{-1}。

反应条件为：模拟污水氨氮浓度 25 mg/L，磷浓度 5 mg/L（由适量的氯化铵、磷酸二氢钾同时溶于蒸馏水中配制而成），LaZP 0.5 g，取样时间分别为 2 min、4 min、6 min、8 min、10 min、15 min、30 min、60 min、24 h。

图 2-47 为伪一级与伪二级的拟合曲线，通过比较图中各动力学方程的拟合曲线以及表 2-11 中的动力学参数可知，氨氮与磷的伪二级动力学模型的拟合相关系数 r^2 均大于伪一级动力学模型，而且由伪二级方程计算得到的 Q_e 值也与实验实测值接近。以上结果表明，伪二级方程能更好地描述氨氮与磷在 LaZP 上的吸附行为。伪一级动力学模型的局限性在于其通常用于对反应开始阶段的描述，不能用来准确地描述整个吸附反应过程；且在拟合前需知道 Q_e 值，但在实验中不可能准确测定平衡吸附量。而伪二级模型包含了吸附的全过程，如液膜扩散、表面吸附、内扩散等，能更好地描述吸附反应的全过程。

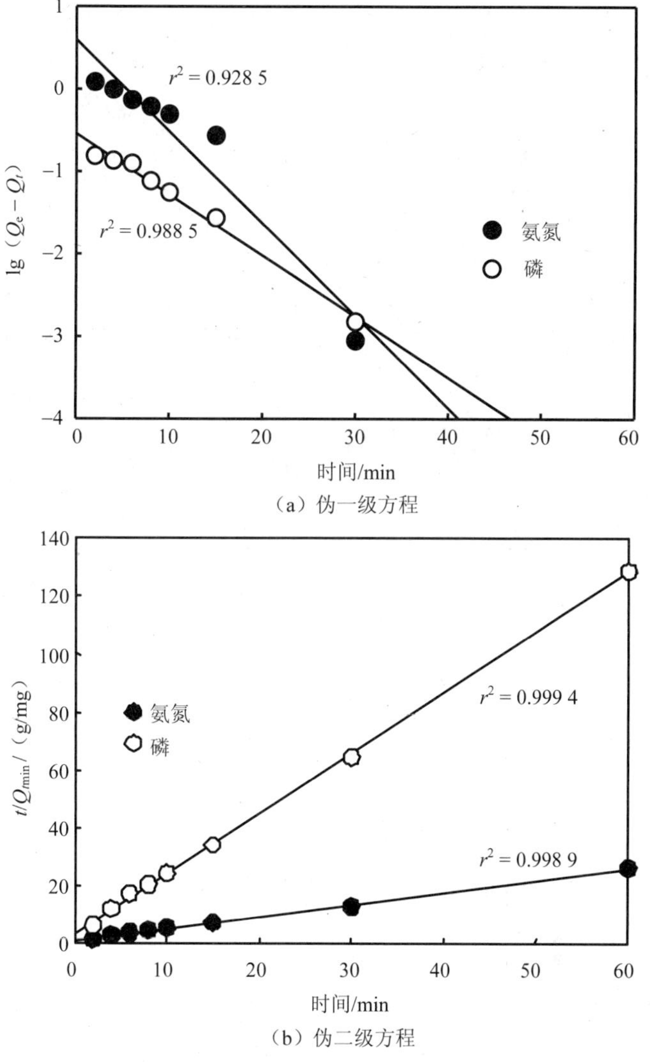

（a）伪一级方程

（b）伪二级方程

图 2-47　氨氮和磷的动力学模型拟合曲线

表 2-11 动力学参数

吸附质	Q_{e1}/（mg/g）	伪一级方程		伪二级方程	
		K_1/min^{-1}	Q_{e2}/（mg/g）	K_2/[g/（mg·min）]	Q_{e2}/（mg/g）
氨氮	2.277	0.257 2	3.949	0.132 4	2.415
磷酸盐	0.466	0.170 4	0.288	1.233 8	0.481

2.4.5 LaZP 对氨氮与磷的等温吸附实验

描述 LaZP 对氮磷吸附的等温线有 Langmuir 与 Freundlich 方程[见前文式(2-4)和式(2-5)]。

在氨氮浓度 50 mg/L、磷浓度 25 mg/L 的溶液中投加 0.5 g、0.6 g、0.7 g、0.8 g、0.9 g、1.0 g、1.2 g 的改性粉煤灰人工沸石在 25℃进行等温吸附实验。利用上述两个方程对数据进行拟合，结果如图 2-48 所示，计算量方程的相关系数结果如表 2-12 所示。对比 r^2 可知，Langmuir 方程能更好地描述改性的合成沸石对氨氮及磷的吸附行为，而用 Freundlich 方程拟合的结果较差。氨氮和磷的 Langmuir 最大吸附量分别为 3.94 mg/g 和 1.65 mg/g。

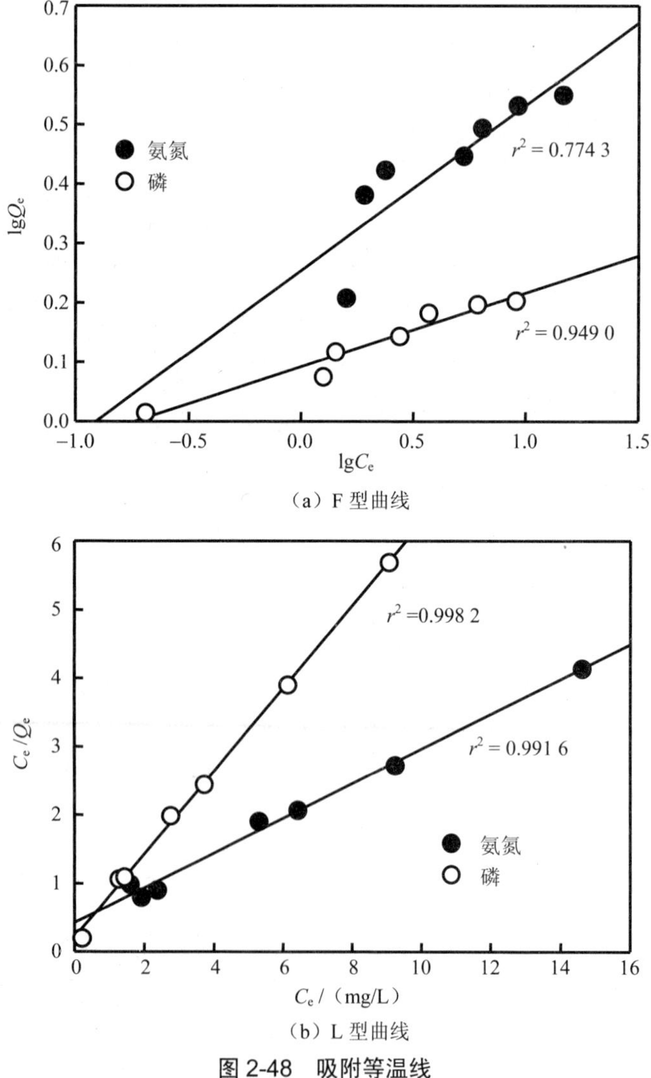

（a）F 型曲线

（b）L 型曲线

图 2-48 吸附等温线

表 2-12　等温吸附线参数

吸附质	Langmuir 方程			Freundlich 方程		
	Q_{max}/（mg/g）	b /（L/mg）	r^2	K_F /（L/mg）	n	r^2
氨氮	3.94	0.595	0.991 6	1.795	3.599	0.774 3
磷酸盐	1.65	2.857	0.998 2	1.235	8.058	0.949 0

2.5　人工沸石负载 TiO_2 光催化复合材料的制备

以粉煤灰合成沸石为载体，低温（80℃）负载 TiO_2，在负载过程中掺杂稀土铈离子提高光催化活性，制备出粉煤灰沸石负载 Ce^{3+}/TiO_2 光催化剂，可降低合成成本和提高污染物降解效率。

2.5.1　概述

1972 年，Fujishima[25]首次发现在光电池中受辐射的 TiO_2 表面能持续发生水的氧化还原反应，这一发现揭开了光催化材料研究和应用的序幕。1976 年 Carey 等[26]报道了 TiO_2 水浊液在近紫外光的照射下可使多氯联苯脱氯。Frank 等[27]也于 1977 年用 TiO_2 粉末光催化降解了含 CN^- 的溶液。由此，国内外开始了 TiO_2 光催化技术在环保领域的应用研究，继而引起了污水治理方面的技术革命。

TiO_2 是一种 N 型半导体材料，有较强的氧化性和还原性，凭借其催化活性高、耐热性强、作用时间长、价格便宜等优点而倍受人们青睐，成为最受重视的一种光催化剂。常见的 TiO_2 大多是粉末状，虽然光催化作用强，但其在废水处理过程中常存在分离、回收困难等问题，因而怎样将 TiO_2 固定于载体上成为人们很关注的问题。常见载体主要有：玻璃、陶瓷、活性炭等[28,29,30]。采用沸石作为 TiO_2 光催化剂载体也有不少的研究[31,32,33]，然而大多数研究都选择天然沸石作为载体，而选用可吸附有机污染物的粉煤灰合成沸石做载体的研究鲜有报道；同时传统的负载方法需通过高温焙烧获得复合光催化剂，设备复杂且耗能较多。因此低温制备 TiO_2 也是近年来 TiO_2 制备中的一个研究热点[34]。

2.5.2　TiO_2 光催化基本原理

TiO_2 是一种 N 型（电子导电型）半导体氧化物，其光催化原理可用半导体的能带理论来阐释。根据以能带为基础的电子理论，半导体的基本能带结果是：存在一系列的满带，最上面的满带称为价带（Valence Band，VB）；存在一系列的空带，最下面的空带称为导带（Conduction Band，CB）；价带和导带之间为禁带。当用能量等于或大于禁带宽度（Eg）的光照射半导体时，其价带上的电子（e^-）被激发，越过禁带进入导带中，同时在价带上产生相应的空穴（h^+）。这也就是产生光生电子（photogenerated electron）和光生空穴（photogenerated hole）的过程[35]。

TiO_2 的禁带宽度 3.2 eV，当用波长小于或等于 387.5 nm 的光照射时，也就是说在紫外光的激发照射时才能使电子发生跃迁，价带上的电子受激发越过禁带，在导带上形成带负电的高活性电子 ecb$^-$，在价带上产生带正电的空穴 hvb$^-$。由于半导体能带的不连续性，电子和空穴的寿命较长，在电场的作用下，电子与空穴发生分离，分别迁移至 TiO_2 粒子表面的不同位置上，参与加快粒子表面上的氧化还原反应，从而使吸附在粒子表面上的物质被氧化或还原，薄膜表面的水分子和氧分子激发成极具活性的自由基（·OH）和负氧离子（O^{2-}），反应式如下[36]：

$$TiO_2+h\nu \rightarrow h^+ + e^- \tag{2-8}$$

$$h^+ + H_2O \rightarrow \cdot OH + H^+ \tag{2-9}$$

$$e^- + O_2 \rightarrow \cdot O^{2-} \rightarrow HO_2 \cdot \tag{2-10}$$

$$2HO_2 \cdot \rightarrow O_2 + H_2O_2 \tag{2-11}$$

$$H_2O_2 + \cdot O_2 \rightarrow \cdot OH^- + O_2 \tag{2-12}$$

表面生成的羟基活性基团·OH 具有很高的反应活性，可以将催化剂表面吸附的各种化合物氧化分解，这些氧化能力极强的自由基可以分解有机物，生成 H_2O 和 CO_2。

理论上，光催化反应在半导体表面经由以下几步实现[37]，即：①用光能大于半导体带隙的光辐照半导体产生电子一空位对；②半导体表面吸附物质的捕获，使光生电子、空位分离；③氧化还原反应在被捕获的电子和空位与表面被吸附物质中进行；④产物的解吸和表面的重构。很多有机化合物光催化氧化的详细反应机理仍在探讨中。

值得注意的是，光催化要求还原反应发生在具有光活性的半导体表面。锐钛矿型 TiO_2 虽然具有优良的光催化活性，但是这种晶型的 TiO_2 的吸附能力不好[38]，特别是对非极性分子，这就限制了它的进一步应用。而沸石由于其多孔结构，正好具有良好的吸附性能。若两者结合起来，从而产生协同效应，能很好地提高 TiO_2 的光催化性能。插入沸石孔洞内和负载在沸石表面上的 TiO_2 粒子在紫外光的照射下产生空穴-电子对。因为沸石孔洞内具有很强的电场强度，其表面也有电子富集，可以起到抑制电子-空穴复合的作用，从而使得沸石吸附的有机物可以很容易地获得紫外光激发 TiO_2 而与水和氧生成的活性基团，从而提高沸石负载 TiO_2 光催化剂的光催化活性。

2.5.3 TiO_2 光催化剂改性

目前开发的光催化剂改性技术大致可以分为以下几种：非金属离子掺杂、过渡金属离子掺杂、贵金属沉积、半导体复合、有机染料光敏化等，通过改性技术来扩展其光吸收能力和光催化过程的量子效率。

最早采用非金属离子掺杂的是 Sato[39]，其将 $Ti(OH)_4$ 与 NH_4OH 一起煅烧制备了 N 掺杂的 TiO_2 光催化剂。Asahi 等[40]基于 C、N、F、P 和 S 元素对锐钛矿型 TiO_2 中 O 进行取代掺杂的密度函数理论计算，认为 N（2 p）能级能够与 O（2 p）能级相杂化，致使材料禁带宽度变窄，从而扩展了 TiO_2 的吸收边。Asahi 等报道的非金属 N 替换少量的晶格氧（0.175%）带来的可见光活性无疑是一项开创性的工作，激发了该领域众多研究者的兴趣。此后，各国科研人员相继开发了 N 掺杂、S 掺杂、C 掺杂、F 掺杂，以及两种非金属离子共同掺杂的 TiO_2 材料。相应的理论研究表明，非金属离子掺杂提高 TiO_2 可见光响应性能的机理可大致分为两种：一种是掺杂引起 TiO_2 禁带宽度的降低，另一种是掺杂使得在 TiO_2 禁带中产生中间能级。

一些研究者研究金属离子掺杂 TiO_2，发现金属离子的掺杂确实可以明显提高 TiO_2 的光催化活性。Li 等[41]向 TiO_2 中掺杂金属镧离子 La^{3+}，发现镧的掺杂可阻止 TiO_2 相的转变，提高其热稳定性，降低晶粒尺寸，增加表面 Ti^{3+}的含量，从而可以提高 TiO_2 的光催化活性。与非金属离子的掺杂机理不同，金属离子的掺杂通过抑制纳米 TiO_2 晶粒的长大和相的转变来提高其光催化活性。

2.5.4　沸石负载 TiO_2 催化材料制备的研究进展

TiO_2 光催化剂通过光催化反应使吸附在表面的污染物发生分解，直接使用 TiO_2 粉末虽然效果较好，但不利于催化剂的回收，容易造成流失浪费[42,43]。固定化技术解决了纳米 TiO_2 光催化剂回收的难题，但由于 TiO_2 本身具有氧化性，能够分解有机物，所以不能直接负载于有机载体上使用，必须负载在惰性载体上或用适当的方法固定到基材的表面后，才能发挥光催化作用。纳米 TiO_2 固定化技术成为解决纳米 TiO_2 光催化剂回收难题的有效途径。大量的研究是将纳米 TiO_2 负载于玻璃、石英、沸石、钛板等材料表面[44]，但由于平面负载减小了催化剂与光的接触面积，使得光催化效率降低。将纳米 TiO_2 负载在惰性多孔载体材料表面，能够有效解决纳米 TiO_2 回收和难于负载的问题[45]。惰性多孔材料包括活性炭、沸石、活性炭纤维等。沸石由于其具有均匀的、纳米级的孔道结构，在这种结构中可以形成稳定的、分子尺寸的半导体纳米团簇，因而沸石负载型光催化剂显示出比其他载体更高的活性。所以，把沸石作为光催化剂的载体引起了众多科研工作者的注意。

沸石骨架内部纳米或亚纳米尺度的空穴和孔道可以容纳具有光活性的客体材料，比如有机光敏剂、无机半导体材料等。此外，以 Ti、V 或其他过渡金属元素取代沸石骨架中的 Si 或 Al 形成含杂原子的沸石，可以直接赋予沸石光催化活性。沸石作为复合光催化材料的主体，比表面积高，吸附能力强，可提高光催化过程的效率，其内部彼此分立的空间结构有利于多组分客体材料的逐级引入。将有机光敏剂装载于沸石孔道，其光稳定性得到显著提高；位于沸石笼内的半导体则表现出纳米尺度下的量子效应，在沸石内部结构极性环境的影响下，表现出更敏感的光致电子转移，光催化效率得到加强。

TiO_2/沸石复合材料制备方法简单，适用范围广，因此获得了较多关注。因沸石孔道容量有限，仅装载于沸石孔道中的 TiO_2 量过低，致使复合材料整体的催化活性较低。因此，提高 TiO_2 含量，制备负载型复合材料成为重要研究方向。沸石基 TiO_2 材料的制备方法一般采用 TiO_2 溶胶与沸石混合后焙烧而成[46]，或者使用机械混合法[47]将纳米 TiO_2 与沸石简单混合，产物都表现出了较好的催化性能。目前比较常见的制备 TiO_2/沸石复合材料方法主要有溶胶-凝胶法、离子交换法、固体扩散法。

1）溶胶-凝胶法（Sol-Gel）

溶胶-凝胶法是 20 世纪 60 年代发展起来的一种制备玻璃、陶瓷等无机材料的新工艺。Sol-Gel 技术具有简单易操作、无需大型设备、制备条件温和、所得到的粉体纯度较高等特点，并可在基体上形成超细颗粒。国内方送生等[48]用溶胶凝胶法在天然斜发沸石上负载 TiO_2，结果表明所制备的催化剂在 120℃下干燥 6 h 后经 200℃焙烧具有最大光催化活性，并且在此较低的温度下，就出现锐钛矿型 TiO_2。Reddy 等[49]用溶胶凝胶法在 MCM-41 上负载了 25%（质量比）的 TiO_2，对水杨酸进行光催化实验，他们发现基体和催化剂的亲水性是光催化性能的决定性因素。

2）离子交换法（Ion Exchanging）

离子交换法是将金属离子负载在具有多孔或层状结构载体上的常用方法。离子交换通式为：

$$AZ + B^+ \rightleftharpoons BZ + A^+$$

式中：Z——沸石的阴离子骨架；

B——水溶液中的金属阳离子；

A——交换前沸石分子筛中的阳离子，一般为碱土金属离子。

用离子交换法在 Na 型和 H 型 Y-沸石上负载了 TiO_2。他们发现，离子交换过程由 Ti 原子存在的类型、沸石的通道和笼结构的孔径所控制。

3）固体扩散法（Solid State Dispersion）

Durgakumari 等[51]用固体扩散法在 HZSM-5 上分别负载了 2%、5%、10%、15%（质量比）的 TiO_2。将 TiO_2 和沸石放入玛瑙研钵里，然后倒入酒精对其充分研磨，一直研磨到酒精挥发完毕，接着在 110℃下干燥，干燥后的样品在 450℃煅烧 6 h 即制得所需光催化剂。对制得的催化剂表征显示，TiO_2 分散在沸石结构中，与沸石没有发生反应。以所制的光催化剂降解水溶液中的苯酚和氯苯酚，结果表明 TiO_2 的最佳负载量在 10%～15%（质量比）之间。

2.5.5 粉煤灰沸石负载 Ce^{3+}-TiO_2 光催化复合材料的制备

2.5.5.1 制备方法

在 80℃条件下采用溶胶-凝胶法制备粉煤灰沸石负载 TiO_2 光催化剂。量取 34 ml 钛酸四丁酯于磨口 250 ml 三角锥形瓶中，加入 100 ml 无水乙醇、25 ml 冰醋酸、2 ml 浓硝酸，用搅拌子剧烈恒速搅拌 30 min。将适量粉煤灰沸石加入其中，恒速剧烈搅拌 2 h，接上回流管，保持温度在 80℃水浴加热并继续搅拌，其间，用酸式滴定管将硝酸铈/乙醇溶液从回流管顶部缓慢滴加于锥形瓶中。将回流装置取下，三角锥形瓶放于恒温水浴锅中保温适当时间取出，自然条件下挥发掉乙醇，用去离子水冲洗掉沉淀中的悬浮物及杂质，于 105℃下干燥 24 h，研磨过 200 目筛，备用。

2.5.5.2 光催化复合材料的表征

1）SEM-EDX 分析

图 2-49 为粉煤灰沸石原样及合成光催化剂的 SEM-EDX 图。可见，经过 TiO_2 负载之后，粉煤灰沸石的表面形貌特征发生了明显的变化。原沸石有明显的晶型特征，并且出现大量的孔隙结构，而合成光催化剂表面变得比较光滑且富有光泽，表面无大颗粒，说明 TiO_2 比较均匀地负载于其表面上。通过 EDX 能谱分析能够半定量地分析样品内元素，粉煤灰沸石原样表面有少量 Ti 元素且未检测出 Ce 元素，来源是原料粉煤灰含有少量的钛元素；而合成光催化剂表面 Ti 元素含量高达 30%以上且含有少量的 Ce 元素，说明 TiO_2 成功负载于粉煤灰沸石表面上。

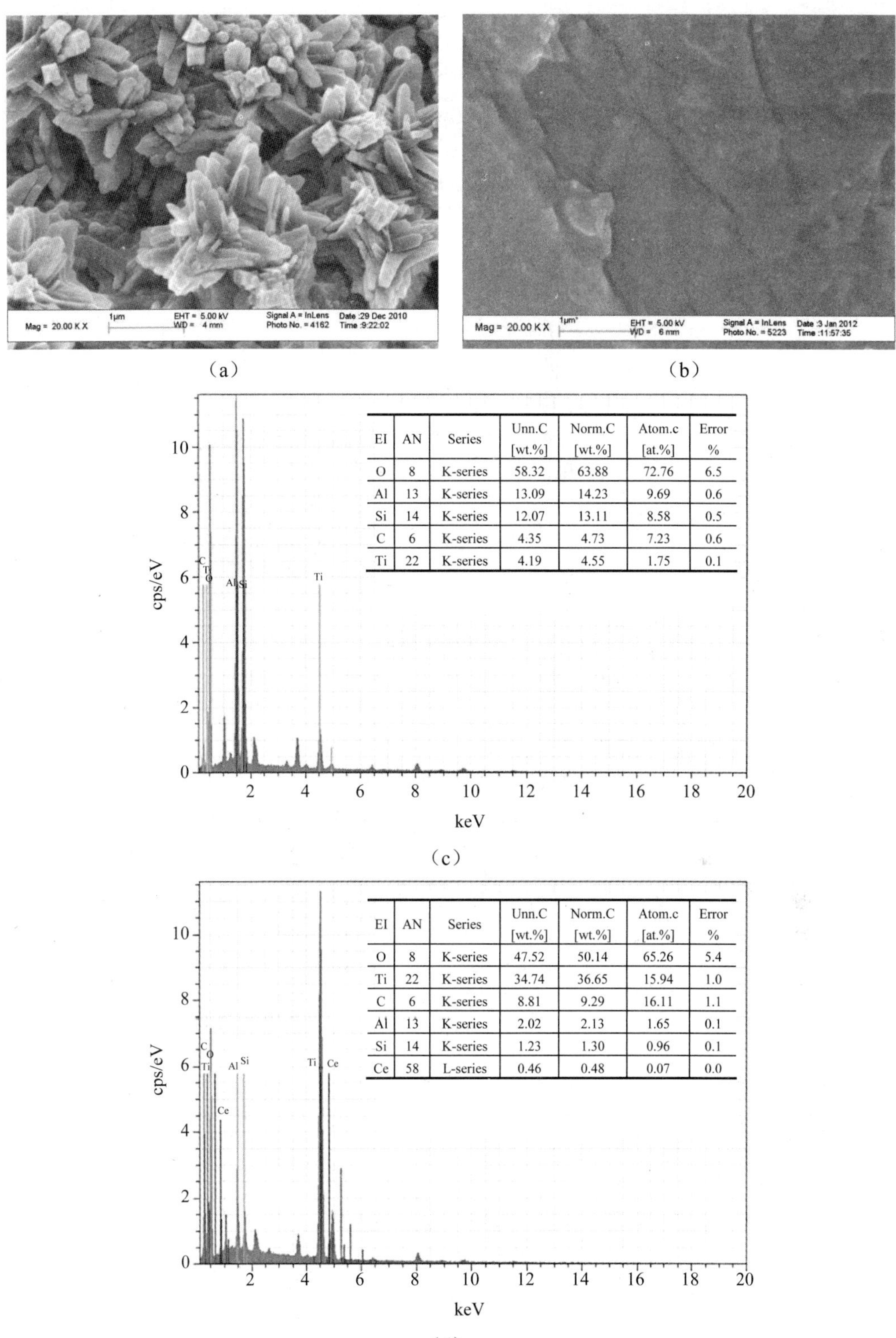

EI	AN	Series	Unn.C [wt.%]	Norm.C [wt.%]	Atom.c [at.%]	Error %
O	8	K-series	58.32	63.88	72.76	6.5
Al	13	K-series	13.09	14.23	9.69	0.6
Si	14	K-series	12.07	13.11	8.58	0.5
C	6	K-series	4.35	4.73	7.23	0.6
Ti	22	K-series	4.19	4.55	1.75	0.1

EI	AN	Series	Unn.C [wt.%]	Norm.C [wt.%]	Atom.c [at.%]	Error %
O	8	K-series	47.52	50.14	65.26	5.4
Ti	22	K-series	34.74	36.65	15.94	1.0
C	6	K-series	8.81	9.29	16.11	1.1
Al	13	K-series	2.02	2.13	1.65	0.1
Si	14	K-series	1.23	1.30	0.96	0.1
Ce	58	L-series	0.46	0.48	0.07	0.0

图 2-49　沸石原样及合成光催化剂的 SEM-EDX 图

[（a）、（c）为沸石原样 SEM-EDX 图，（b）、（d）为合成光催化剂 SEM-EDX 图]

2）XRD 分析

图 2-50 为粉煤灰沸石原样与合成光催化剂的 XRD 图。比较二者发现，负载 TiO_2 之后，沸石的主要峰结构没有发生改变，但峰的强度有所下降，主要是因为表面负载了无定型及晶态状的 Ce^{3+}-TiO_2。同时 Ce^{3+}-TiO_2 沸石在 $2\theta\approx25.4°$（d=0.346 nm）及 $2\theta\approx37.8°$处均有比较明显的特征峰，说明大部分分布在沸石表面的 TiO_2 是锐钛矿结构。

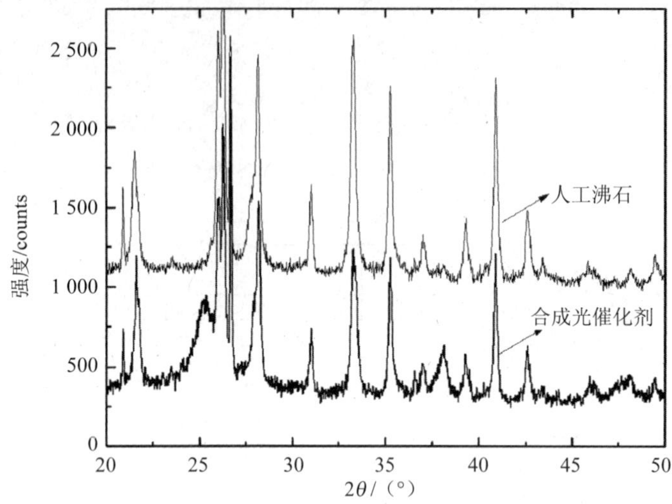

图 2-50　沸石原样及合成光催化剂的 XRD 图

3）傅里叶红外光谱分析

图 2-51 是粉煤灰沸石原样、锐钛矿、粉煤灰沸石原样与锐钛矿简单混合样（以下简称混合样）及合成光催化剂的 FTIR 图谱。由图可见，合成光催化剂与简单混合样品的 FTIR 图谱基本一致，说明合成样品在其所负载的 TiO_2 主要以锐钛矿存在。在 960 cm^{-1} 处，合成光催化剂出现了新的小幅吸收峰，该峰归属于 Si—O—Ti 键，表明$(TiO_2^+)_n$ 部分嵌入到沸石骨架中[52]。除去沸石原样，锐钛矿、简单混合样及合成光催化剂均在 1 380 cm^{-1} 附近有一个较大的吸收峰，是 TiO_2 中 Ti—O 键的振动引起的，说明合成光催化剂负载效果良好。

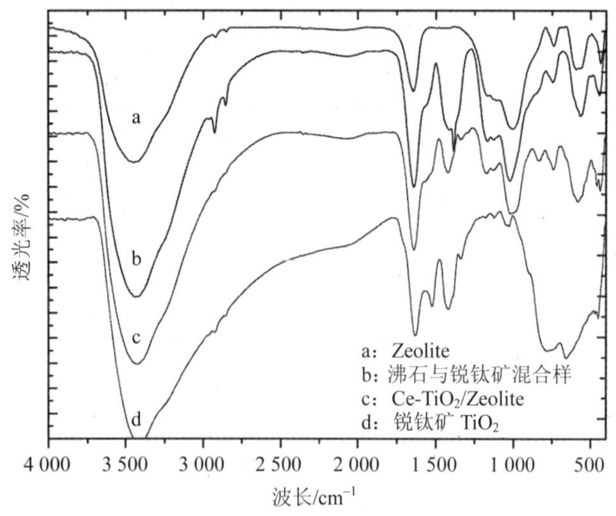

图 2-51　样品的 FTIR 分析比较

2.5.6 影响 TiO_2 光催化活性的因素

2.5.6.1 光催化反应器及分析方法

光反应装置的构造如图 2-52 所示，光反应器高 300 mm，外径 250 mm，内放 250 ml 反应烧杯；紫外高压汞灯置于反应器正上方，灯源为 300 W，波长 365 nm；反应器内装冷却水，保证反应在室温进行。

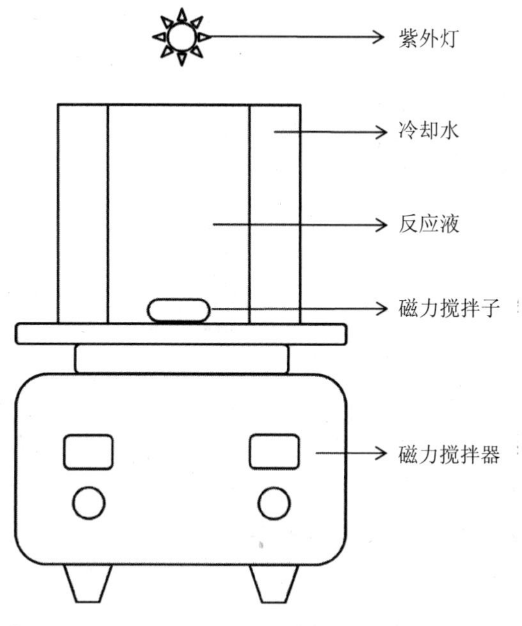

图 2-52 光降解反应装置示意图

将 100 ml 多环芳烃溶液置于烧杯中，称取一定量的粉煤灰沸石负载的 Ce-TiO_2 光催化剂加入烧杯中；开启恒温磁力搅拌器以恒定搅拌速率搅拌，使光催化剂对多环芳烃进行吸附；待吸附饱和后，开启紫外灯，预热 5 min 开始计时；反应完毕后，将水样离心，取上清液进行液液萃取、旋蒸、氮吹等一系列的预处理，最后用 GC-MS 测定其浓度。

采用安捷伦-7890GC-5975 MS 连用测定多环芳烃，采用氘代 PAHs（菲-d10）作为回收率指示物，六甲基苯为内标物。采用安捷伦 HP-5MS（30×0.25×0.25μm）色谱柱。进样口温度为 280℃，以不分流模式进样 1 μl。以氦气为载气，控制 1.2 ml/min 恒定流速。升温程序为：55℃（1 min），以 4℃/min 的速度升温到 290℃（20 min）。离子源为 EI 源，温度 230℃，检测器在 *m/z* 为 50～500 的范围内全扫描。色谱数据以安捷伦色谱工作站处理，采用 6 点校正曲线和内标法进行化合物的定量。

2.5.6.2 不同 Ce^{3+} 质量分数对粉煤灰沸石负载 TiO_2 活性的影响

图 2-53 是不同稀土掺杂量的光催化剂对菲、荧蒽降解效果比较。从图中可以看出，掺杂稀土铈的催化剂降解菲、荧蒽之后的出水浓度比未掺杂铈的催化剂要低。当稀土掺杂量低于 0.5%时，光催化剂对菲、荧蒽的降解效果随着稀土掺杂量的提高而增加；继续提高稀

土掺杂量，出水菲、荧蒽浓度稍微有所升高。即最佳稀土掺杂量为 0.5%，这与宋绵新等[53]的结论相一致。这主要是稀土掺杂 TiO_2 能够促进产生氧缺陷，起到了捕获光生电子或空穴的作用，稀土促进了光电子-空穴对的分离，抑制了二者的复合。而过量的稀土掺杂会减少 TiO_2 表面的空间电荷层厚度，研究表明只有当空间电荷厚度近似入射光进入固体的透入深度时，所有吸收光子产生的电子-空穴对才能有效分离，故过量掺杂可能会降低 TiO_2 的光催化效率[54]。

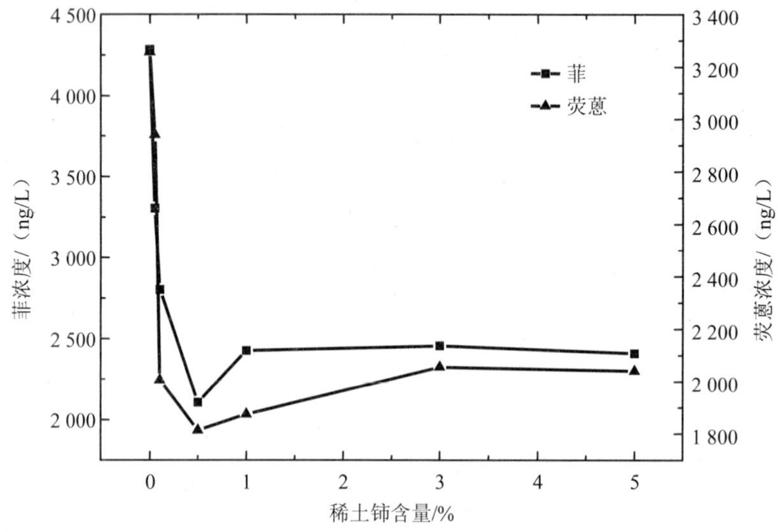

图 2-53 稀土铈掺杂量对菲、荧蒽降解效果的影响

2.5.6.3 溶液 pH 对菲、荧蒽降解效果的影响

通过用稀 HCl 或 NaOH 溶液调整反应液的 pH，试验考察了 pH 从 3～11 时对菲、荧蒽降解过程的影响，结果如图 2-54 所示。由图可知，pH 能够影响多环芳烃的降解效率，pH 接近碱性时降解效率比酸性环境中要高。有文献指出，TiO_2 表面等电点在 pH=6.8 左右[48]，溶液 pH 为酸性时，TiO_2 表面呈正电性，在碱性条件下显负电性。当溶液 pH 升高时，多环芳烃与 TiO_2 表面间的静电作用使得其吸附作用增强，同时溶液中 OH^-离子不断增加，与其对应的降解效果加强。这充分说明了溶液 pH 能够改变光催化剂表面的电子行为，从而影响目标污染物的吸附和解吸性能以及中间产物的产生[55]。

2.5.6.4 投加量对菲、荧蒽降解效果的影响

图 2-55 给出了光催化剂用量与菲、荧蒽溶液降解率之间的关系。从图中可以看出，菲、荧蒽溶液降解率在催化剂用量为 3 g/L 时达到最高，继续增大投加量，光催化效果有所下降，菲、荧蒽出水浓度增加。这是因为在一定范围内，随着光催化剂用量的增加，则其生成的光生电子-空穴对也就增多，这样促进更多的羟基自由基·OH 的生成，从而加快反应的进行，直到反应达到饱和[56]。若继续增大光催化剂用量，则对入射的紫外光产生了屏蔽和散射作用，降低了光能利用率，影响溶液内部的催化剂颗粒对紫外光的吸收[57]，导致菲、荧蒽降解率下降，出水浓度提高。

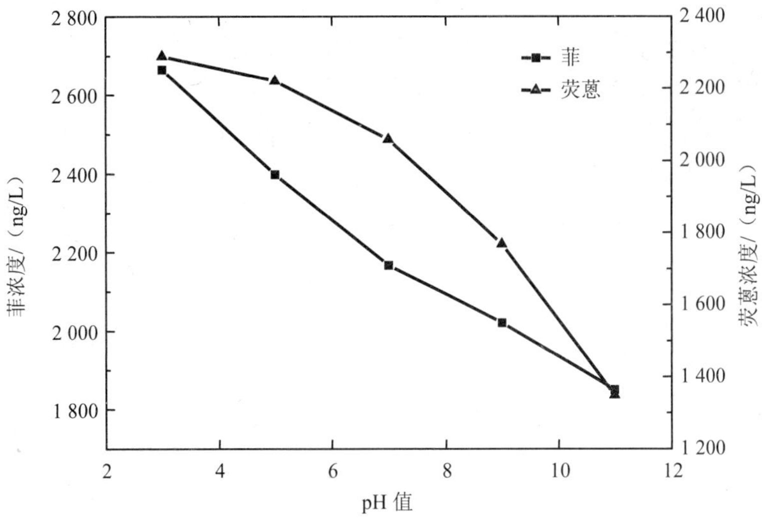

图 2-54　溶液 pH 对菲、荧蒽降解效果的影响

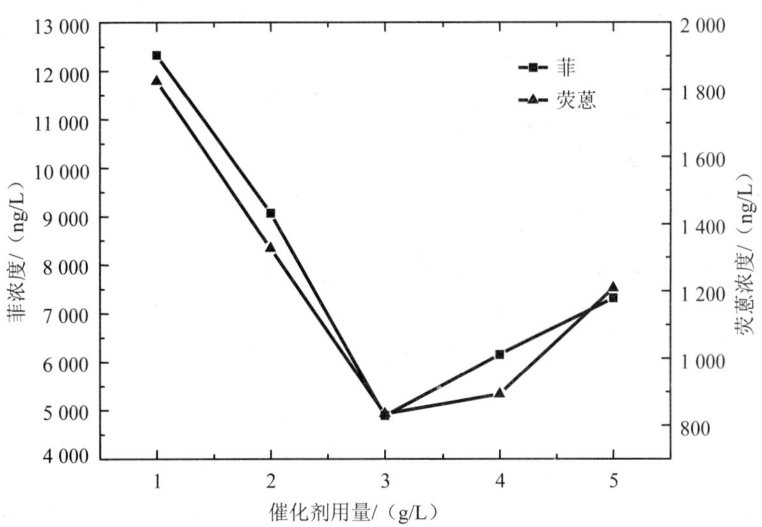

图 2-55　催化剂用量对菲、荧蒽降解效果的影响

2.5.6.5　菲、荧蒽初始浓度对降解效果的影响

配制四个不同浓度（5×10^5 ng/L、10^6 ng/L、5×10^6 ng/L、10^7 ng/L）菲溶液及四个不同浓度（2.5×10^5 ng/L、5×10^5 ng/L、2.5×10^6 ng/L、5×10^6 ng/L）荧蒽溶液，固定催化剂用量为 1 g，溶液体积为 100 ml，降解时间为 120 min，进行光催化试验。结果如图 2-56 所示，可以看出，随着初始浓度的增加，降解效率下降，菲、荧蒽出水浓度增加。菲浓度较低时，随着初始浓度的提高，菲出水浓度升高的并不是特别明显，降解效率提高，当菲初始浓度提高至 10^7 ng/L 时，出水浓度大大提高，降解效率下降。而荧蒽降解过程中，当浓度低于

2.5×10^6 ng/L 时，随着污染物浓度的升高，出水浓度增加不明显，降解效率提高，当荧蒽初始浓度提高至 2.5×10^6 ng/L 时，出水浓度大大提高，降解效率下降。根据相关文献分析[58]，催化剂用量一定时，反应提供的活性部位是一定的，当目标污染物低于一定浓度时，随着污染物浓度的增加，降解效率增加；当超过这一浓度时，过多的中间产物阻碍溶液中 OH^- 的产生，使光催化所需要的 · OH 自由基不足，从而使光降解效率下降。

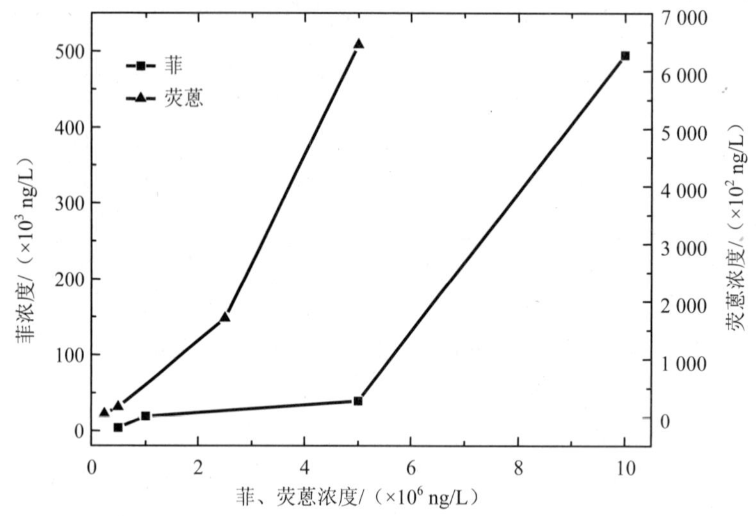

图 2-56 初始浓度对菲、荧蒽降解效果的影响

2.5.6.6 菲、荧蒽降解动力学研究

实验研究了菲（10^6 ng/L）、荧蒽（5×10^5 ng/L），pH 自然未调，反应液体积为 100 ml，投加量为 3 g/L，其他条件均不变的情况下，二者的光降解动力学特征。假设只考虑目标污染物浓度的变化而忽略掉中间产物的影响，可用 Langmuir-Hinshelwood 动力学方程表示一级反应动力学方程[59]：

$$\ln c = -Kt + \ln c_0 \quad (2\text{-}13)$$

式中：t ——反应时间，min；

c ——溶液中菲、荧蒽的瞬时浓度，ng/L；

c_0 ——溶液中菲、荧蒽的初始浓度，ng/L；

K ——反应速率常数。

采用上述 Langmuir-Hinshelwood 动力学方程对菲、荧蒽降解过程进行拟合，拟合结果如图 2-57 所示，相关线性参数如表 2-13 所示。通过对二者的拟合，菲相关系数 $r^2\geqslant0.99$，荧蒽相关系数 $r^2\geqslant0.98$，可知菲、荧蒽光降解均符合一级反应动力学模型。

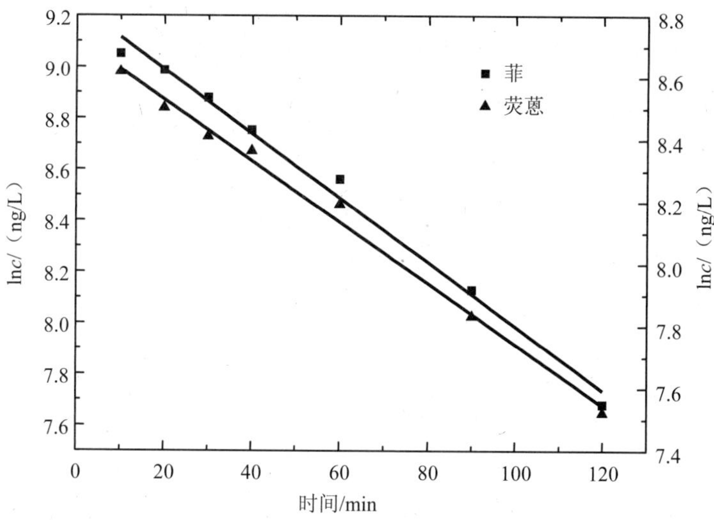

图 2-57　菲、荧蒽降解的动力学拟合曲线

表 2-13　菲、荧蒽光降解线性关系参数

污染物	一级反应动力学方程	K/min^{-1}	r^2
菲	$y = -0.012\,6x+9.240\,7$	0.012 6	0.989 7
荧蒽	$y = -0.009\,9x+8.726\,6$	0.009 9	0.992 1

2.5.6.7　Ce^{3+}-TiO_2 光催化复合材料光催化机理

通过对实验结果的分析可知，稀土掺杂的 TiO_2 与沸石的复合作用可以有效地去除水体中的多环芳烃。从机理分析，复合光催化剂对多环芳烃的去除作用主要包括吸附和光催化氧化两个过程。其去除效果远比单纯的沸石吸附和单纯的 TiO_2 粉体光催化氧化高。

粉煤灰沸石具有比较大的比表面积，通过溶胶-凝胶方法将 TiO_2 均匀地负载于其上，在搅拌条件下能够快速地富集水体中多环芳烃于其表面上，此富集过程为物理吸附。物理吸附多环芳烃的去除作用是有限的，且不能真正意义上去除多环芳烃，只是对多环芳烃起到了转移的作用。低温条件下制备的 TiO_2 含有锐钛矿相，在紫外光降解条件下具有光催化作用，光催化氧化能够降解大多数有机污染物，其在紫外光照射下会产生大量的电子和空穴，具有很强的氧化还原特性，并且能够将难降解有机物彻底矿化，最终以 CO_2 和 H_2O 及其他简单无机产物出现[60]。

当二氧化钛受到波长小于 387.5 nm 的紫外光照射时，价带上的电子跃迁到导带，激发电离出电子同时产生正电性的空穴，形成电子-空穴对，与吸附溶解在其表面的氧气和水反应。分布在表面的 OH^-和 H_2O 氧化 HO・自由基。HO・自由基的氧化能力是在水体中存在的氧化剂中最强的，能氧化大部分的有机污染物和无机污染物，而且对反应物几乎无选择性，在光催化氧化中起着决定性的作用。二氧化钛的表面电子可被溶解在的氧俘获形成・O^{2-}，另外表面电子具有高的还原性，可以去除水体金属离子。生成的原子氧和氢氧自由基使有机物被氧化、分解，最终为 CO_2、H_2O 和无机物。具体反应过程如下（其中，

h^+代表正电性的空穴，e^-为光激子，$\cdot OH$ 是氢氧根自由基，OH^-为氢氧根离子，$\cdot O^{2-}$是带负电的氧自由基，$\cdot HO_2$ 是反应中间体）：

$$TiO_2+h\nu \longrightarrow h^++e^-$$

$$h^++H_2O \longrightarrow \cdot OH+H^+$$

$$h^++OH^- \longrightarrow \cdot OH$$

$$e^-+O_2 \longrightarrow \cdot O^{2-}$$

$$\cdot O^{2-}+H^+ \longrightarrow HO_2\cdot$$

$$2HO_2\cdot \longrightarrow H_2O_2+O_2$$

$$H_2O_2+\cdot O^{2-} \longrightarrow \cdot OH+OH^-+O_2$$

$$\text{有机物}+\cdot OH+O_2 \rightarrow CO_2+H_2O+\text{其他产物}$$

多环芳烃的光降解机理引起了许多学者的兴趣，孔令仁研究了苯并[*a*]蒽和苯并[*a*]芘的光化学分解[61]，测定出苯并[*a*]蒽的光解产物为苯并[*a*]蒽-7 醌，而苯并[*a*]芘的降解产物没有检测出来。综合研究了 17 种多环芳烃在水溶液中的光解作用，研究指出，大多数多环芳烃光解速率常数（k）与它们的极谱氧化半波电位（$E_{1/2}^{ox}$）有关；$E_{1/2}^{ox}$值低（易氧化），则 k 值大（反应快）；黑暗条件下的对照试验未发多环芳烃降解；还测得了萘的光解产物为邻苯二甲酸，并发现溶液中的溶解氧除去后萘不能光解。这些都表明大部分 PAHs 光解为光氧化反应。Wen 的团队[64]用两年时间分别研究了菲、芘在 TiO_2 催化下的光降解研究，并且通过 GC-MS 手段检测到一些中间产物，给出了二者在光催化降解的详细途径，指出起主要作用的均为$\cdot OH$、$\cdot OOH$，反应过程中生成了一些长链烷烃和烷酸。其中菲的主要途径为：

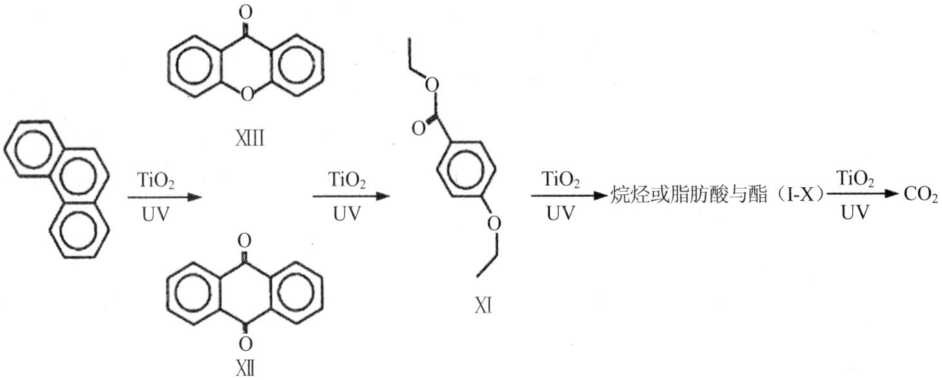

图 2-58 菲在 TiO_2 催化下的光降解途径

现有的对 PAHs 光降解机理的认识主要是通过一些间接的实验证据，如光解产物等获得的。在反应机理研究中缺乏中间产物及活性形态的鉴定，多数机理研究仍停留在设想和推测阶段。因此，今后应该重点发展新的分析方法来鉴定光降解产物，或用激光闪光光解光谱和荧光寿命等手段直接研究 PAHs 光解过程的活性中间体。另外，多相界面 PAHs 光化学降解的研究尚显薄弱，动力学数学模型的建立及机理研究都有待深入。预测 PAHs 非直接光降解的 QSPR 模型也有待建立。在实际环境中，PAHs 以多组分混合形式存在且介质环境复杂、多变。因此，多组分 PAHs 光降解过程同时测定方法的研究与建立以及尽可能地在接近实际环境条件下进行相关研究是非常重要的。

2.6　粉煤灰人工沸石再生及循环利用

解吸再生能力是粉煤灰人工沸石的重要性能，也是影响粉煤灰人工沸石循环利用和降低应用成本的重要因素。且研究吸附质的解吸行为有助于更好地揭示其吸附机制[39]。

2.6.1　不同 NaCl 溶液浓度 72 h 解吸结果的比较

很明显，合成沸石与镧改性沸石对氨氮的解吸效率主要取决于 NaCl 溶液的浓度。随着 NaCl 溶液浓度增加，解吸效果呈增加趋势。合成沸石解吸率相对比较低，最高解吸率在 71%左右，而经镧改性的沸石解吸率可达 90%以上。改性沸石解吸率比未改性沸石解吸率明显高，经镧离子改性后的粉煤灰沸石由于镧离子易与水溶液中的羟基结合，形成羟基化表面，这就使得与溶液中的氨氮更易接触，所以改性后的粉煤灰沸石对氨氮的吸附速率相比于一般合成沸石要更快一些，同样由于镧离子的存在，在羟基化表面吸附的氨氮，很容易被 NaCl 解吸出来。

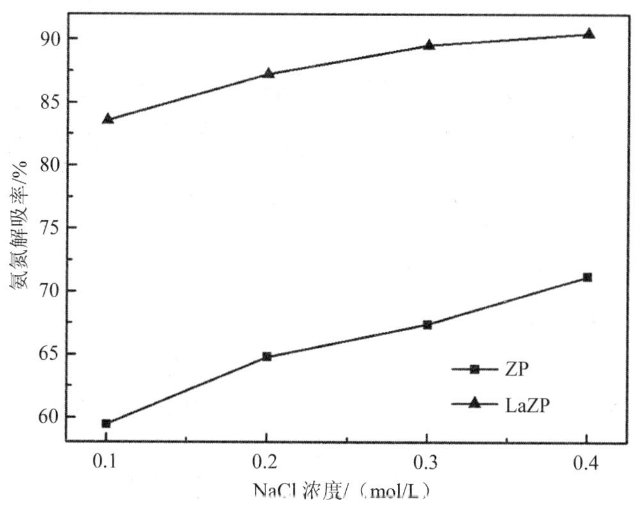

图 2-59　合成沸石与镧改性沸石 72 h 解吸结果比较

2.6.2　合成沸石与改性沸石解吸量随时间的变化

图 2-60 给出了解吸时间对合成沸石与镧改性沸石解吸效果的影响。合成沸石在解吸过程中，Na^+对 NH_4^+置换作用相对较慢一些，这是因为初始吸附的氨氮不仅在沸石表面结合较牢固，而且向内部迁移，不易被其他离子取代，而沸石表面吸附足够多的氨氮后，吸附作用越来越弱，所以后吸附的氨氮很容易被解吸，进入沸石孔道的氨氮比较难解吸出来[40]。相比合成沸石，镧改性沸石在 6 h 之内达到解吸平衡。与传统的离子交换作用相比，La^{3+}由于比较大的水合半径，容易产生位阻效应而限制了进入沸石孔道，即使 La^{3+}浓度很低或者重复使用多次，比较复杂的多相反应均能在含有 La^{3+}的晶形物质表面反应[41]。因此，镧改性沸石吸附氨氮原理主要是镧促使氨氮在沸石表面大量发生离子交换作用，从而加快解

吸作用。

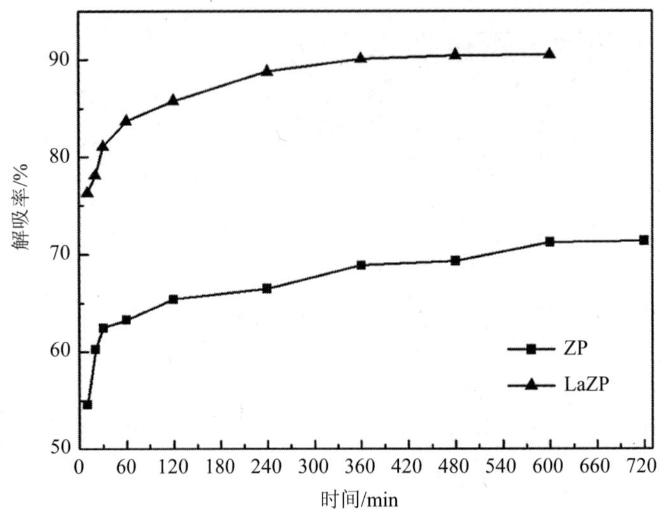

图 2-60 反应时间对氨氮解吸的影响

2.6.3 解吸次数对氨氮去除效果的影响

根据吸附反应的条件，在 NaCl 条件下对吸附平衡的镧改性沸石进行解吸再生，解吸再生反应式为：

$$\text{Zeolite-NH}_4 + \text{Na}^+ = \text{Na-Zeolite} + \text{NH}_4^+ \qquad (2\text{-}14)$$

式中：Zeolite-NH_4 中 NH_4——吸附剂活性部位。

由图 2-61 可见，经 4 次吸附解吸后，镧改性沸石对氨氮的去除率下降不明显。由此表明，镧改性合成沸石具有较好的稳定性。此研究结果对改性粉煤灰沸石的应用有重要意义。

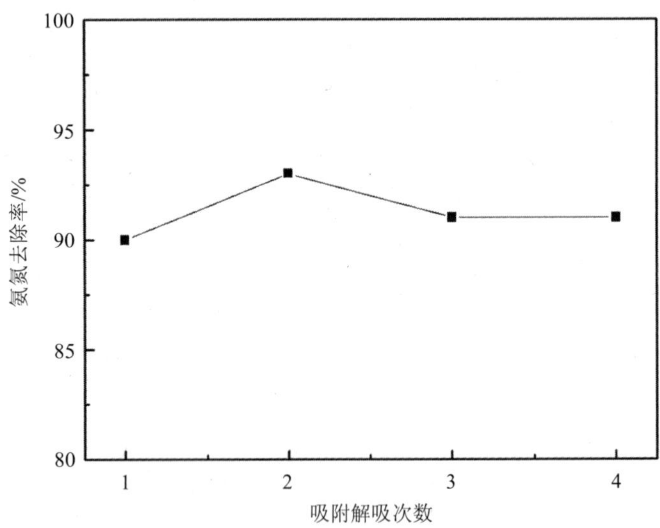

图 2-61 吸附解吸次数对氨氮去除率的影响

2.7 产品应用前景分析

1）原材料易得性及制备工艺分析

粉煤灰人工沸石的合成是以燃煤电厂的固废——粉煤灰、工业氢氧化钠为主要原料。其中，粉煤灰价格相对低廉，且基本上能保证长期稳定供应；工业氢氧化钠为常见工业原料，虽然价格较高，但生产过程中用量少，且经废酸废碱回收利用技术，使得工业氢氧化钠的用量进一步减少，加工生产成本低。粉煤灰人工沸石采用改进的水热法制备，技术成熟稳定，主要设备为反应釜，是工业生产过程中一种常用的设备，操作简便，培训相对较为简单，不存在技术上的障碍。在实际生产过程中可在较短时间内容易实现大批量生产。

2）产品的市场前景分析

目前，市场上的沸石可分为天然沸石和人工沸石。天然沸石大多数是由火山灰在含有碱性的溶液中反应形成，自然界含量丰富，缺点是应用时效率不佳；人工沸石是利用硅盐、铝盐等化学原料合成的沸石，其吸附、离子交换等各项性能优越，但价格昂贵。天然沸石和人工沸石目前已广泛应用于对水体中氨氮的去除及重金属离子的去除，由于水体中氮磷一般是共存的，因此将沸石应用于废水中磷的去除，特别是氨氮及磷的同步去除将成为沸石应用的重要方向。

粉煤灰人工沸石产品具有成本低、吸附与离子交换性能好和易再生等特点，改性人工沸石具有良好的同步脱氮除磷性能，它们在防治水环境污染、保护水环境等方面，特别是在氨氮、重金属污染物的去除及氮磷同步去除中有着良好的市场应用前景。

3）产品更换、维护及再生前景分析

粉煤灰人工沸石对氨氮吸附量大，CEC 达 210～250 cmol/kg，在氮磷微污染水处理过程中能长期使用。粉煤灰人工沸石产品形式多种多样，粉末状产品可作用药剂使用，加工成型后可作为填料使用。粉煤灰人工沸石可通过氯化钠等盐溶液解吸再生，试验表明再生4 次后，吸附效果没有明显下降。但粉煤灰本身价格相对低廉，而进行吸附—解吸—再利用的成本相对较高，并不经济，因此一般情况下不建议进行再生重复使用，而应直接更换新的人工沸石。

参考文献

[1] 章西焕，马鸿文，白峰. 利用天然矿物原料合成沸石的研究. 中国矿业，2006，14（11）：34-37.

[2] ZHDANOV S. MOLECULAR SIEVE ZEOLITES. Advances in Chemistry Series，1971，101：20.

[3] GABELICA Z，BLOM N，DEROUANE E G. Synthesis and characterization of zsm-5 type zeolites：III. A critical evaluation of the role of alkali and ammonium cations. Applied Catalysis，1983，5（2）：227-248.

[4] DAWSON W J. Hydrothermal synthesis of advanced ceramic powders. American Ceramic Society Bulletin，1988，67（10）：1673-1678.

[5] MURAYAMA N，YAMAMOTO H，SHIBATA J. Mechanism of zeolite synthesis from coal fly ash by alkali hydrothermal reaction. International Journal of Mineral Processing，2002，64（1）：1-17.

[6] 付克明，刘桃香，张勤善，等. 粉煤灰水热合成 A 沸石及其生长机理研究. 武汉理工大学学报，2008，（2）.

[7] 杜高辉，卫英慧，窦涛，等. 纳米 HS 型沸石合成及长大机制的研究. 无机材料学报，2000，15（6）.

[8] SCHOEMAN B J. Analysis of the nucleation and growth of TPA-silicalite-1 at elevated temperatures with the emphasis on colloidal stability. Microporous and Mesoporous Materials，1998，22（1）：9-22.

[9] INADA M，EGUCHI Y，ENOMOTO N，et al. Synthesis of zeolite from coal fly ashes with different silica–alumina composition. Fuel，2005 a，84（2）：299-304.

[10] STEENBRUGGEN G，HOLLMAN G. The synthesis of zeolites from fly ash and the properties of the zeolite products. Journal of Geochemical Exploration，1998，62（1）：305-309.

[11] HOLLMAN G，STEENBRUGGEN G，JANSSEN-JURKOVIČOVÁ M. A two-step process for the synthesis of zeolites from coal fly ash. Fuel，1999，78（10）：1225-1230.

[12] 王春峰，李健生，韩卫清，等. 以粉煤灰为原料两步法合成亚微米 NaA 型沸石. 硅酸盐学报，2008，36（11）：1638-1643.

[13] INADA M，TSUJIMOTO H，EGUCHI Y，et al. Microwave-assisted zeolite synthesis from coal fly ash in hydrothermal process. Fuel，2005 b，84（12）：1482-1486.

[14] MOLINA A，POOLE C. A comparative study using two methods to produce zeolites from fly ash. Minerals Engineering，2004，17（2）：167-173.

[15] PARK M，CHOI C L，LIM W T，et al. Molten-salt method for the synthesis of zeolitic materials：I. Zeolite formation in alkaline molten-salt system. Microporous and Mesoporous Materials，2000，37（1）：81-89.

[16] CHOI C L，PARK M，LEE D H，et al. Salt-thermal zeolitization of fly ash. Environmental Science & Technology，2001，35（13）：2812-2816.

[17] 张术根，申少华，李酽. 廉价矿物原料沸石分子筛合成研究. 长沙：中南大学出版社，2003.

[18] 刘永梅，李德宝. 以煤基工业废料为原料固相法合成小粒径圆形 A 型沸石分子筛. 日用化学工业，2002，32（2）：53-56.

[19] HUI K，CHAO C. Effects of step-change of synthesis temperature on synthesis of zeolite 4A from coal fly ash. Microporous and Mesoporous Materials，2006，88（1）：145-151.

[20] TANAKA H，EGUCHI H，FUJIMOTO S，et al. Two-step process for synthesis of a single phase Na–A zeolite from coal fly ash by dialysis. Fuel，2006，85（10）：1329-1334.

[21] 佘振宝，宋乃忠. 沸石加工与应用. 北京：化学工业出版社，2005.

[22] 吴德意，孔海南，赵统刚，等. 合成条件对粉煤灰合成沸石过程中沸石生成和品质的影响. 无机材料学报，2005，20（5）：1153-1158.

[23] 陆亦恺，吴德意，郑向勇，等. 几种常见离子对粉煤灰合成沸石除磷效果影响研究. 环境污染与防治，2008，30（11）：49-52.

[24] PENGTHAMKEERATI P，SATAPANAJARU T，CHULARUENGOAKSORN P. Chemical modification of coal fly ash for the removal of phosphate from aqueous solution. Fuel，2008，87（12）：2469-2476.

[25] FUJISHIMA A. Electrochemical photolysis of water at a semiconductor electrode. Nature，1972，238：37-38.

[26] CAREY J H，LAWRENCE J，TOSINE H M. Photodechlorination of PCB's in the presence of titanium dioxide in aqueous suspensions. Bulletin of Environmental Contamination and Toxicology，1976，16（6）：

697-701.

[27] FRANK S N，BARD A J. Semiconductor electrodes. 12. Photoassisted oxidations and photoelectrosynthesis at polycrystalline titanium dioxide electrodes. Journal of the American Chemical Society，1977，99（14）：4667-4675.

[28] 刘春英，弓晓峰. 玻璃负载 TiO_2 膜光催化降解垃圾渗滤液的研究. 生态科学，2007，25（4）：363-366.

[29] 刘平，王心晨，付贤智. 光催化自清洁陶瓷的制备及其特性. 无机材料学报，2000，15（1）：88-92.

[30] 刘守新，陈曦. TiO_2/活性炭负载型光催化剂的溶胶-凝胶法合成及表征. 催化学报，2008，29（1）：19-24.

[31] ANANDAN S，YOON M. Photocatalytic activities of the nano-sized TiO_2-supported Y-zeolites. Journal of Photochemistry and Photobiology C：Photochemistry Reviews，2003，4（1）：5-18.

[32] SHANKAR M，ANANDAN S，VENKATACHALAM N，et al. Fine route for an efficient removal of 2,4-dichlorophenoxyacetic acid（2,4-D）by zeolite-supported TiO_2. Chemosphere，2006，63（6）：1014-1021.

[33] CHEN J，EBERLEIN L，LANGFORD C H. Pathways of phenol and benzene photooxidation using TiO_2 supported on a zeolite. Journal of Photochemistry and Photobiology A：Chemistry，2002，148（1）：183-189.

[34] 纳薇，柳清菊，朱忠其，等. 低温制备锐钛矿型 TiO_2 溶胶的性能研究. 功能材料，2006，37（10）：1667-1669.

[35] 刘守新，刘鸿. 光催化及光电催化基础与应用. 北京：化学工业出版社，2006.

[36] EPA. Drinking Water Standards and Health Advisories. US EPA. 2004.

[37] KAMAT P，MEISEL D. Semiconductor Nanoclusters-Physical，Chemical，and Catalytic Aspects. Studies in Surface Science and Catalysis，1997.

[38] KIM Y，YOON M. TiO_2/Y-Zeolite encapsulating intramolecular charge transfer molecules：a new photocatalyst for photoreduction of methyl orange in aqueous medium. Journal of Molecular Catalysis A：Chemical，2001，168（1）：257-263.

[39] SATO S. Photocatalytic activity of NO_x-doped TiO_2 in the visible light region. Chemical physics letters，1986，123（1）：126-128.

[40] ASAHI R，MORIKAWA T，OHWAKI T，et al. Visible-light photocatalysis in nitrogen-doped titanium oxides. Science，2001，293（5528）：269-271.

[41] LI F，LI X，HOU M. Photocatalytic degradation of 2-mercaptobenzothiazole in aqueous La^{3+}-TiO_2 suspension for odor control. Applied Catalysis B：Environmental，2004，48（3）：185-194.

[42] THEVENET F，GUAITELLA O，HERRMANN J，et al. Photocatalytic degradation of acetylene over various titanium dioxide-based photocatalysts. Applied Catalysis B：Environmental，2005，61（1）：58-68.

[43] MINERO C，CATOZZO F，PELIZZETTI E. Role of adsorption in photocatalyzed reactions of organic molecules in aqueous titania suspensions. Langmuir，1992，8（2）：481-486.

[44] 杨小儒，郭震宁，李君仁，等. 纳米二氧化钛薄膜的制备及光致发光研究. 功能材料，2007，38（6）：1016-1018.

[45] 敖燕辉，沈迅伟，袁春伟，等. 无机吸附剂负载的 TiO_2 降解有机污染物研究进展. 安全与环境工程，2006，13（1）：37-40.

[46] NOORJAHAN M，DURGA KUMARI V，SUBRAHMANYAM M，et al. A novel and efficient photocatalyst：TiO_2-HZSM-5 combinate thin film. Applied Catalysis B：Environmental，2004，47（3）：209-213.

[47] YONEYAMA H, TORIMOTO T. Titanium dioxide/adsorbent hybrid photocatalysts for photodestruction of organic substances of dilute concentrations. Catalysis Today，2000，58（2）：133-140.

[48] 方送生，蒋引珊，王玉洁，等. 天然斜发沸石负载 TiO_2 的光催化性能. 环境科学，2003，24（4）：113-116.

[49] REDDY E P，DAVYDOV L，SMIRNIOTIS P. TiO_2-loaded zeolites and mesoporous materials in the sonophotocatalytic decomposition of aqueous organic pollutants：the role of the support. Applied Catalysis B：Environmental，2003，42（1）：1-11.

[50] LIU X, IU K-K, KERRY THOMAS J. Encapsulation of TiO_2 in zeolite Y. Chemical Physics Letters, 1992, 195（2）：163-168.

[51] DURGAKUMARI V，SUBRAHMANYAM M，SUBBA RAO K，et al. An easy and efficient use of TiO_2 supported HZSM-5 and TiO_2+HZSM-5 zeolite combinate in the photodegradation of aqueous phenol and *p*-chlorophenol. Applied Catalysis A：General，2002，234（1）：155-165.

[52] YOON S-J，LEE Y H，CHO W-J，et al. Synthesis of TiO_2-entrapped EFAL-removed Y-zeolites：Novel photocatalyst for decomposition of 2-methylisoborneol. Catalysis Communications，2007，8（11）：1851-1856.

[53] 宋绵新，周天亮，丁建旭，等. 稀土-沸石-TiO_2 三元体系光催化材料的性能研究. 中国稀土学报，2007，25（2）：172-177.

[54] 岳林海. 稀土元素掺杂二氧化钛催化剂光降解久效磷的研究. 上海环境科学，1998，17（9）：17-19.

[55] HUANG M，XU C，WU Z，et al. Photocatalytic discolorization of methyl orange solution by Pt modified TiO_2 loaded on natural zeolite. Dyes and Pigments，2008，77（2）：327-334.

[56] CHANG M Y，HSIEH Y H，CHENG T C，et al. Photocatalytic degradation of 2,4-dichlorophenol wastewater using porphyrin/TiO_2 complexes activated by visible light. Thin Solid Films，2009，517（14）：3888-3891.

[57] 石中亮，姚淑华，华丽. 沸石负载 TiO_2 光催化降解造纸废水研究. 非金属矿，2007，30（4）：46-49.

[58] MAHALAKSHMI M，VISHNU PRIYA S，ARABINDOO B，et al. Photocatalytic degradation of aqueous propoxur solution using TiO_2 and Hβ zeolite-supported TiO_2. Journal of Hazardous Materials，2009，161（1）：336-343.

[59] KONSTANTINOU I K，SAKELLARIDES T M，SAKKAS V A，et al. Photocatalytic degradation of selected s-triazine herbicides and organophosphorus insecticides over aqueous TiO_2 suspensions. Environmental Science & Technology，2001，35（2）：398-405.

[60] 孙振范. TiO_2 纳米膜表面结构形态与物理化学性质研究. 广州：中山大学，2003.

[61] 孔令仁. 多环芳烃在水体中的光分解. 环境化学，1986，3：002.

[62] 王连生，孔令仁，常城. 17 种多环芳烃在水溶液中的光解. 环境化学，1991，10（2）：15-20.

[63] WEN S，ZHAO J，SHENG G，et al. Photocatalytic reactions of phenanthrene at TiO_2/water interfaces. Chemosphere，2002，46（6）：871-877.

[64] WEN S，ZHAO J，SHENG G，et al. Photocatalytic reactions of pyrene at TiO_2/water interfaces. Chemosphere，2003，50（1）：111-119.

第3章　功能陶粒制备技术

3.1　概述

常规污水处理工艺中的生物膜载体材料包括沸石、活性炭、陶粒、塑料球、玄武石、炉渣、焦炭、无烟煤、细石英砂等。随着技术的不断进步，对污水处理要求的不断增加，传统生物膜载体材料比重大、比表面积小、挂膜慢、不耐磨、反应器流态不理想、成本偏高、不易取材等问题也逐渐凸显。近年来发展了高分子有机材料载体技术，但通常存在生物膜量少、处理欠稳定、价格高等缺点。因此开发新型生物膜载体仍是目前水处理技术研究的热点之一。理想的新型生物膜载体应具有以下几个特点：①抗水力冲击负荷好；②物理化学性质稳定；③挂膜性能良好；④无生物毒性，不会产生二次污染。

陶粒是目前污水处理常用生物载体之一，广泛应用在人工湿地、曝气生物滤池等污水处理设施中，主要包括天然陶粒和人工陶粒两大类。目前在污水处理工程中普遍使用的是页岩陶粒及黏土陶粒两种，前者以天然页岩破碎而成，属天然陶粒，后者则是以天然黏土如膨润土等通过造粒后高温烧结而成，是人工陶粒的一种。与天然陶粒相比，由于需进行造粒及消耗能源烧结成型，因此人工陶粒的制造成本相对要高一些，但由于其制备过程可以由人工控制，尤其是在材料成型与烧结过程中，可通过不同制造工艺控制其孔径大小和分布，或通过不同的成分配比赋予其特定的功能，从而比天然陶粒拥有更高的比表面积、更强的污染物强化去除性能及更好的亲水特性，更有利于生物的生长，因此人工陶粒在废水处理中的应用前景也更加广阔。

传统陶粒均是以黏土和页岩烧结而成，需要大量开采优质黏土和页岩矿山，对环境存在一定程度的破坏。固体废弃物陶粒是新型的环境材料，代表了陶粒的发展方向，未来的陶粒95%以上都将以固体废弃物为生产原料。可用于生产陶粒的固体废弃物包括：粉煤灰、钢渣、矿渣、炉渣、河道淤泥、污水处理厂污泥、生活垃圾烧渣、秸秆灰等。随着对水处理效果的要求越来越高，除具有一般生物膜载体的功能外，复合型功能陶粒将是陶粒发展的重要方向。此外，传统陶粒需要以页岩、黏土矿物如膨润土等作为主要原料，原料获得的途径受限，且成本相对较高。目前研究越来越多地集中在以各种廉价原料（如燃烧灰、天然吸附材料）等作为主要添加原料制备复合功能陶粒方面的研究，能有效节约资源并能将各类废弃物综合利用，变废为宝。其中粉煤灰是最常用的廉价原料之一，目前研究较多。

粉煤灰中本身成分较为复杂，比表面积大，反应活性点多。由于粉煤灰的成分与黏土的较为类似，主要均为硅、铝化合物，具有良好的烧结特性，可作为原料进行陶粒生产，并可藉此使所生产的陶粒在具有原陶粒的物理特性的同时，兼顾具有粉煤灰的化学特点。与传统的黏土陶粒和页岩陶粒相比，粉煤灰陶粒不仅原料低廉易得，而且对污水中污染物质具有较好的去除效果。近年来，将粉煤灰陶粒用作水处理滤料或水处理工程填料进行废水净化的研究已十分普遍，粉煤灰陶粒被广泛用于处理含金属离子的废水、腐殖废水、含磷废水、含氟废水、含油废水等。从现有的研究来看，如能妥善解决其可能存在的重金属浸出毒性问题，粉煤灰将是一种具有广泛应用前景的廉价环境功能材料。

粉煤灰陶粒的制备主要是利用粉煤灰作为主要原料，通过添加黏土及其他物质，在高温下烧结而成。粉煤灰陶粒一般呈圆球形，表面粗糙坚硬，经烧结后常呈淡黄色，微孔分布丰富，呈蜂窝状。粉煤灰陶粒的粒径常为 5～20 mm，粉煤灰陶粒的比表面积大、表面能高，且内部存在铝、硅氧化物等活性点，有良好的吸附性能，并且易于再生，便于重复利用，因此粉煤灰陶粒是一种廉价的吸附剂。此外，粉煤灰陶粒是一种多孔轻质材料，具有发达的比表面、孔隙率高、表面粗糙、吸附能力强、有效地进行生物降解、易挂膜、挂膜快等优点，已广泛用于污水处理滤料。

1）用作废水处理工程填料

曝气生物滤池处理废水是 20 世纪 80 年代末 90 年代初兴起的废水处理工艺，目前在欧美和日本尤为流行，我国在近年来也开展了曝气生物滤池工艺研究，但其核心的滤料问题仍存在各种缺点未得到解决。曝气生物滤池的填料选择丰富多样，国内采用的接触填料主要有玻璃钢或塑料蜂窝填料、立体波纹填料、软性纤维填料、半软性填料以及不规则粒状填料如沙、碎石、矿渣、焦炭、无烟煤等，都存在表面光滑、生物膜附着力差、易老化、易堵塞等缺点。粉煤灰陶粒作为曝气生物滤池的填料目前已被广泛关注。

张文艺等[1]根据曝气生物滤池污水处理原理、构造及其滤料作用机理，提供了一种利用粉煤灰和黏土生产陶粒生物滤料的配方。其生产工艺为首先将黏土烘干，并粉碎到粒度 100 目左右，然后按配方取黏土粉（45%）、粉煤灰（50%）与造孔剂（5%）进行干粉料混合，再加入 10%～20%水混合均匀，并造粒成型，粒度控制在φ3～6 mm。湿颗粒经 100℃左右干燥后。置于马弗炉中烧成，温度控制在 950～1 000℃。

王健等[2]采用添加有机造孔剂的方法，以粉煤灰为主要原料、黏土为黏结剂，经造球和高温烧结等工艺，成功地开发出轻质多孔球形生物滤料，其基本工艺参数为粉煤灰加入量、黏土加入量、造孔剂加入量，烧结温度 1 050～1 150℃，烧成保温时间 10 min。制备的新型滤料产品孔径分布为 5～25 nm，比表面积为 8～9 m^2/g，与传统的生物滤料相比具有视密度小、比表面积大和表面粗糙易挂膜等优点。

Zhao 等[3]研究了污泥粉煤灰陶粒（Sludge-Fly ash Ceramic Particles，SFCP）和黏土陶粒（Clay Ceramic Particles，CCP）用作曝气生物滤池中填料处理市政污水，经对比发现，在水力停留时间分别为 1.5 h、0.75 h 和 0.37 h 情况下，SFCP 对 COD 和 NH_3-N 的去除效果都要比 CCP 高 10%；王萍等[4]将粉煤灰、黏土、煤粉按照 6∶3∶1 的比例（质量比）混合均匀，在 1 300℃下烧结成的粉煤灰陶粒用于曝气生物滤池，发现当焙烧温度在 950～1 050℃时，滤料的比表面积为 4.26～7.24 m^2/g，孔径范围 0.003～10 μm，显气孔率为 72.29%～73.21%，容重 0.73～0.74 cm^3/g，其表面粗糙，物理化学稳定性良好，并有良好的微生物适应性，COD_{Cr} 的平均去除率在 85%以上，NH_3-N 的平均去除率 65%以上。

2）用于直接处理废水

童晶晶等[5]利用粉煤灰、锯末和铁矿石等废弃物，经造粒和高温烧结，开发了两种高效功能陶粒，并将其与沸石以“砖墙”式嵌套填充，构筑了以高效功能陶粒/沸石为主要填料的生物滤池，并研究其对农村生活污水（COD 为 200 mg/L，NH_3-N 为 20 mg/L，TP 为 4.0 mg/L）的深度脱氮除磷作用。结果表明，高效功能陶粒具有表面粗糙、比表面积大、机械强度高、耐酸碱性能好和无重金属溶出等优点。该生物滤池上下部分分别形成好氧区和厌氧区，从而达到深度脱氮除磷效果。在水力停留时间（HRT）为 2.15～5.73 h，水力负荷为 2.8～7.5 m^3/（m^2·d）时，两个生物滤池对氨氮（NH_3-N）、总磷（TP）和化学需氧量（COD）均具有很好的去除效果，两个功能陶粒生物滤池的去除率分别达到 83.6%～98.3%、89.1%～99.7%和 84.4%～95.2%，优于普通生物滤池。

蔡昌凤等[6]以粉煤灰及污水处理厂污泥作为主要原料，辅以黏土作为黏结剂进行了烧结陶粒的研制与应用，并得到了其最佳烧结条件：烧成温度 1 050℃，污泥掺入量 35%～40%，粉煤灰掺入量 53%，烧结时间为 15 min。制得的粉煤灰/污泥陶粒容重为 0.79～0.90 g/m^3，吸水率为 68.95%～80.01%，其对氨氮吸附量达 0.030～0.052 mg/g；总磷吸附量达 0.005～0.022 mg/g。

除烧结陶粒外，免烧陶粒由于其不过多损耗能源也得到了较大的关注。彭位华等[7]以电厂粉煤灰为主要试验原料，辅以外加药剂（水泥、石灰、石膏、水玻璃），经混合、成球、陈化和养护等工序，制得免烧粉煤灰陶粒，并将其作为曝气生物滤池（BAF）工艺的载体填料处理城市污水。实验结果表明：在温度为 18～21℃、气水比为 4∶1、溶解氧为 2.5～3.5 mg/L 实验条件下，当 HRT 为 8～9 h 时，COD 和氨氮的去除效果较好，平均去除率分别为 93.1%和 99.3%。

刘宝河等[8]以白色硅酸钙水泥、粉煤灰、黏土和氧化钙为主要制备原料，加入少量硅酸钙和硬硅钙石纤维，并添加适量外加剂调控水化反应速度，水固比取 0.55，采用铝粉发气造孔，在高压反应釜中进行高温蒸汽养护；蒸养完成后，取出在 105℃条件下烘干备用。通过考察试验材料的钙离子浸出速度和浸出液 pH 变化过程，确定了高效吸磷滤料的制备工艺。应用制备滤料处理低浓度含磷废水的试验结果显示：在投加量质量分数为 1%，磷酸盐溶液浓度为 10 mg/L，吸附 2 h 后，残留液磷含量可达 0. 2 mg/L 以下，远低于城镇污水处理厂综合排放一级 A 标准。

相会强等[9]将粉煤灰陶粒用于处理含金属离子的废水、腐殖废水、含磷废水、含氟废水、含油废水，相关试验结果表明粉煤灰陶粒对于各种污染物均具有良好的去除效果。岳敏等[10]对国产轻质球形陶粒的理化性能、挂膜特性及用于塔式厌氧生物滤池处理有机废水的效果进行了研究，表明该种材料适于作厌氧微生物载体。袁煦等[11]以陶粒作为曝气生物滤池的载体材料处理低浓度生活污水，对 COD、NH_3-N 及 SS 的去除效果进行了研究，对生物膜的形态进行了观察，结果表明：在进水 COD 为 30.8～184.8 mg/L、NH_3-N 平均值为 25 mg/L、SS 为 61.2～206.9 mg/L，水力停留时间（HRT）分别为 12 h、10 h、8 h、5 h 和 3 h 时，处理后出水的 COD、NH_3-N 和 SS 的去除率均分别可达 80%、90%和 80%以上。桑军强等[12]考察了磷源对陶粒滤池生物膜的影响，结果表明在进行生物陶粒滤池预处理的过程中，如果原水中磷源含量低，不能满足微生物生长需要，则向原水中添加磷源可以作为提高陶粒滤池中微生物的数量和活性，从而改善陶粒滤池预处理效果的一个新的途径。

3.2 粉煤灰功能陶粒的制备目标

用作废水处理的粉煤灰功能陶粒应具备以下特点。

1）比表面积大

用作水污染处理的粉煤灰陶粒的比表面积应足够大，且表面粗糙，从而有利于微生物生长、挂膜，此外较大的比表面积还可以增加陶粒与污水之间的接触面积，有利于污染物的去除。

2）孔隙率高

粉煤灰中未燃烧的炭粒在陶粒烧制的过程中可以提高产品的孔隙率，而形成的孔隙率越高，孔容越大，越适宜于微生物的附着、固定和生长。较丰富的内孔孔隙还可以对已附着的微生物起到屏蔽保护作用，使其免受水力剪切的冲刷作用。

3）粒径与密度适宜

粉煤灰陶粒不宜做得过小或者过大，通常情况下，陶粒的粒径应为 6～15 mm，粒径太小容易发生堵塞，粒径太大又会导致其比表面积过小，过大的粒径会进一步影响粉煤灰陶粒的机械强度。粉煤灰陶粒的密度也应该符合一般废水处理工程填料的要求，若密度过大造成填料在反冲洗时悬浮困难或能耗增加，密度过小则容易在运行及反冲洗过程中发生跑料，因此填料密度必须符合相关标准。

4）机械强度高

水处理填料必须有足够高的机械强度，从而在水处理过程中可以承受不同强度的水力剪切作用及填料间的滚动摩擦过程，并有足够的机械强度可以减少在反冲洗过程中滤料磨损或破碎造成颗粒变小甚至松散的现象。

5）可强化污水处理效果

粉煤灰陶粒与一般膨润土陶粒的最大区别在于，粉煤灰陶粒不仅具有比常规陶粒比表面积大、表面能高等方面的特点，且由于陶粒中主要成分为粉煤灰，可同时具有粉煤灰自身对污染物的良好吸附性能，尤其是对磷元素的吸附。因此在粉煤灰陶粒的制备过程中，应注意对粉煤灰去除 N、P 污染物的特性的保留，以强化污水处理工程去除污染物的能力。

3.3 粉煤灰陶粒的特性及研究现状

粉煤灰是一种良好的废水处理材料，其成分较为复杂，比表面积大，反应的活性点多，因此不仅其吸附性能较好，且也具有较强的反应活性。此外，由于粉煤灰的成分与黏土的较为类似，主要均为硅、铝化合物，具有良好的烧结特性，可作为原料进行陶粒生产，并可藉此使所生产的陶粒在具有原陶粒的物理特性的同时，兼顾具有粉煤灰的化学特点。与传统的黏土陶粒和页岩陶粒相比，粉煤灰陶粒不仅原料低廉易得，而且对污水中污染物质具有较好的去除效果。

粉煤灰陶粒的制备主要是利用粉煤灰作为主要原料，通过添加黏土及其他物质，在高温下烧结而成。粉煤灰陶粒一般呈圆球形，表面粗糙坚硬，经烧结后常呈淡黄色，微孔分布丰富，为蜂窝状。粉煤灰陶粒的粒径常为 5～20 mm，其比表面积大、表面能高，且内部存在粉煤灰中存在的铝、硅氧化物等化学活性点，有良好的吸附性能，易于再生及便于重复利用，因此粉煤灰陶粒还是一种廉价的吸附剂。粉煤灰陶粒可广泛用于污水处理，其中以用于曝气生物滤池中作为核心填料的研究居多。国内目前已有部分人进行了相关研究，但规模化生产及应用不多。

3.4　辅助除磷型功能陶粒的制备、功能化及规模化的应用研究

3.4.1　粉煤灰陶粒的试制

3.4.1.1　陶粒制备的基本工艺流程

目前常用的陶粒的制备工艺有两种：烧结法和化学养护法。前者目前是广泛应用的常规水处理陶粒制备技术，后者属于一种粉煤灰包壳免烧陶粒技术，常用于建筑型陶粒的制备。

烧结法制备陶粒的工艺简单总结如图 3-1 所示。

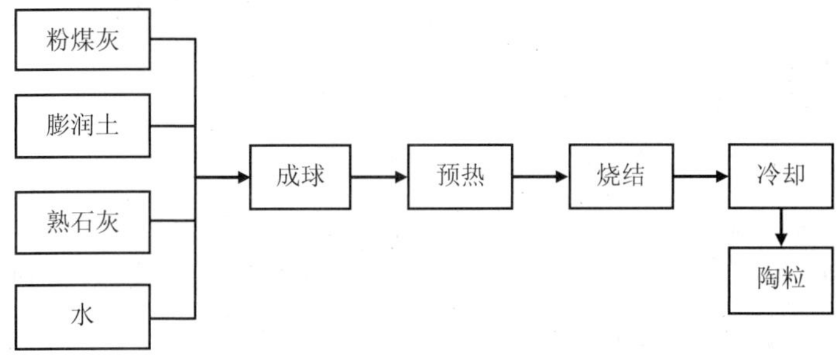

图 3-1　烧结法制备陶粒工艺流程

外加剂主要包括有：黏结剂（优质黏土）、造孔剂（生石灰或煤粉）、助熔剂（碱金属氧化物）。一般需要在烧成温度下能产生一定数量且具有一定黏度的液相以及一定数量的气体，使料球膨胀，在膨胀温度范围内产生的气体其压力稍大于膨胀孔隙孔壁的破坏强度就会产生微孔。

3.4.1.2　粉煤灰陶粒性能指标的主要影响因素

在制备粉煤灰陶粒的过程中，影响粉煤灰性能指标的关键工艺参数有：原料配比及化学成分、助胀剂和助熔剂、预热方法、烧成温度、烧成温度保持时间、升温速率等。

1）原料配比对陶粒性能的影响

原料配比是影响粉煤灰陶粒性能的关键因素之一。高强粉煤灰陶粒原料的化学成分应位于 Riley（见图 3-2）三相图中易于发生膨胀的区域内，即可达到符合轻质高强粉煤灰陶粒的性能指标要求。

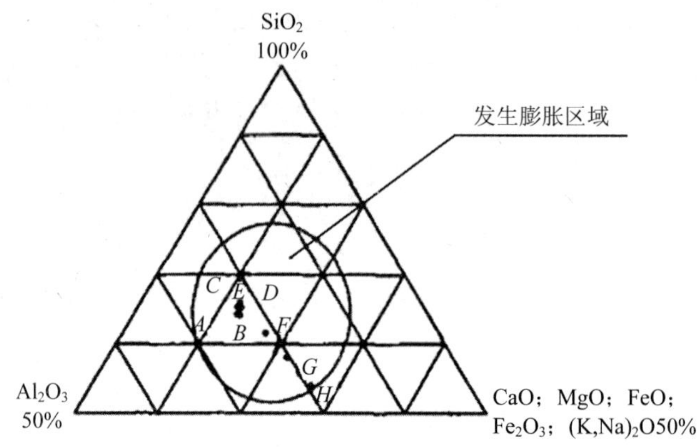

图 3-2 Riley 三相示意图

研究结果表明，当易烧系数 P_k 的值在 3.5～10 时，可烧成烧胀陶粒，性能指标较佳。所谓易烧系数 P_k 的计算方式如下：

$$P_k=(SiO_2+Al_2O_3)/(CaO+Fe_2O_3+MgO+R_2O) \tag{3-1}$$

即原料中的硅、铝氧化物之和与碱金属氧化物总和的比值。易烧系数 P_k 值是制备粉煤灰陶粒的重要参考系数。

P_k 值与粉煤灰陶粒的孔隙率、颗粒强度呈较好的线性关系，计算 P_k 可以很好地对陶粒性能进行预测。

2）原料成分对陶粒孔隙形成的影响

陶粒孔隙成因可分为：成型、烧失、膨胀。不同的原料成分在不同阶段发挥作用，粉煤灰在成型时因水硬性、在焙烧初期因残炭烧失、在高温时因矿物分解产生膨胀均对产生孔隙结构有影响。粉煤灰中含有 CaO、Fe_2O_3 和 MgO 等低灰熔点物质时，会降低烧成温度和减少孔隙；粉煤灰经过高温处理再烧结时，其中会产生 50%～80%（质量分数）的铝硅玻璃体，颗粒细小，表面呈蜂窝形态，有些原子之间的链比较弱，只需微弱的能量就能使这些原子的键断裂，呈无规则微孔网格，因此陶粒的吸水率有所回升。

3）助胀剂和助熔剂对粉煤灰陶粒气孔结构的影响

助胀剂在高温段通常发生结构水脱除、层状结构破坏，结构水蒸发形成气体逸出，在适宜的液相黏度条件下，蒸发形成气体的结构水被包裹在高温熔体中，导致陶粒内部的膨胀。在高温作用下，助熔剂与粉煤灰中主要组分生成熔点较低的共晶混合物，促使大量的液相生成，使物料达到了膨胀所需的适宜黏度。

只掺加助胀剂的粉煤灰陶粒内部的气孔结构为不规则、孔径尺寸大小不一的连通孔，且随着助胀剂掺量逐渐增加，孔径尺寸呈增大趋势，说明助胀剂有增大孔径尺寸的作用；随着助熔剂掺量的不断增加，陶粒内部结构逐渐演变为气孔结构规则、孔径尺寸均匀的封闭圆形孔，说明助熔剂有助于降低液相黏度，使得气孔易于在均匀稳定的液相环境下形成，封闭的圆形孔的数量大大增加，从而提高陶粒的强度且保持很低的吸水率。常用的助胀剂包括石灰、煤粉等。

4）预热方式的影响

预热是影响陶粒性能的另一个重要因素。预热的目的在于将原料中的大部分易挥发的有机质去除，避免在快速升温时发生爆裂变形。粉煤灰陶粒在焙烧之前需要预热，但预热温度过高或预热时间过长都会导致气体在坯料未达到最佳黏度时已逸出，使陶粒膨胀不佳并提高了成本。因此在制备陶粒的过程应选择合适的预热温度与时间以保证陶粒的性能。

5）烧成温度对陶粒性能指标的影响

①陶粒抗压强度与烧成温度成正相关。

当烧成温度在 900℃以下时，一般烧成的样品强度较低，内部结构比较疏松；而当温度升到 1 250℃时，陶粒样品已经流态化发生变形，表面生成致密的釉质，体积缩小，比表面积及孔容等均迅速减少。因此，陶粒的烧成温度通常选择在 900～1 250℃之间。

②陶粒吸水率在烧成温度＞1 050℃时单调下降，气孔减少。

当烧成温度低于 1 050℃时，吸水率变化复杂。气孔以成型时粉煤灰的水硬性产生孔隙结构和焙烧初期水、有机物烧失和矿物分解产生的孔隙为主，并受低熔点物质渗透因素的负面影响；烧成温度高于 1 050℃后，以熔融态液相致密化影响为主，熔解的石英等玻璃态物质黏度小，容易渗透到各种晶体颗粒间隙中，使吸附材质的颗粒结构过于致密，从而使气孔较少。随着烧成温度的升高，颗粒内部的致密组织增加，粉煤灰陶粒内部的孔隙率下降，导致陶粒吸水率急速单调下降。

③陶粒容重（堆积密度）随烧成温度升高而增大。

烧结温度在 900～1 100℃陶粒容重增加幅度较小，1 100℃后，随着烧结温度升高陶粒容重快速增大。

3.4.1.3 粉煤灰陶粒试制及其性能测试

根据上述相关理论，进行粉煤灰陶粒试制及其性能测试。主要目的在于摸索以不同配方进行陶粒制备时对于陶粒性能的影响，以及寻求相对较为可行的烧结条件，并为日后粉煤灰陶粒制备的优化提供数据支持。

在前期探索的基础上，基本上确定以粉煤灰及膨润土作为粉煤灰陶粒的主要原料。烧胀剂及产气孔剂均采用熟石灰[$Ca(OH)_2$]。实验采用小型造粒机进行造粒，第一次试烧不外加黏结剂，成球效果相对较差，后期通过添加黏结剂以增强造粒效果，黏结剂选择了硅酸钠（Na_2SiO_3）。

1）实验材料与方法

①实验材料。

粉煤灰陶粒制备材料：粉煤灰（广东省佛山市南海区江南火力发电厂）、钠基膨润土、$Ca(OH)_2$、NH_4HCO_3、Na_2SiO_3 等。

仪器：小型球磨机，YCM5 搅拌机，DZ-20C 小型造粒机，PHG-9145A 鼓风干燥箱，KLS05/13 马弗炉，3001-8 便携式 pH 计，HZ-03MZR 台式恒温振荡箱，R-5000 紫外分光光度计，H-3000N 扫描电子显微镜。

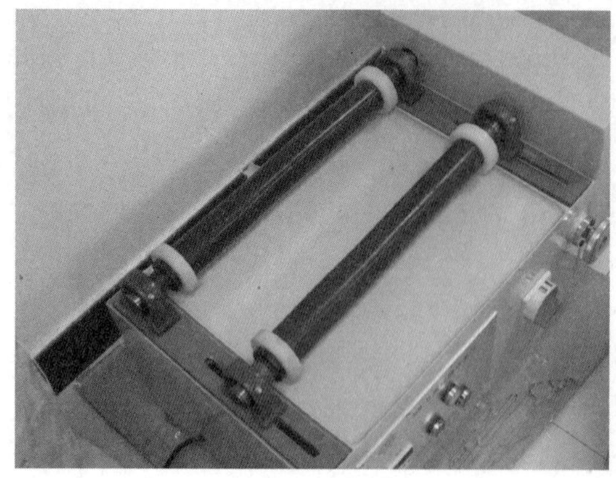

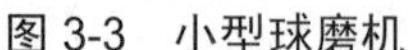
图 3-3　小型球磨机

图 3-4　小型陶粒成球机

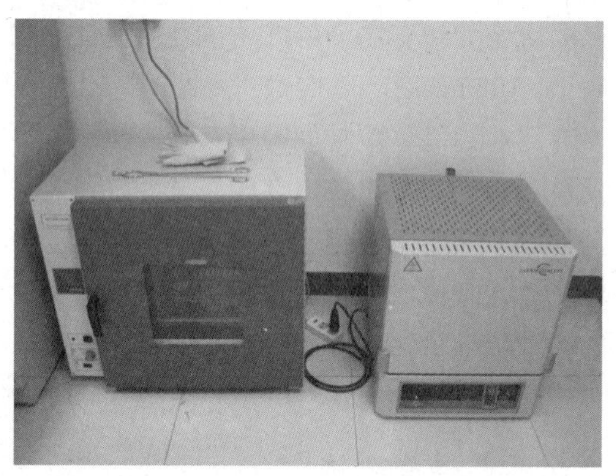

图 3-5　鼓风干燥箱及高温马弗炉

②粉煤灰陶粒的制备方法。

将粉煤灰、膨润土、生石灰放入鼓风干燥箱内，105℃下干燥 2 h，取出分别研磨过 200 目筛。以粉煤灰为主要原料，辅以膨润土，并添加一定质量分数的生石灰和硅酸钠混合均匀，再加入一定量的水搅拌成均匀流质状，放入小型造粒机中成型成球，粒径为 4～6 mm。将成型的陶粒于自然状态下风干 6 h 后，放入马弗炉中先进行预热，再在设定的烧结温度下进行烧结，待炉膛自然冷却后得到粉煤灰陶粒。

表 3-1　粉煤灰、黏土的主要成分分析（质量分数）

原料成分	SiO_2	Al_2O_3	Fe_2O_3	CaO	MgO	烧失量
粉煤灰	46.51%	34.61%	5.08%	3.72%	0.96%	5.37%
黏土	58.43%	11.26%	1.06%	1.78%	1.50%	—

2）陶粒试烧结果

①第一次粉煤灰陶粒试烧。

（a）第一次粉煤灰陶粒的试烧条件。

预处理：将粉煤灰、膨润土、熟石灰在实验室内 105℃烘干 2 h，然后均分别进行磨粉并过 200 目筛。

原料配比：分别将膨润土：粉煤灰按质量分数比例 100%∶0、25%∶75%、75%∶25%、0∶100%进行配比，生石灰及 NH_4HCO_3 用量均为 10%（质量比），水用量为 10%（质量比），以半自动制丸机制成直径 6 mm 的圆球状。分别在实验室环境下干燥 5～7 h 后进行预热。

预热：在 500℃下先预热 20 min，再逐渐升高到预定温度进行烧结。

烧结：每批样品分别在 1 050℃下烧结 20 min，然后停止加热自然冷却至室温。冷却后，称量陶粒的质量并对其粒径进行测量。

（b）试烧结果。

第一次试烧烧成了一批共 4 种不同的陶粒。如图 3-6 所示。

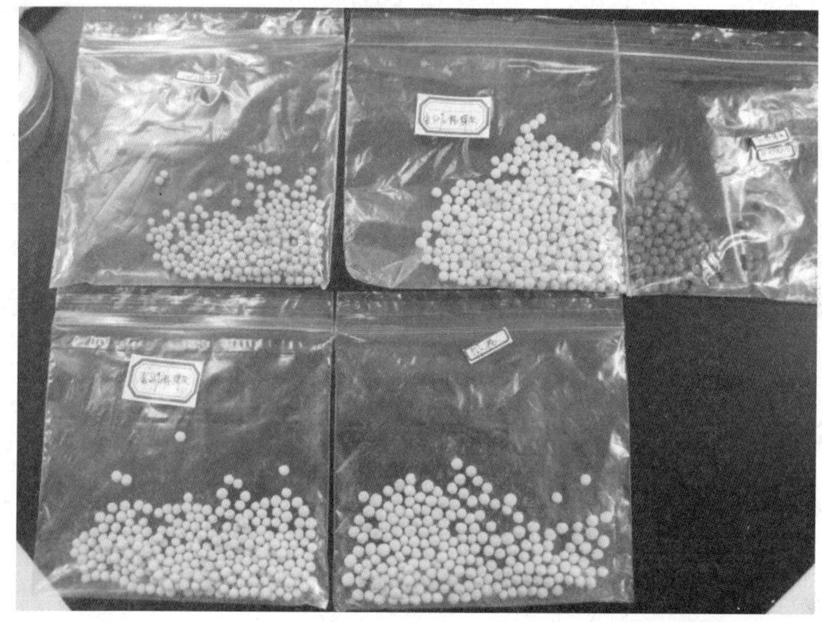

图 3-6　经马弗炉烧结的 4 种不同粉煤灰掺量的陶粒及黏土陶粒对比

（左上为 100%膨润土陶粒，左下为 75%膨润土∶25%粉煤灰陶粒，中上为 50%膨润土∶50%粉煤灰陶粒，中下为 25%膨润土∶75%粉煤灰陶粒，右上为黏土陶粒）

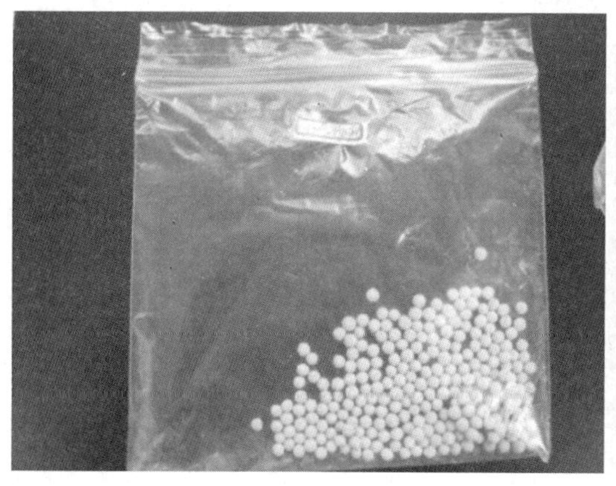
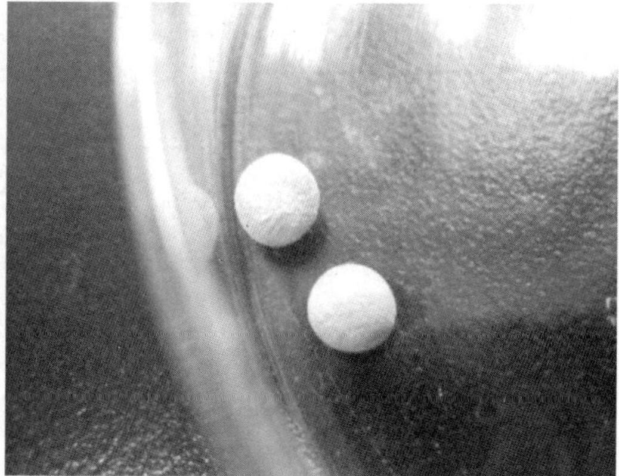

图 3-7　经马弗炉烧结的 100%膨润土陶粒

图 3-8　经马弗炉烧结的 75%膨润土：25%粉煤灰陶粒

图 3-9　经马弗炉烧结的 50%膨润土：50%粉煤灰陶粒

图 3-10　经马弗炉烧结的 25%膨润土：75%粉煤灰陶粒

试烧基本上均能烧制出成型的粉煤灰陶粒。但本批次所烧制的四批粉煤灰陶粒强度均不算大。陶粒的强度与粉煤灰掺量有较为明显的关系，粉煤灰掺量越高，同一条件下烧制的粉煤灰陶粒强度越低，当粉煤灰掺量达到 75%时，其强度明显大大降低，甚至可以用手捏碎。本次烧制的陶粒结构较为松散，但孔隙十分丰富。粉煤灰掺量较大时粉煤灰陶粒的颜色偏白，掺量较小时则偏黄。粉煤灰陶粒烧结前后的烧失量对比见表 3-2 所示。

表 3-2　粉煤灰陶粒烧结前后的质量对比

样号	质量 *m*（烧结前）/g	质量 *m*（烧结后）/g	烧失量/%
1# 无粉煤灰	24.392 6	18.795 5	22.9
2#含 25%粉煤灰	33.072 0	26.852 0	18.8
3#含 50%粉煤灰	53.586 5	43.513 5	18.7
4#含 75%粉煤灰	27.265 4	22.161 3	18.7

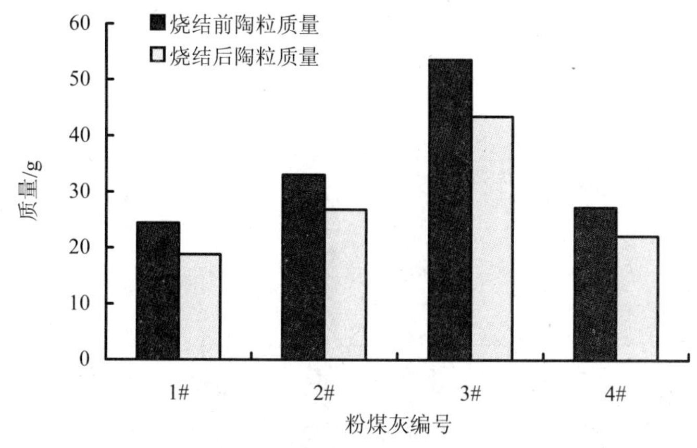

图 3-11　粉煤灰陶粒烧结前后的质量对比柱状图

（c）初步静态吸附试验及结果。

初步静态吸附试验的目的是考察试烧的陶粒对污水脱氮除磷的效果。以华南环境科学研究所小区生活污水作为研究对象，分别称取冷却风干后的四种陶粒 2.0 g 于 250 ml 的锥形瓶中，加入 100 ml 生活污水，然后将锥形瓶置于恒温振荡器上振荡吸附（转速 150 r/min，时间 3 h），静置取上清液进行氨氮、磷的含量测定。实验在 25℃下进行。实验结果如表 3-3 所示。

表 3-3　静态吸附试验结果　　单位：mg/L

样品	COD	NH_3-N	TP
原水	146.21	138.46	3.542
原水振荡后	143.44	94.438	3.534
1# 无粉煤灰陶粒	134.59	94.645	3.370
2# 含 25%粉煤灰陶粒	108.61	98.812	2.344
3# 含 50%粉煤灰陶粒	123.98	96.248	1.944
4# 含 75%粉煤灰陶粒	125.90	95.901	1.012

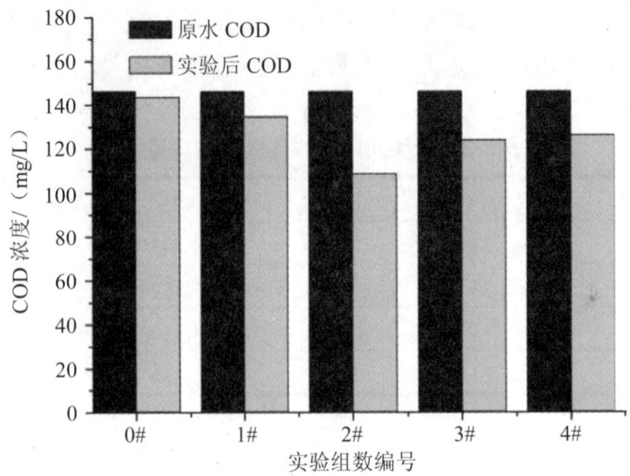

图 3-12　试烧陶粒对 COD 的去除效果

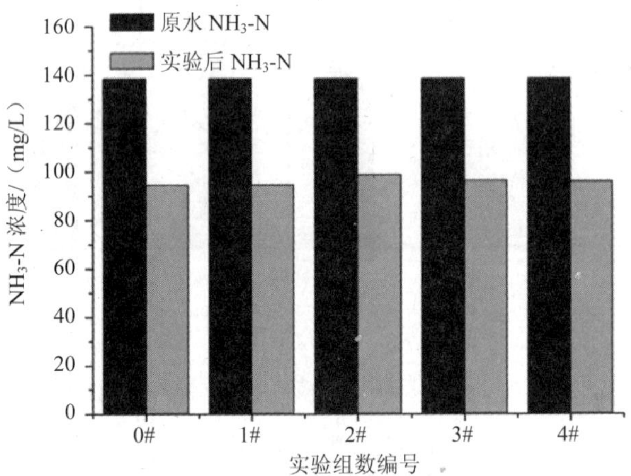

图 3-13　试烧陶粒对 NH_3-N 的去除效果

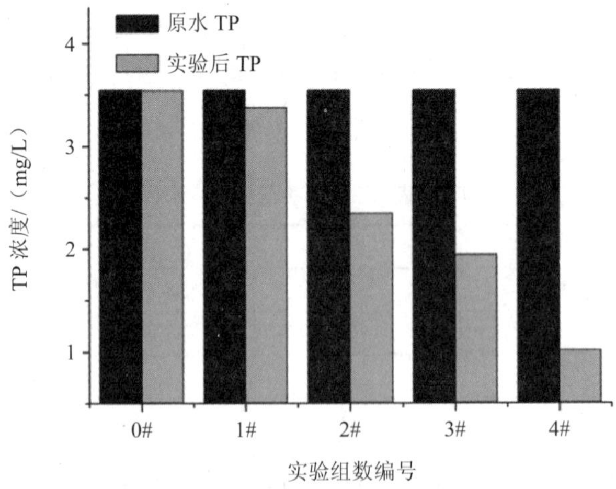

图 3-14　试烧陶粒对 TP 的去除效果

实验结果显示，试烧的 4 种陶粒对污水中的 COD 及 TP 均有着一定程度的去除效果。但显然粉煤灰陶粒对 TP 有着较佳的吸附性能，其中 4#粉煤灰陶粒对 TP 的去除率达到了 71%。

第一次试烧的粉煤灰陶粒对 NH_3-N 的去除效果不理想，甚至在空白实验中（空摇原水时）的 NH_3-N 浓度削减量较之添加粉煤灰陶粒时还要略大。由于本粉煤灰的制造过程中掺入了 NH_4HCO_3 作为助胀剂，粉煤灰陶粒烧结后残留的 NH_4^+在水处理过程中溶出也可能是导致污水处理后 NH_3-N 浓度未见降低的因素之一。

本批次的陶粒强度不佳。作为水处理填料，陶粒的强度不佳会影响其应用于废水处理工程时的效果，增加出水的 SS 浓度，并可能会造成堵塞。为此，对粉煤灰陶粒的配方及烧制方式进行了优化，并进行了第二次的陶粒制备。

②第二次粉煤灰陶粒试烧。

（a）烧结配方。

第二次粉煤灰陶粒的试烧对第一次的配方进行了改进。由于熟石灰本身在煅烧过程中会逸出水分，一定程度上可代替原配方中 NH_4HCO_3 的造孔剂的功能。为了不影响陶粒烧结后在污水处理过程中对氨氮的去除效果，将 NH_4HCO_3 在配方中除去。由于第一次试烧中制备的陶粒强度太低，为增强陶粒不同成分之间的黏结程度，加入了硅酸钠（Na_2SiO_3）作为黏结剂进行了陶粒的第二次制备。

实验按表 3-4 进行原料的配比并以小型造粒机进行造粒。

表 3-4　第二次陶粒试烧原料配比　　单位：%（质量比）

粉煤灰	膨润土	熟石灰	硅酸钠
50	35	10	5
55	30	10	5
60	25	10	5
65	20	10	5
70	15	10	5

（b）烧结条件。

根据实验探索的结果，对烧结条件进行了微调。预热温度从原先的 500℃调整为 400℃，预热时间则调整为 25 min。考虑到第一次试烧的陶粒强度普遍较低的情况，第二次试烧提高了烧结的温度，探索 1 150℃、1 180℃及 1 200℃的温度区间内对烧结陶粒的性能影响。烧结时间均为 45 min。

（c）实验结果。

按上述实验计划共烧结了 10 组陶粒。烧结温度越高，同配方的粉煤灰陶粒颜色则越为偏黄。随着烧结温度的升高，粉煤灰陶粒的强度也随之增加。观察其表面形貌后发现，经 1 200℃烧结的粉煤灰陶粒不仅强度很大，且其表面会被烧结出一层致密的釉质，同时陶粒的粗糙程度及气孔数目等明显不如温度为 1 150℃及 1 180℃时的情况。

（d）陶粒去除磷酸盐试验研究。

实验结果如表 3-5 所示。实验结果呈现较为一致的规律。烧结温度为 1 150℃及 1 180℃

时，陶粒对磷酸盐的去除率均相对较高，但当烧结温度升高至 1 200℃时，粉煤灰陶粒对磷酸盐的去除效率急剧降低。陶粒在振荡过程中有不同程度的质量损失。本批次的陶粒基本上呈现烧结温度越高，质量损失越小、掉灰程度越低的特征。而随着粉煤灰掺量的增加，陶粒的抗水力冲击负荷能力也就越差。

表 3-5 不同烧结温度下陶粒对磷酸盐的去除效率

粉煤灰掺入比例/%	烧结温度/℃	磷酸盐去除率/%	粉煤灰掺入比例/%	烧结温度/℃	磷酸盐去除率/%
50	1 150	98.3	65	1 150	97.2
	1 180	19.8		1 180	99.3
	1 200	1.09		1 200	4.55
55	1 150	99.4	70	1 150	91.9
	1 180	98.83		1 180	96.9
	1 200	1.11		1 200	1.65
60	1 150	97.6			
	1 180	95.7			
	1 200	2.73			

从第二批试烧陶粒的情况来看，粉煤灰掺量越低、烧结温度越高时，粉煤灰陶粒的抗水力冲击负荷越好。但当烧结温度升高至 1 200℃时，其对磷酸盐几乎没有去除效果，且烧结温度为 1 200℃时所损耗的电能也很高。本研究不考虑 1 200℃时的情况，从节能的角度来看，温度应选择 1 150℃为佳。

从上述的实验结果来看，当粉煤灰掺量达到 60%或以上时，若烧结温度为 1 150℃或 1 180℃时，其抗水力冲击的能力都不强，陶粒在经过 24 h 振荡之后均大量掉灰，甚至出现陶粒解体的情况。因此粉煤灰的掺量不宜高于 60%，为保险起见，掺量应以 50%为宜。

综合上述的情况考虑，初步确定了粉煤灰陶粒的主要制备、烧结条件为：50%粉煤灰掺量，烧结温度 1 150℃。产品定位为表面粗糙、孔隙丰富、能抗一定程度的水力冲击负荷且对磷酸盐有良好去除能力的水处理功能陶粒。

3.4.2 粉煤灰陶粒强化污水除磷能力试验研究

1）粉煤灰陶粒的形貌特征

利用扫描电子显微镜（SEM）对粉煤灰陶粒进行了表面和剖面的形貌观察[图 3-15（a）及图 3-15（b）]。陶粒呈圆球形，表面粗糙多微孔，微孔覆盖面积大且分布不均匀，有利于挂膜以及微生物的附着生长；从剖面图观察[图 3-15（c）]，粉煤灰陶粒内部呈蜂窝状，孔隙极其发达，形态不规则，孔径大小不一，以三维交错的网状孔道贯穿其中，孔隙的内表面凹凸不平，具有很高的比表面，可增进陶粒对废水中污染物质的吸附。

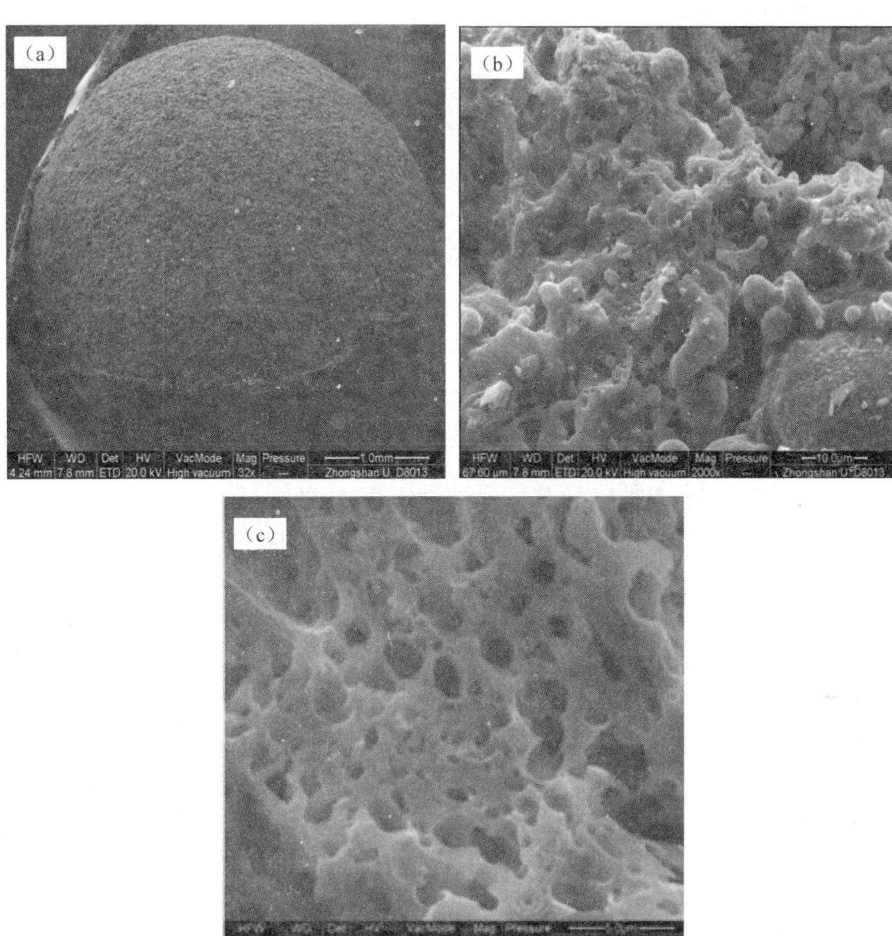

图 3-15　粉煤灰陶粒扫描电子显微镜照片[（a）32×；（b）6 000×；（c）3 000×]

2）粉煤灰陶粒投加量对吸附效果的影响

吸附剂的投加量是吸附实验的一个重要影响因素，它决定了吸附剂对吸附质的吸附容量。为了确定适宜的陶粒投加量，分别投加 0.5 g、1.0 g、2.0 g 粉煤灰陶粒进行实验，研究在不同初始浓度下，粉煤灰陶粒投加量对磷酸盐吸附去除效果的影响。

如图 3-16 所示，随着粉煤灰陶粒投加量的增大，溶液中磷酸盐的浓度随之降低，单位时间内粉煤灰陶粒对溶液中磷酸盐的去除量也相应增加。不同的投加量下，粉煤灰陶粒对磷酸盐的吸附速率在前 6 h 内是有差异的，吸附速率顺序为 2.0 g＞1.0 g＞0.5 g，6 h 后粉煤灰陶粒对磷酸盐的吸附速率逐渐减慢并趋于稳定。对比图 3-16（a）及（b）可知，在相同的粉煤灰陶粒投加量时，粉煤灰陶粒对磷酸盐的去除速率随着磷酸盐初始浓度的增加而加快，投加量为 2.0 g，初始浓度为 3 mg/L 时，15 min 内磷酸盐的剩余浓度约为 1.3 mg/L，24 h 后溶液中剩余磷酸盐浓度约为 0.1 mg/L，远低于城镇污水处理厂一级 A 排放标准 0.5 mg/L；而初始浓度为 1 mg/L 时，15 min 内磷酸盐的浓度变化不明显，吸附速率缓慢。

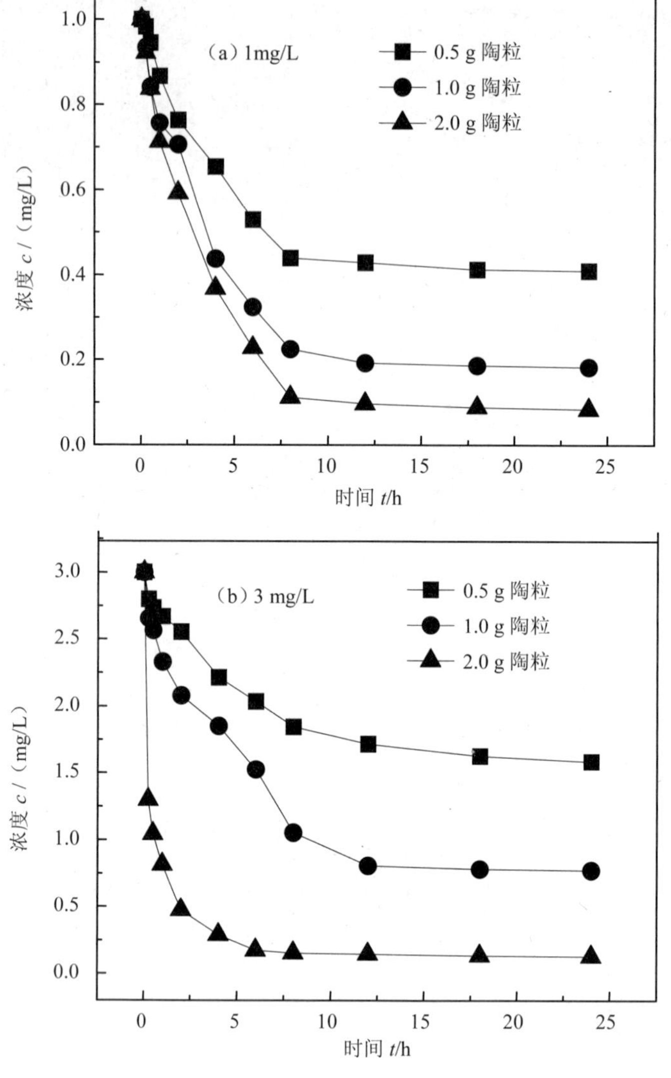

图 3-16 不同初始浓度时对磷酸盐的去除作用

3）pH 对吸附效果的影响

pH 是影响金属氧化物对阴离子吸附效果的最重要因素之一。为了研究溶液不同初始 pH 对吸附效果的影响进行相关实验。由图 3-17 可知，在酸性环境下，粉煤灰陶粒吸附磷酸盐的能力随溶液初始 pH 的增大而加强，当初始 pH 为 2.0 时，反应 4 h 后，去除率仅约 50.1%，8 h 后吸附作用已大为减弱，至 12 h 时，吸附作用基本达到平衡；而当初始 pH 为 4.0 时，反应进行 2 h 后溶液中磷酸盐浓度迅速降至 0.51 mg/L、去除率达到 82.9%，4 h 后其浓度基本不再变化；在碱性环境下，初始 pH 为 8.0 与 10.0 时其去除率均达到 93.7%，初始 pH 为 8.0 的吸附速率比初始 pH 为 10.0 的快。但与自然 pH 相比，在以上两种条件下的磷酸盐去除率均要略低一些。

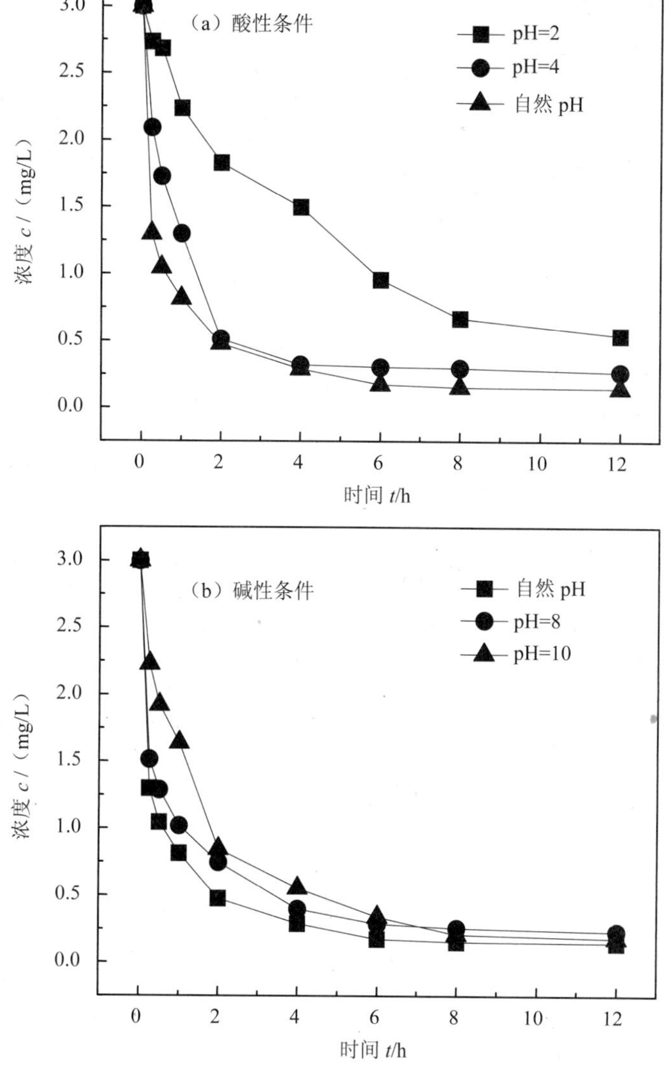

图 3-17　酸、碱性条件下陶粒对磷酸盐的去除作用

4）粉煤灰陶粒对磷酸盐的吸附速率

为确定吸附实验达到吸附平衡所需时间，进行了粉煤灰陶粒对磷酸盐的溶液的吸附速率实验。吸附速率反映了单位时间内吸附剂在液相中吸附量的大小。如图 3-18 所示为粉煤灰陶粒对磷酸盐的吸附速率曲线，在反应开始阶段（2～6 h）磷酸盐吸附速率非常快，其吸附量迅速增加，随着反应时间的延长，吸附速率逐渐减慢至 12 h 时基本接近平衡。此外，24 h 内磷酸盐的吸附量随着时间的变化呈良好的线性关系，且非常好地拟合为伪二级动力学方程 $dQ_t/dt=K_2(Q_e-Q_t)^2$，即公式

Lagrange 伪二级动力学模型：$$\frac{t}{Q_t}=\frac{1}{K_2Q_e^2}+\frac{t}{Q_e} \tag{3-2}$$

式中：Q_e，Q_t ——分别为吸附平衡时和吸附 t 时的吸附量，mg/g；

t ——吸附时间，min；

K_2 ——吸附速率常数，min^{-1}。

由图 3-18 易得伪二级动力学方程为：t/Q_t=6.880 8 t+1.654 0，同时求得平衡吸附量为 0.145 3 mg/g。吸附 12 h 磷酸盐的吸附量为 0.142 8 mg/g，与平衡吸附量的相对偏差不超过 2%。因此，选择 12 h 的反应时间基本能够满足吸附平衡的要求。

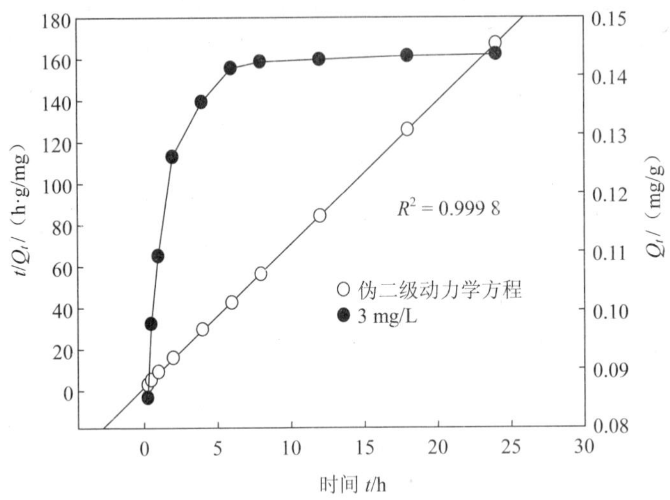

图 3-18 粉煤灰对磷酸盐的吸附速率曲线

5）温度对磷吸附效果的影响

如图 3-19 所示，不同温度下粉煤灰陶粒对磷酸盐的去除效果排序为 15℃>25℃>35℃，在不同的温度下，粉煤灰陶粒对磷酸盐的吸附量基本是随着浓度的增大而增加，直至达到粉煤灰陶粒的最大吸附饱和量。粉煤灰陶粒对温度变化较为敏感，升高温度虽可加快其对磷酸盐的吸附，但粉煤灰陶粒对磷酸盐的最大吸附饱和量（Q_{max}）逐渐减小，当温度从 15℃升高到 35℃时，粉煤灰陶粒对磷酸盐的最大吸附饱和量从 0.790 3 mg/g 降低至 0.611 1 mg/g，同时溶液开始出现一定程度浑浊现象。此外，在 3 种温度下的最大吸附饱和量分别为 0.790 3 mg/g、0.742 6 mg/g、0.611 1 mg/g（见表 3-6）。

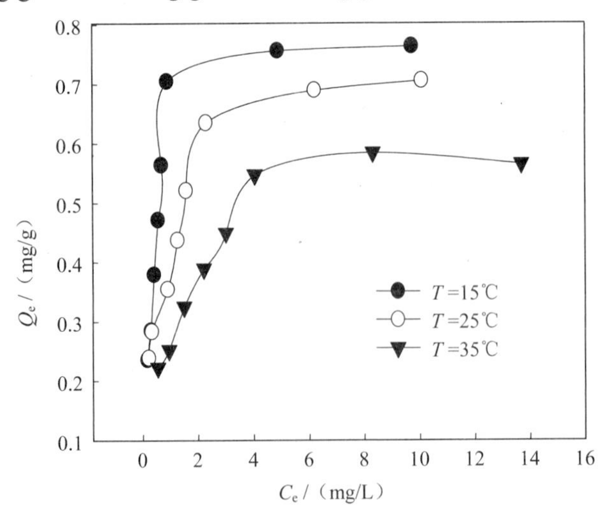

图 3-19 粉煤灰陶粒吸附磷酸盐的吸附平衡结果

表 3-6　Langmuir 和 Freundlich 吸附等温线方程和参数

T/℃	Langmuir 方程	Q_{max}/（mg/g）	r^2	Freundlich 方程	$1/n$	r^2
15	C_e/Q_e=1.265 2 C_e +0.382 1	0.790 3	0.997 3	lgQ_e=0.288 2 lgC_e–0.270 0	0.288 2	0.583 4
25	C_e/Q_e=1.346 6 C_e +0.739 4	0.742 6	0.992 8	lgQ_e=0.277 5 lgC_e–0.347 3	0.277 5	0.537 8
35	C_e/Q_e=1.636 1 C_e +1.450 6	0.611 1	0.988 5	lgQ_e=0.208 0 lgC_e–0.438 3	0.208 0	0.221 6

描述水溶液中的吸附过程等温线通常采用Langmuir等温线和Freundlich等温线这两种等温吸附数学模型。两种方程的线性表达式分别为：

Langmuir 方程：$$\frac{C_e}{Q_e}=\frac{C_e}{Q_{max}}+\frac{1}{Q_{max}b} \tag{3-3}$$

Freundlich 方程：$$\lg Q_e=\frac{1}{n}\lg C_e+\lg K_F \tag{3-4}$$

式中：Q_{max} ——Langmuir 单分子层吸附的最大吸附量（mg^{-1}），该参数越大表明该吸附剂的吸附容量越大；

b ——吸附强度；

Q_e ——平衡时的吸附量，mg；

C_e ——吸附平衡时的浓度，mg/L；

K_F ——Freundlich 吸附系数；

$1/n$ ——Freundlich 吸附指数，较大的 K_F、n 值同样是吸附剂具有良好吸附性能的表征。

如图 3-20 所示为在 3 种不同温度下拟合的 Langmuir 等温模型与 Freundlich 等温模型。与 Freundlich 等温模型相比，Langmuir 等温模型的拟合效果更好，并能够更好地描述粉煤灰陶粒对磷酸盐的等温吸附效果，说明粉煤灰陶粒对溶液中磷酸盐的吸附符合单分子层吸附理论，且无论在低浓度还是高浓度情况下，以 Langmuir 模型拟合所得出的结果均能够很好地与吸附实验实测结果相符。

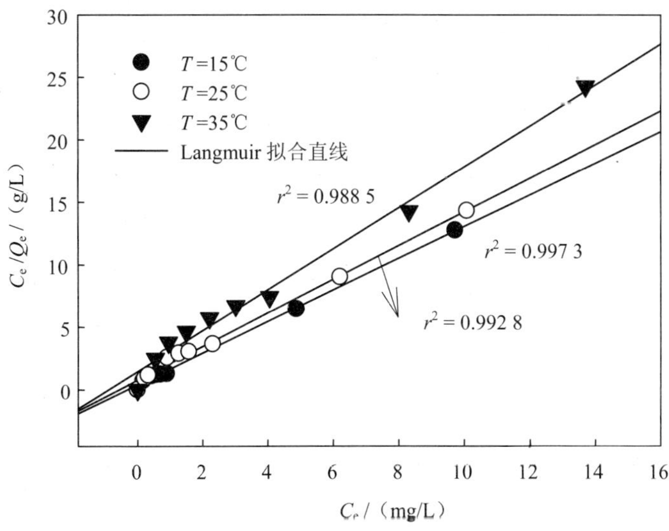

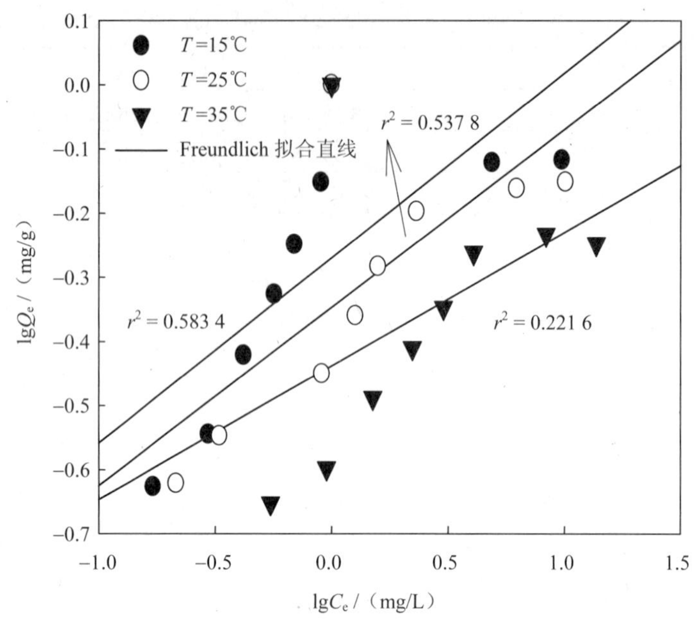

图 3-20 粉煤灰陶粒吸附磷酸盐的吸附等温模型

3.4.3 强化除磷型粉煤灰生物陶粒制备方法优化

前期试验表明，以粉煤灰作为主要原料制备粉煤灰生物陶粒是可行的，所研制的产品不仅具备良好的抗压强度、丰富的孔隙分布，且对水中的磷酸盐去除效果也很好。但以前述方法制备的陶粒仍具有一些较为明显的缺点：①陶粒以小型造粒机进行造粒，其机械强度较低，仍未能达到理想的抗水力冲击负荷能力；②成分中硅酸钠的加入仅作为黏结剂的作用，而硅酸钠的市场价格较高，若能通过物理的方法增强陶粒的强度，则可进一步简化陶粒的配方，同时可节约陶粒制备的成本；③陶粒的烧结温度仍然偏高，1 150℃的烧结温度、45 min 的烧结时间会导致能源消耗过大，不利于日后的大规模生产及推广应用，需研究优化烧结工艺的方法，降低能耗及成本。

粉煤灰陶粒的机械强度是一个有待克服的问题。粉煤灰陶粒应用于曝气生物滤池时，受水流冲击强度较大，填料必须有足够的机械强度以减少磨损，控制水中的 SS 浓度。增加陶粒的机械强度可使用圆盘造粒机进行造粒。圆盘造粒机主要通过离心作用使陶粒在制备过程中不断翻滚、团聚，在长时间的造粒过程中可使原料之间团结紧密。

3.4.3.1 粉煤灰陶粒烧制流程

按照 50%（质量分数，下同）粉煤灰、35%膨润土、10%熟石灰和 10%自来水的配比，把原料放入圆盘成球机中成球，然后将球状颗粒平铺到耐火钢盘上放入已达到预热温度的马弗炉中预热一定时间，设定马弗炉程序，使之预热结束后连续升温至烧结温度并在该温度下维持一定的烧结时间。待烧结完成，自然冷却后即得粉煤灰粒，收集封装以待使用。

3.4.3.2　粉煤灰陶粒的制备结果及分析

1）原料成分分析与配方

Riley 在研究陶粒烧胀性时发现原料成分在某一范围时能得到良好的成品陶粒，根据这一比例，给出了烧制适宜黏度陶粒的原料成分比例（质量分数）范围：SiO_2 为 53%～79%，Al_2O_3 为 10%～25%，Fe_2O_3、CaO、MgO、Na_2O、K_2O 等助熔剂总和为 13%～26%。通过对原料中粉煤灰和膨润土进行化学成分分析，得出表 3-7 所列结果。

表 3-7　原料化学成分分析

原料	SiO_2	Al_2O_3	Fe_2O_3	CaO	MgO	Na_2O	K_2O	烧失量
粉煤灰/%（质量分数）	46.51	34.61	5.08	3.72	0.96	0.93	0.73	5.37
膨润土/%（质量分数）	58.43	11.26	1.06	1.78	1.50	—	—	—

原料中 Fe_2O_3、CaO、MgO、Na_2O、K_2O 等助熔剂成分比例无法达到 Riley 成分三相图中 13%～26%的要求，因此制取陶粒时需要添加一定量的助熔剂。考虑到在碱性条件下，钙离子能与磷酸根离子生成溶解度较小的 Ca-P 化合物，使磷得到有效固定，以成本最低的熟石灰作为补充的助熔剂是可行的。有的研究为增加陶粒的强度而外加硅酸钠等黏结剂，相应会增加其制备成本。而利用圆盘造粒机制备陶粒时，由于陶粒的组分在造粒过程中结合紧密，即使未进行烧结其强度已经较大，因此不需要外加黏结剂。通过以上综合考虑，确定了制备具强化除磷功能的粉煤灰陶粒配方（以质量分数表示）为：粉煤灰 50%，膨润土 35%，熟石灰 10%，水 5%。

2）单因素实验

为了得到具有良好除磷功能的粉煤灰陶粒的最佳烧结工艺，拟采用 L_9（3^4）正交法进行实验分析，选取了预热时间、烧结温度和烧结时间三个影响因子。为了确定正交实验法中因子的水平，设计出科学的正交表，进行了一系列的单因素实验。

①预热温度和预热时间探索。

预热的作用主要是将原料中的有机物氧化炭化并去除以各种形式存在的水，根据烧制经验，将预热温度定在 400℃。将料球放入 400℃的马弗炉中预热 10 min 后取出观察，此时料球大部分变成白色，水分已充分去除。另外，原料中的烧失量仅 5.37%，因此有机成分很少，加热后炭化物的数量也较少。

为了确定预热时间梯度以做好该因子的水平设计，进行了时间梯度为 5 min 和 10 min 的两组实验，结果见表 3-8。

表 3-8　预热时间梯度为 5 min 和 10 min 的除磷效率比较

时间梯度/min	预热温度/℃	预热时间/min	烧结温度/℃	烧结时间/min	TP 去除率/%
5	400	25	950	30	99.57
		30	950	30	99.57
10		15	1 000	45	71.98
		25	1 000	45	40.62

当时间梯度为 5 min 时，TP 去除率在现在实验精度条件下难以测出区别，而在 10 min 时可见明显差异。因此预热时间梯度确定为 10 min，预热时间应不少于 10 min。

②烧结温度与烧结时间探索。

对在预热温度为 400℃，预热时间 25 min，烧结时间 45 min，烧结温度分别为 850℃、900℃、950℃、1 000℃、1 050℃、1 100℃、1 150℃条件下烧结的陶粒进行了静态除磷实验，结果见图 3-21。当烧结温度为 950℃时，磷酸盐去除率最高，接近 100%，而随着温度的再升高，磷酸盐去除率逐渐下降，在 1 150℃时，几乎没有除磷效果。

观察上述不同温度烧结的陶粒剖面时发现，850℃烧结的陶粒虽然表面呈现黄色，但剖面仍有部分呈灰色，其他温度下烧结的陶粒其表面和剖面都呈现均匀的黄色，表明粉煤灰陶粒在 850℃下未能达到足够的烧结温度。结合除磷效率选取 900℃、950℃、1 000℃作为烧结温度的三个水平。

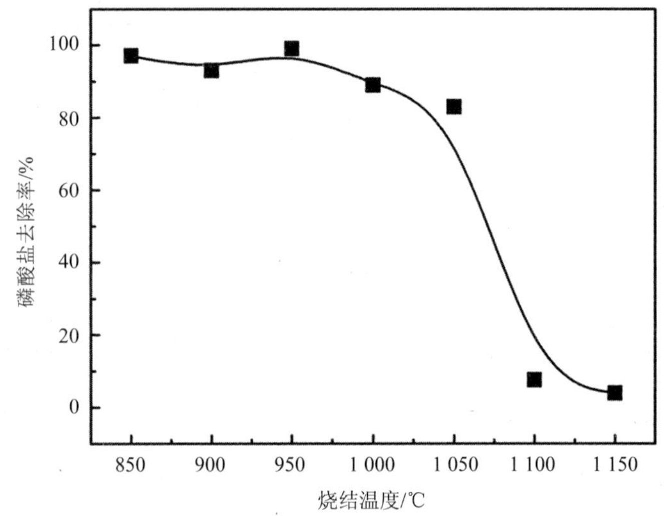

图 3-21 烧结温度对磷酸盐去除率的影响

此外，在预热温度为 400℃，预热时间为 25 min，烧结温度为 900℃时，选取烧结时间分别为 10 min、20 min、30 min、40 min 进行了烧结实验，通过剖面观察发现烧结时间少于 30 min 时陶粒剖面球心部分仍呈现未烧结状态下的灰色，表明此条件下未能充分烧结；只有烧结时间不少于 30 min 时，陶粒剖面才呈现表明充分烧结的均匀黄色，因此烧结时间不应少于 30 min。

3）正交实验

根据单因素实验结果，设计了表 3-9 所示的 $L_9(3^4)$正交实验方案，实验结果见表 3-10。

表 3-9 $L_9(3^4)$因子水平表

因子	一水平	二水平	三水平
A 烧结时间/min	30	40	50
B 烧结温度/℃	900	950	1 000
C 预热时间/min	10	20	30

表 3-10　L_9（3^4）实验结果和极差分析

实验号	A	B		C	磷酸盐去除率/%
1	1	1	1	1	99.11
2	1	2	2	2	99.51
3	1	3	3	3	80.93
4	2	1	2	3	98.93
5	2	2	3	1	98.60
6	2	3	1	2	69.65
7	3	1	3	2	97.53
8	3	2	1	3	97.53
9	3	3	2	1	42.30
K_1	279.55	295.57	266.29	240.01	
K_2	267.19	295.64	240.74	266.69	
K_3	237.37	192.88	277.06	277.39	
k_1	93.18	98.52	88.76	80.00	
k_2	89.06	98.55	80.25	88.90	
k_3	79.12	64.29	92.35	92.46	
极差 R	14.06	34.25	12.11	12.46	

不同工况烧结的 9 组陶粒中，6 组的除磷效率均在 97%以上，只有 3 组小于 90%，其中除磷效率最高达 99.51%，最低为 42.30%。

各因子水平中，磷酸盐平均去除率最高的为烧结温度二水平，即 950℃，达到 98.55%，最低的是烧结温度三水平，即 1 000℃，为 64.29%，烧结温度的极差达 34.25%，是其他因子的两倍多，可见烧结温度对除磷效率的影响程度最高。影响程度排第二的是烧结时间，极差为 14.06%，但仅比预热时间大不足 2%。因此，各因子对除磷效率的影响程度为 B＞A＞C，即烧结温度＞烧结时间＞预热时间。

对于烧结时间，三个水平中平均除磷效率最高的为 30 min 时，达 93.18%；预热时间则最高时为 30 min，达 92.46%。对于烧结温度，最高的为 950℃，达 98.55%，但与 900℃相差不大。为了进一步确定最佳烧结温度，对在预热温度为 400℃，预热和烧结时间均为 30 min，烧结温度分别为 900℃和 950℃条件下烧结的陶粒进行了筒压强度实验。实验结果表明 900℃和 950℃条件下的陶粒其筒压强度分别为 6.39 MPa 和 6.94 MPa，而《轻集料及其试验方法　第 1 部分：轻集料》（GB/T 17431.1—1998）要求不低于 6.5 MPa，因此选取 950℃作为最佳烧结温度才能使陶粒达到高强标准。由此得最佳烧结工艺为 $A_1B_2C_3$，即预热时间 30 min，烧结温度 950℃，烧结时间 30 min。

随烧结时间的延长，磷酸盐去除率先缓后快地下降，从 30 min 升至 40 min 时下降约 4%，而从 40 min 升至 50 min 时降低至 80%以下，降幅近 10%，可见随着烧结时间的进一步增加，除磷效率的下降幅度将逐渐加大。这是因为在高温条件下，原料中的 SiO_2 和 Al_2O_3 成分在陶粒表面形成釉质层，并进一步玻璃化，延长烧结时间将提高形成玻璃体的化学反应程度，生成更多的玻璃体，使陶粒中有除磷功能的矿物晶体难以溶出氧化钙、氧化镁等有效成分，导致除磷效率下降。

同样地，随着烧结温度的升高，除磷效率也随之下降，从 900℃到 950℃时，下降趋势不明显，但升至 1 000℃时，除磷效率急剧下降，降幅超过 30%。推测这是由于超过 950℃之后，烧结的陶粒其结构和矿物成分发生了很大的变化，使除磷性能下降，烧结温度成为能否制备出高效除磷型粉煤灰陶粒的关键因素。在 900℃的高温条件下，原料中的碳酸盐成分逐渐融化和分解，当烧结温度升至 950℃时，碳酸盐成分进一步分解，逸出的气体使表面成孔增多，从而使比表面积加大，金属氧化物溶出通道随之增加，同时也提高了陶粒的抗压强度，使其达到了高强轻集料的强度标准。但随着温度继续升高，釉质层逐渐生成且变得更加致密，厚度更大，玻璃化程度更高，原本具有除磷功能的矿物成分逐渐减少，大量生成玻璃体，导致陶粒的除磷效率大幅下降，可见烧结温度不宜超过 950℃。

另外，随着预热时间的延长，磷酸盐去除率小幅上升，因为预热时水分蒸发使陶粒表面形成微孔，既增大了比表面积，也有利于金属氧化物溶出，但过度延长时间会增厚陶粒表层壳体，从而影响溶出金属氧化物，使除磷效率下降。

4）粉煤灰陶粒的微观结构分析（SEM）

对最佳生产工艺制备的陶粒进行了扫描电镜观察，分别对其表面和剖面放大 1 000 倍（见图 3-22），显示陶粒表面凹凸不平，粗糙程度高，微孔分布广，其孔径主要集中在 1～5 μm。粗糙不平和多微孔的表面增大了陶粒的比表面积，增加了有效除磷成分的溶出路径，从而有利于强化除磷。

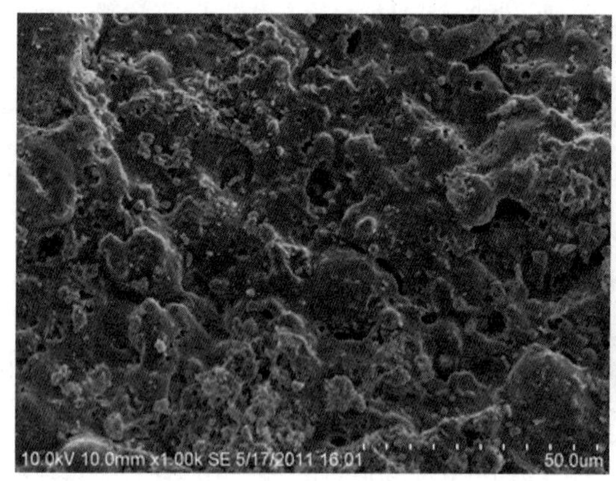

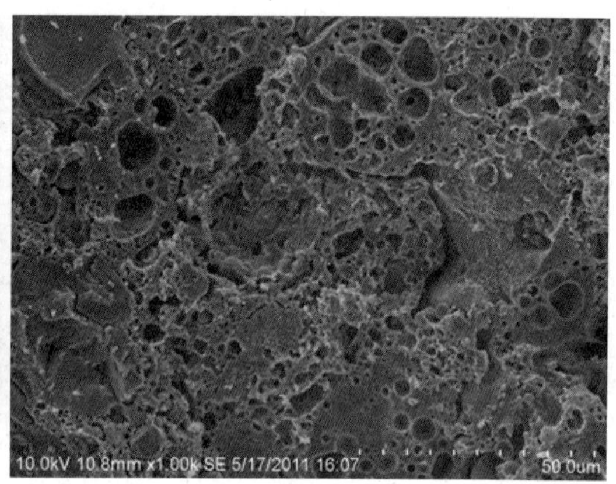

图 3-22 陶粒表面和剖面 SEM 照片

从剖面的 SEM 照片可以看出，陶粒的剖面孔隙结构发达，呈蜂窝状，孔径大小不一，大的可达 10 μm，小的约 0.5 μm，同时其微孔较深。由此推测，当陶粒在长期水力冲刷条件下磨损表面后，原本的内部将成为新的陶粒表面，此时丰富的孔隙结构将使比表面积更大，矿物溶出路径更多，更有利于除磷，延长了陶粒的使用寿命。

5）粉煤灰陶粒的晶相分析（XRD 分析）

使用德国 Bruker 公司 D8 ADVANCE X 射线衍射仪（XRD）对烧结的陶粒进行分析。其 XRD 谱图如图 3-23 所示。

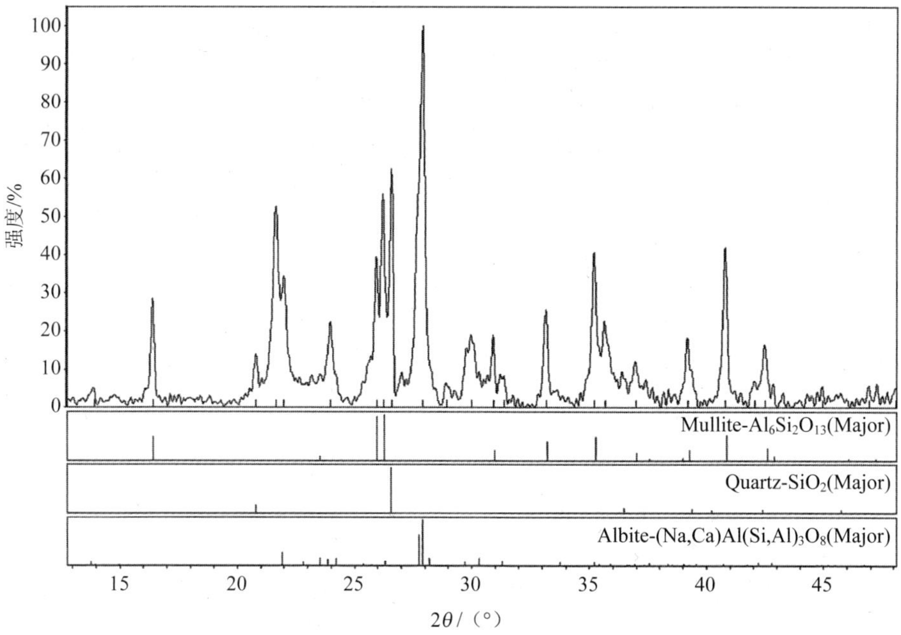

图 3-23　粉煤灰陶粒的 XRD 谱图

通过钟罩函数进行拟合，求出本陶粒的结晶度为 29.22%，显示还有大部分的陶粒成分并没有以结晶态存在。谱图表明陶粒在烧结过程中已生成了一定量的玻璃体。玻璃体的生成是随着烧结温度的升高而同时出现的，这显示在 950℃的温度下已可以使陶粒成分熔融而出现玻璃体。玻璃体的出现也显示在烧结后陶粒的力学强度更高。

通过特征峰检索与分析，发现自制陶粒的主要物相为钠钙长石、石英和莫来石，使用 K 值法求算出三者物相质量分数分别约为 57.46%、6.87%和 6.46%。钠钙长石的大量存在显示陶粒在水处理过程中可以溶出更多数量的钙离子，而钙离子的溶出可为陶粒的吸附除磷和化学沉淀除磷提供良好条件。

根据上述研究，总结粉煤灰陶粒强化除磷的机理如图 3-24 所示。陶粒对磷的吸附主要是通过化学作用，由于陶粒表面存在大量的磷吸附位点，尤其是成分中的钙氧化物、铁氧化物、铝氧化物等均能与磷酸盐产生结合，从而能够将水中的磷酸盐去除。由于陶粒表面粗糙、孔容丰富，大部分的磷酸盐均能吸附在陶粒的表面，而小部分磷酸盐则随着陶粒的磨损所形成的沉淀而除去。而随着陶粒的磨损，会有新的表面出露，从而进一步提高陶粒对磷的吸附效果。

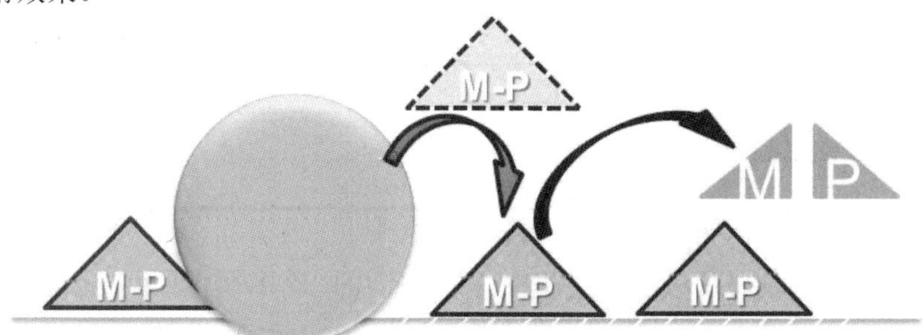

图 3-24　粉煤灰陶粒强化除磷机理

6）粉煤灰陶粒的理化性质测定

对最佳工艺烧结的陶粒进行了相关理化性质测定（见表 3-11），其中堆积密度为 877 kg/m³，密度等级为 900 级，比国内常见粉煤灰陶粒产品的堆积密度（700～850 kg/m³）略高，主要是因为使用圆盘成球机造粒可制得结构更加致密的规整颗粒，其烧结后的筒压强度达到 6.94 MPa，超过国家标准中对高强轻集料 6.5 MPa 的要求。另外，自制陶粒的盐酸可溶率、孔隙率分别为 2.3%、41.9%，具有较强的耐酸蚀性能和一定的颗粒间隙。

表 3-11 粉煤灰陶粒的理化性质

性能指标	自制陶粒
堆积密度/（kg/m³）	877
表观密度/（kg/m³）	1 509
孔隙率/%	41.9
筒压强度/MPa	6.94
盐酸可溶率/%	2.3

图 3-25 自制陶粒（左）与商品陶粒 A（中）、商品陶粒 B（右）对比

3.4.3.3 自制陶粒与商品陶粒的除磷试验及比较

对自制陶粒、商品陶粒 A 和商品陶粒 B 进行了除磷实验，结果见表 3-12。

表 3-12 自制陶粒与商品陶粒的除磷效率

供试产品	除磷效率/%
自制陶粒	99.83
商品陶粒 A	0.75
商品陶粒 B	3.25

制备的粉煤灰陶粒比传统的商品陶粒具有更高的除磷效率，这主要是因为自制陶粒和传统的商品陶粒采用的原料和烧制工艺差别较大，导致矿物成分和表面结构发生较大差异。以最佳烧结工艺制备的粉煤灰陶粒玻璃体含量较低，玻璃化程度不高，成分溶出较为

容易；从微观结构得知其表面孔隙度高，比表面积较大；而传统的商品陶粒一般在 1 000℃以上的高温条件烧制而成，玻璃化程度很高，且由于其成分上与粉煤灰陶粒存在差异，故其除磷效果十分微弱，主要是依靠表面的吸附作用所得。此外，自制陶粒的颜色、粒径和球状外形比两种商品陶粒均匀，其粒型系数更低，产品外形规格差异更小，更能接近规整陶粒的标准。

粉煤灰陶粒对磷酸盐的去除效果：自行制备的粉煤灰陶粒为具有强化污水处理脱氮除磷功能的新型生物填料，粒径均匀、表面粗糙，陶粒具有丰富的孔径及孔容，十分有利于微生物的挂膜。此外，本陶粒还具有良好的磷去除效果，使用本陶粒作为污水处理工程填料时，可获得良好的污水强化除磷效果。因此，为确定自行制备的粉煤灰陶粒对微污染含磷废水的去除能力，对其进行了投加量单因素实验，以期为实际工程示范与应用提供参考。

投加量分别为 6 g/L、10 g/L、16 g/L 及 20 g/L，处理 100 ml，浓度分别为 1～5 mg/L 含磷废水，振荡速度 150 r/min，振荡时间 24 h。实验结果如表 3-13 所示。从表中的实验结果可以发现，随着投加量的增加，陶粒对水中磷的去除效果会不断提高，当陶粒的投加量达到 20 g/L 时，即使总磷初始浓度为 5 mg/L，在 24 h 内均能被陶粒完全去除，其对磷的去除效率均能达到 99%以上；当陶粒的投加量为 16 g/L 时，可以将浓度为 5 mg/L 的总磷降低至浓度为 0.5 mg/L 以下，处理后水中的总磷浓度可达到城市污水处理厂出水一级 A 标准。

表 3-13 粉煤灰陶粒成品对磷的去除效果

投加量/（g/L）	总磷初始浓度/（mg/L）	总磷终点浓度/（mg/L）
6	1.00	0.25
	1.50	0.46
	2.00	0.61
	3.00	1.49
	4.00	2.03
10	1.00	0.11
	1.50	0.10
	2.00	0.20
	3.00	0.24
	4.00	0.54
	5.00	1.26
16	1.00	0.15
	1.50	0.25
	2.00	0.25
	3.00	0.35
	4.00	0.28
	5.00	0.45
20	1.00	0.01
	1.50	0.01
	2.00	0.02
	3.00	0.02
	4.00	0.02
	5.00	0.03

3.5 粉煤灰陶粒中试烧结试验研究

为实现粉煤灰陶粒的中试规模生产，并为粉煤灰陶粒的规模化生产提供技术依据，采用大型圆盘造粒机及大型工业炉窑进行粉煤灰陶粒的中试实验，并依托某琉璃加工厂作为中试基地进行功能陶粒制备中试。中试生产规模为 2 000 kg/d。

1）粉煤灰陶粒制备中试

以大型圆盘造粒机进行粉煤灰陶粒的制备。中试试验共制备陶粒 4 m^3。本圆盘造粒机日产量约为 0.25 m^3，每天运行时间为 16 h。陶粒制备中试实验共进行了 16 天。按小试实验确定的配方进行陶粒制备。即粉煤灰（粉煤灰取自佛山市南海区江南发电厂）50%（质量比），膨润土 35%，熟石灰 10%，其余成分为水。

圆盘造粒机如图 3-26 所示，制备好未进行烧制的陶粒如图 3-27 所示。

图 3-26 大型圆盘造粒机

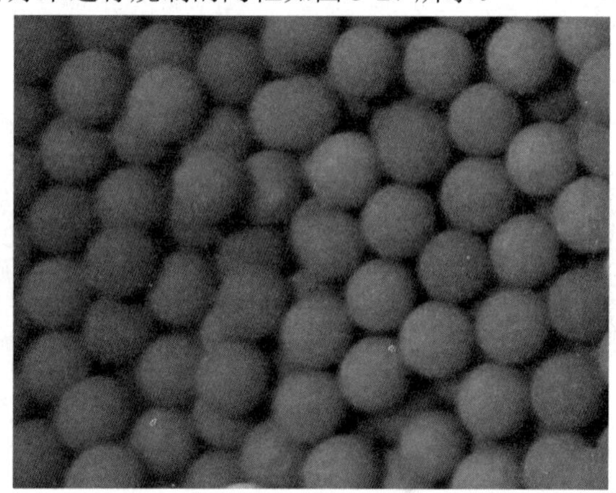

图 3-27 未经烧制的陶粒

2）粉煤灰陶粒烧结中试

按下述条件进行粉煤灰陶粒烧结中试实验的控制：窑炉升温至 400℃，停止升温，保持 400℃的温度，放入陶粒，在 400℃的条件下，保持窑炉温度 400℃约 30 min，然后窑炉继续升温，升至 950℃后，稳定温度在 950℃左右，进行陶粒烧结，时间 30 min 后，自然降温。粉煤灰陶粒烧结中试过程中使用测温三角锥进行控温。

图 3-28 中试烧结实验制备的粉煤灰陶粒成品

中试实验烧结所得的陶粒成品均匀，颜色呈灰白色，与小试实验所制备的陶粒类似。对中试试验中制备的陶粒进行理化性质的测定，结果如表 3-14 所示。

表 3-14　粉煤灰陶粒的理化性质

性能指标	自制陶粒
堆积密度/（kg/m^3）	872
表观密度/（kg/m^3）	1 495
孔隙率/%	42.3
筒压强度/MPa	6.87
盐酸可溶率/%	2.2

以本陶粒进行除磷实验。陶粒用量 2 g，模拟污水中磷酸盐溶液浓度 10 mg/L，溶液体积 50 ml，振荡速度 150 r/min，振荡时间 8 h，对磷的去除效率平均可达 99%以上（五次平行试验后平均值），显示中试实验生产的陶粒完全符合其性能品质要求。

3.6　陶粒强化除磷成本的初步核算

1）日常生产成本

以小试及中试实验数据为基础，本研究初步对粉煤灰陶粒的制备成本进行初步核算。本研究仅对陶粒的生产成本进行核算，而不将固定资产投入及折旧计算在内。主要包括以下几个方面：直接材料费、直接工资、燃料动力及制造费用等。

以年产 1 万 m^3 粉煤灰陶粒的工厂为例。按堆积密度 0.85 t/m^3 进行计算，则折算为需要约 0.85 万 t 的原料。按表 3-15 所列各原料的价格进行成本初步测算。

表 3-15　粉煤灰陶粒原料成本初步核算

序号	原料名称	单价/（元/t）	所需用量/万 t	总价/万元	备注
1	粉煤灰	150	0.425	63.75	单价将运输费计算在内
2	钠基膨润土	600	0.297 5	178.50	
3	熟石灰	350	0.085	29.75	
4	自来水	2.53	0.042 5	0.11	
5	合计		0.85	272.11	

电能消耗：设备总功率按 40 kW 计，每天运行 8 h，则每天消耗电能 320 kW，每年按 300 天运行计算，工业用电电费按 0.9 元/kW 进行计算，则电费消耗为 8.64 万元/a。

生产工人人工成本：按 20 个人计算，每人每年生产陶粒 500 m^3，每年工作时间为 300 天。每名工人支付工资 4 000 元/月。则每年所需人工成本为 80 万元。

其他制造费用：按目前的条件，其他制造费用以及税费等难以进行定量化，但按一般经验，可取上述 3 项直接费用的 10%进行核算，则为 36 万元。

总生产成本为：396.75 万元（估算）。平均每立方陶粒的生产成本为 396.75 元/t。

2）运输成本

我国幅员辽阔，不同地区的运输成本可能会存在一些差异，并可能随着油价成本的浮动而产生变化，因此本报告仅进行简单的测算。按目前普通物流公司的运输价格，运输里程平均按 1 000 km 计算，每次运输所使用的汽车核准载重量为 30 t（约 35.3 m^3），因此其运输成本约为 350 元/t。

3）总成本

陶粒总成本为生产成本与运输成本之和。因此按本次估算陶粒的总成本约为 750 元/t（含运输价格）。

4）工程应用运行成本

作为污水处理用功能材料，当用作生物膜载体填料时，可在不严重磨损的情况下长期使用而不需要更换。但用作磷吸附材料时，尤其是污水处理过程中对磷的出水浓度有特殊要求时，由于陶粒存在磷吸附容量的问题，当对磷的吸附达到饱和时，需将陶粒进行更换、再生后再使用，因此会相应产生费用。

根据不同处理水质的差异，陶粒的使用量及使用时间均会有所不同。一般地，当用作污水处理尾水净化强化除磷时，对于低浓度含磷废水陶粒的吸附效果可持续较长的时间。从目前的中试情况来看，陶粒的更换的频率可大于 5 年/次，即每吨填料的运营成本约为每年 150 元。

3.7 新型粉煤灰陶粒对水中 Cu（II）的去除特性及吸附等温模拟

前述研究发现，陶粒可有效强化废水中磷酸盐的去除，从陶粒对磷酸盐的去除机理来分析，陶粒可能存在对重金属离子的吸附作用。因此，为拓展陶粒的污染物去除特性，课题组开展了粉煤灰陶粒对重金属吸附效果的前期研究工作，研究前期阶段选择铜作为目标污染物进行实验。

铜是最常见的重金属之一，常见的废水中重金属污染的控制技术主要包括离子交换法、化学沉淀法、吸附法、膜过滤法等，离子交换法及膜过滤法的处理效果易受到废水水质的影响，且处理成本很高，而化学沉淀法及传统的分散型吸附剂如活性炭等则会产生较多的化学污泥，对 Cu（II）的去除效率也较低。近年来有人尝试以矿物型吸附剂如海泡石、改性膨润土、改性蒙脱石等进行 Cu（II）的吸附实验，取得了较好的效果，如徐应明等[13]以海泡石进行 Cu（II）的吸附，其饱和吸附量可达 22.10 mg/g，成杰民等[14]研制的有机改性膨润土对 Cu（II）的吸附量为 6.25 mg/g，周建兵等[15]以十二烷基硫酸钠改性蒙脱石对 Cu（II）的吸附效果在浓度较低时可达 99%以上。矿物型吸附材料近年来受到的关注较多，现有研究为本领域的突破提供了有益的新思路，但这一类吸附剂大多属分散型小颗粒，粉末的粒度过细，受沉降性能、固液分离效果等方面的限制，其与实际推广应用尚有一段距离，目前仍只处于实验室研究阶段。从实际应用的角度来看，陶粒无疑有着更好的应用前景。

3.7.1 粉煤灰陶粒用量对 Cu（II）吸附效果的影响

分别以陶粒用量为 1.00 g、2.00 g 及 3.00 g 进行 Cu（II）吸附实验，吸附实验在 150 ml

锥形瓶中密封进行，Cu（II）浓度为 100 mg/L。从图 3-29（a）中可以看出，用量不同对陶粒吸附 Cu（II）的效率影响很大，用量为 1.00 g 时在 4 h 内对 Cu（II）的吸附率则仅为 45.7%，而陶粒用量为 2.00 g 及 3.00 g 时对 Cu（II）的吸附率在 4 h 内均能达到 100%。图 3-29（b）是不同陶粒用量时单位质量陶粒对 Cu（II）的吸附量，随吸附时间的增加而增加，直至 Cu（II）被吸附完全。从实验结果初步判断当吸附时间为 4 h 时，陶粒用量选择 2.00 g 较为适合。

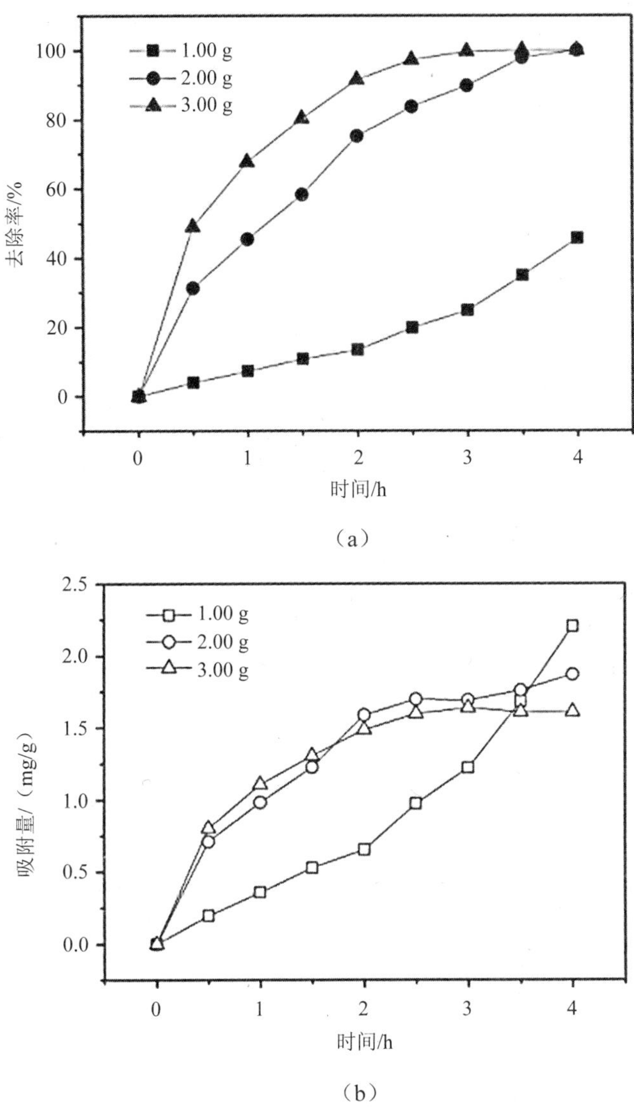

图 3-29　不同用量时陶粒对 Cu 的吸附效果

（25℃，50 ml，pH=4.5，Cu 100 mg/L，150 r/min）

3.7.2　温度对 Cu 吸附效果的影响

温度通常是影响吸附效果的最重要因素之一。本研究在 15℃、25℃及 35℃三个温度下进行等温吸附实验，吸附时间为 4 h，陶粒用量为 2.00 g，Cu（II）浓度分别为 50 mg/L、

100 mg/L、150 mg/L、200 mg/L、300 mg/L、400 mg/L、500 mg/L、600 mg/L、700 mg/L。图 3-31 显示的是其等温吸附实验结果。可见 4 h 内对 Cu（II）有最好吸附效果的是温度 25℃时，其最大吸附量可达到 2.78 mg/g，而 15℃及 35℃时的最大吸附量则分别是 2.19 mg/g 及 2.36 mg/g。从总体的实验结果来看，陶粒对 Cu（II）的吸附效果由大到小的温度排序大致为 25℃＞35℃＞15℃。

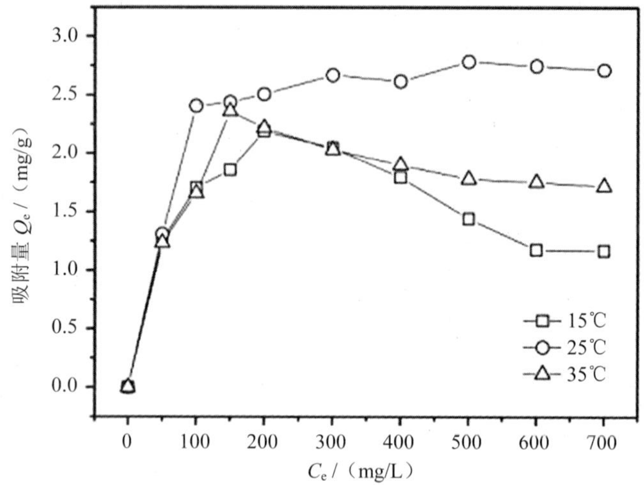

图 3-30 陶粒在 15℃、25℃及 35℃时对 Cu 的吸附等温线

（50 ml，pH=4.5，2.00 g）

对以上三种温度进行吸附等温线拟合。Langmuir 等温吸附模型和 Freundlich 等温吸附模型的表达形式如下：

$$\frac{C_e}{Q_e}=\frac{1}{Q_{max}}C_e+\frac{1}{Q_{max}\cdot b} \tag{3-5}$$

$$\lg Q_e=\lg K+\frac{1}{n}\lg C_e \tag{3-6}$$

式中：Q_{max} ——小球的最大吸附量，mg/g。

Langmuir 等温吸附模型拟合结果如图 3-31 所示。三种温度下的 C_e 与 Q_e 之间基本成线性关系，其中 25℃时 Langmuir 等温吸附模型拟合的 r^2 为 0.996 1，而 15℃及 35℃时则分别为 0.9 418 及 0.987 5。相对而言，以 Langmuir 等温吸附模型拟合 25℃时的情况尤为适合。三种温度下的拟合方程分别为：

$$C_e/Q_e=0.873\,9C_e-58.457\,9\text{（15℃）} \tag{3-7}$$

$$C_e/Q_e=0.345\,4C_e+11.828\,1\text{（25℃）} \tag{3-8}$$

$$C_e/Q_e=0.582\,0C_e-11.410\,7\text{（35℃）} \tag{3-9}$$

而以 Freundlich 等温吸附模型拟合时的 r^2 分别为−0.083 5、0.6 176 及−0.004 3，相关性都很小，表明此情况下不适用于 Freundlich 等温吸附模型。

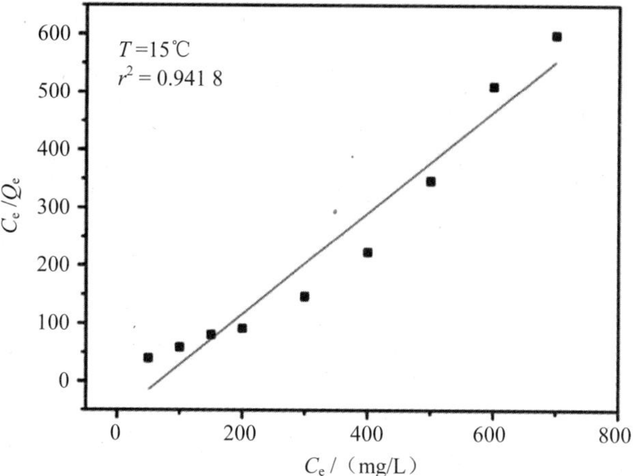

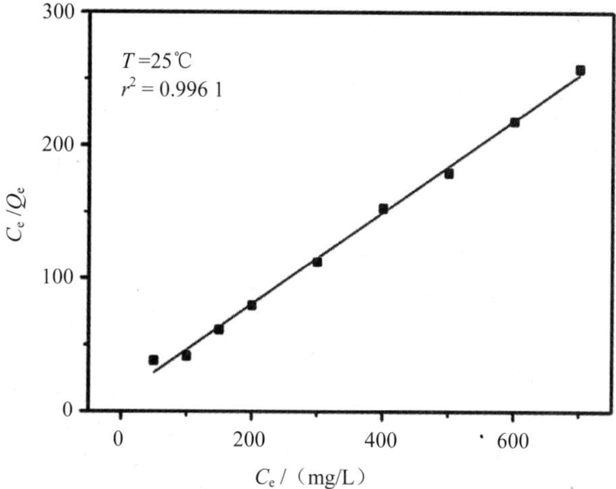

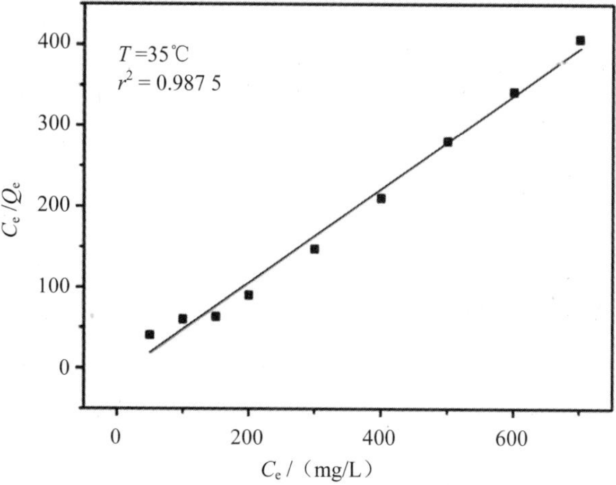

图 3-31　Langmuir 等温吸附模型拟合结果

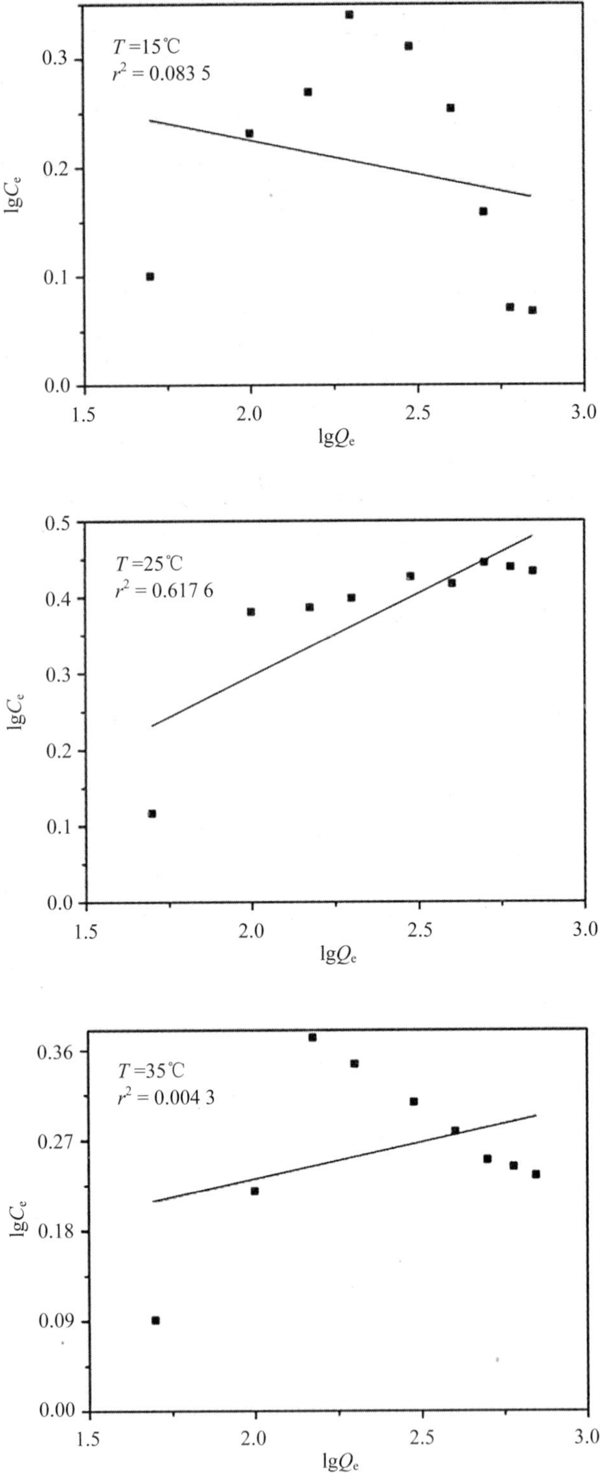

图 3-32　Freundlich 等温吸附模型拟合结果

3.7.3　振荡与静置状态的比较

一般地，振荡体系会加快吸附质在吸附剂中的传质过程，从而有利于吸附。本研究对比了振荡速度为 150 r/min 及静置状态时陶粒对 Cu（II）的吸附效果，如图 3-33 所示。在其他条件一致的情况下，静置时陶粒对 Cu（II）的吸附效率明显低于振荡速度为 150 r/min 时，4 h 后其对 Cu 的吸附率在 30%左右，而振荡时 Cu（II）已被吸附完全。静置时陶粒对 Cu（II）的单位吸附量 Q_e 不足 0.8 mg/g，远低于陶粒对 Cu（II）的最大吸附量（2.78 mg/g）。

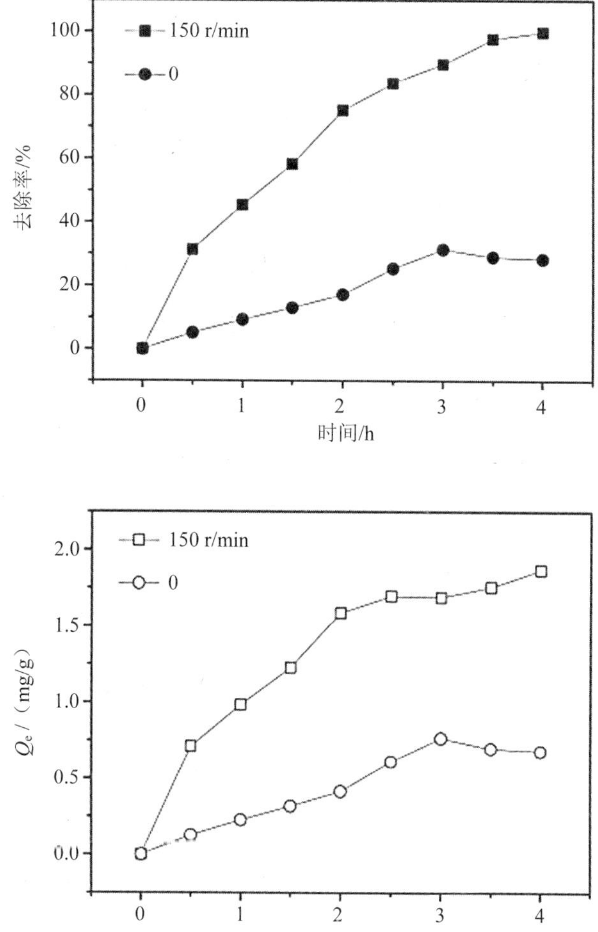

图 3-33　振荡与静置时陶粒对 Cu（II）的吸附效果对比

3.7.4　陶粒吸附柱去除 Cu（II）实验

图 3-34 为连续使用 5 次时陶粒对 Cu（II）的去除效果，可见在前 4 次进行吸附柱去除 Cu（II）实验时，其对 250 ml 浓度为 100 mg/L 的 Cu（II）溶液有良好的去除效果，对 Cu（II）的去除率可达到 90%以上，其中前 2 次的去除率均为 100%，但第 5 次开始对 Cu（II）的吸附率有所降低，为 27.8%，而第 6 次则仅为 5.6%。

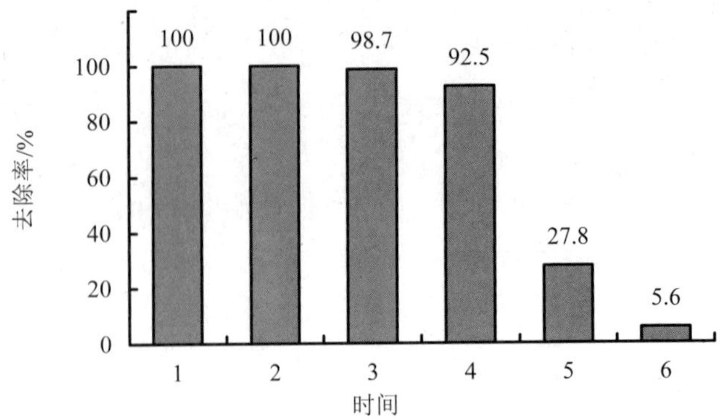

图 3-34　陶粒吸附柱重复去除 Cu（II）实验结果

3.7.5　与常规水处理陶粒的吸附效果对比

选择了市售两种常规的水处理陶粒与本粉煤灰陶粒进行 Cu（II）吸附效果对比，其结果如图 3-35 所示。常规水处理陶粒对 Cu（II）的吸附效果均不明显，4 h 时分别只有 14.6% 及 6.3%，换算成单位质量的吸附量则分别为 0.35 mg/g 及 0.15 mg/g。

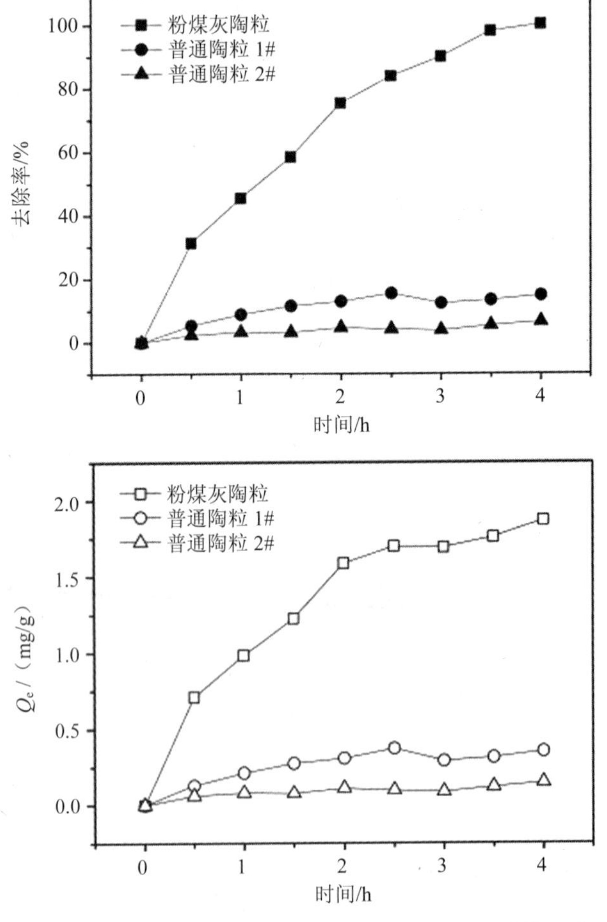

图 3-35　粉煤灰陶粒与市售常规陶粒去除 Cu 的性能对比

粉煤灰等吸附剂对 Cu（II）的高吸附率均在溶液初始 pH 较高时获得，而此时 Cu（II）与溶液中大量存在的 OH^-有着明显的共沉淀作用，吸附剂在此过程中对 Cu（II）的吸附作用并未真正体现。将粉煤灰进行改性后则能有利于 Cu（II）的吸附，如曹书勤等[16]以 $Fe(NO_3)_3$ 和 $Al(NO_3)_3$ 为主要原料制备粉煤灰/水合金属氧化物复合吸附剂，当吸附剂用量为 20 g/L、溶液 pH 为 8、吸附时间为 90 min，Cu（II）浓度为 40 mg/L 时去除率可达 97.8%；吕志江等[17]用高浓度的 HCl 和 H_2SO_4 对粉煤灰进行改性，在 Cu(II)初始浓度均为 40 mg/L，pH=7，搅拌 3 h，粉煤灰的投加量分别为 12 g/L 的条件下对 Cu(II)的去除率可达到 97.49%。但目前以粉煤灰陶粒去除 Cu（II）仍缺乏相关研究。本粉煤灰陶粒在溶液初始 pH 为 3.5 时仍能获得约 100%的 Cu（II）去除率，而常规的水处理陶粒则仅为 15%以下，本粉煤灰陶粒已从单一的生物膜载体功能向多功能化转变，同时具备磷酸盐及 Cu（II）的去除功能。陶粒硬度及抗耐磨性都很强，磨损率很低，吸附过程基本在陶粒表面完成。25℃时陶粒对 Cu 的最大单位吸附量为 2.78 mg/g，但当陶粒表层被磨去时，其新的表面可进一步吸附水中的 Cu（II），从而可进一步增加其对 Cu（II）的吸附量。

与其他吸附过程相类似，吸附剂用量较大、振荡速度较高、适宜的温度均有利于陶粒对 Cu（II）的吸附。从图 3-30 可以看出，25℃时陶粒对 Cu（II）的吸附效果优于 15℃及 30℃时，同时表现为最大吸附量及不同 Cu（II）浓度下 4 h 的吸附量均为 25℃时最优。一般认为吸附温度过低时会减缓吸附的速率，而温度过高虽然可加快吸附速率，但同时会降低其平衡吸附量。对吸附过程而言，加快固液两相之间的传质过程是提高吸附效率的重要手段之一，实验结果也显示振荡速度为 150 r/min 时其吸附速率及吸附量均明显高于静置时的情况。实际应用中，可通过增大进水流量、提高曝气强度等方式加速溶液中的 Cu（II）传递至陶粒。与大多数重金属类似，在高 pH 时 Cu（II）可形成 $Cu(OH)_2$ 等沉淀而去除，研究 pH 对其去除过程的影响意义不大，故在本书中无涉及此方面内容。

陶粒对 Cu（II）的吸附过程大致可用 Langmuir 吸附等温模型进行拟合，其相关性 r^2 分别为 0.941 8、0.9 961 及 0.987 5（15℃、25℃及 35℃）。以 25℃时的情况为例，计算所得 Q_{max} 为 2.79 mg/g，而实测 Q_{max} 为 2.78 mg/g，十分接近，而以 Freundlich 等温吸附模型拟合时则误差较大。吸附等温线的模拟结果表明陶粒对 Cu 的吸附可能是单层吸附，且可能是化学与物理吸附两种作用并存。从其化学组成来看，陶粒中具有 Na_2O、CaO、MgO 等碱性金属氧化物成分，可有利于陶粒对 Cu 的化学吸附；而从其物理结构上看，陶粒表面有大量浅、深微孔，具有比表面积大、孔容丰富等特点，均有利于其吸附溶液中的 Cu（II）。

3.8　粉煤灰陶粒应用的前景分析

1）原材料易得性及制备工艺分析

粉煤灰陶粒的主要原料是粉煤灰、膨润土、熟石灰及水，均十分容易获取。其中粉煤灰是燃煤电厂的副产品，价格相对低廉，且基本上能保证长期稳定供应；膨润土及熟石灰等材料均能以较低的价格从市场上获得。粉煤灰陶粒制备的主要设备为圆盘造粒机，是陶粒制备过程中一种常用的设备，操作简便，培训相对较为简单，不存在技术上的障碍。制备的陶粒可通过两种方式进行烧结，包括：①高温电炉烧结；②常规燃气炉窑烧结。实验室范围内可通过高温电炉烧结，但工业用途时由于一般烧结量较大，均采用常规燃气炉窑烧结方法，可有效节省能源且增加陶粒产能。由于陶粒原材料易得，且制备工艺相对较为简单，在实际生产过程中容易实现在较短时间内大批量生产。

2）陶粒成品的应用场合适应性分析

目前我国大多数常规污水处理工艺对磷的去除效果并不理想，通过生化作用除磷效果不佳，往往需要通过加药等方式来实现，从而增加了运行的成本及污泥处理压力；而大部分用于控制入湖、入河磷浓度的生态处理工程甚至并不具备投药除磷的条件，为此，开发具有强化除磷能力的废水处理填料具有重要的意义。本陶粒可作为废水处理滤式反应墙、人工湿地及曝气生物滤池核心填料进行使用。由于陶粒属规整填料，陶粒直径为 4～6 mm，均为近规则圆球体，经烧结后机械强度大，工作运行过程中陶粒自身的损耗少，是理想的水处理功能填料。本陶粒还具有良好强化废水除磷的特性。目前具备强化除磷功能的陶粒种类很少，在国内外的实际应用中均缺少相关报道，因此本陶粒具备良好市场推广空间。除此之外，在后续研究中陶粒对重金属 Cu、Ni、Hg 等均表现出较好的吸附能力，因此本陶粒将来有望实现多功能化，以及大规模的工程应用。

3）陶粒材料更换、维护及再生前景分析

陶粒对磷的吸附容量较大，且由于陶粒自身的特性，在磷微污染水处理过程中，可保证在 5 年以内无须更换填料。作为填料使用时，陶粒与常规人工湿地及 BAF（曝气生物滤池）填料如碎石、火山岩等使用方式类似，维护管理简便，且很少出现一般页岩陶粒、火山岩等填料普遍存在的板结、堵塞现象。在现有的中试、示范工程等实际应用中，陶粒长期使用时的堵塞现象不明显，陶粒更换可在较短的时间内完成。尽管可通过酸等解吸陶粒上所吸附的磷，但由于陶粒本身价格相对低廉，而进行吸附—解吸—再利用的成本相对较高，并不经济，因此一般情况下不建议将陶粒进行再生重复使用，而应直接更换新的陶粒。

4）材料后续利用及资源化处置前景分析

在废水处理工程中被更换的陶粒可用作土壤改良剂或花卉培养基质进行使用（详细见第 8 章）。对陶粒的环境安全性测试显示此利用方式是安全的，且被陶粒所吸附的氮、磷等营养物能在植物的生长过程中缓慢释放并有效促进植物生长。由于陶粒的更换周期较长，因此达到使用寿命的陶粒废料均可被资源化利用。

参考文献

[1] 张文艺，翟建平，郑俊，等. 曝气生物滤池污水处理工艺与设计. 环境工程，2006，24（1）：9-13.

[2] 王健，金鸣林，魏林，等. 用粉煤灰制备新型水处理滤料. 化工环保，2004，23（6）：352-355.

[3] ZHAO Y Q，YUE Q Y，LI R B，et al. Research on sludge-fly ash ceramic particles（SFCP）for synthetic and municipal wastewater treatment in biological aerated filter（BAF）. Bioresource technology，2009，100（21）：4955-4962.

[4] 王萍，李国昌. 用粉煤灰制备生物滤料的正交试验研究. 中国非金属矿工业导刊，2008，（6）：32-33.

[5] 童晶晶，籍国东，周游，等. 高效功能陶粒生物滤池处理农村生活污水研究. 农业环境科学学报，2009，28（9）：1924-1931.

[6] 蔡昌凤，徐建平，褚倩，等. 粉煤灰/污泥烧结陶粒的研制与应用. 环境污染与防治，2007，29（1）：26-29.

[7] 彭位华，桂和荣，向贤，等. 免烧粉煤灰陶粒作为 BAF 填料处理城市污水. 环境科学与技术，2011，34（8）：156-159.

[8] 刘宝河，张林生，孟冠华，等. TBX 多孔陶粒滤料制备及废水吸附除磷试验研究. 北京大学学报：自然科学版，2010，(3)：389-394.

[9] 相会强，李冬，巩有奎，等. 粉煤灰陶粒在废水处理中的应用. 辽宁工程技术大学学报，2006，25（12）：291-292.

[10] 岳敏，胡九成，赵海霞. 国产轻质陶粒用于厌氧滤池的特性研究. 环境污染与防治，2004，26（1）：22-24.

[11] 袁煦，沈耀良，陈坚. 瓷粒和陶粒填料曝气生物滤池处理低浓度生活污水的试验研究. 给水排水，2007，33（5）：142-145.

[12] 桑军强，张锡辉，张声，等. 原水生物预处理的轻质滤料滤池和陶粒滤池运行效果对比. 环境科学，2004，25（3）：40-43.

[13] 徐应明，梁学峰，孙国红，等. 海泡石表面化学特性及其对重金属 Pb^{2+} Cd^{2+} Cu^{2+}吸附机理研究. 农业环境科学学报，2009，28（10）：2057-2063.

[14] 成杰民，赵丛，解敏丽. 两种有机物改性膨润土对 Cu^{2+}和 Zn^{2+}的吸附-解吸研究. 离子交换与吸附，2012，28（2）：126-134.

[15] 周建兵，吴平霄，朱能武，等. 十二烷基磺酸钠（SDS）改性蒙脱石对 Cu^{2+}，Cd^{2+}的吸附研究. 环境科学学报，2010，30（1）：88-96.

[16] 曹书勤，缑星，刘晶，等. 粉煤灰/水合金属氧化物去除工业废水中 Cu^{2+}的研究. 非金属矿，2012，35（5）：66-68.

[17] 吕志江，刘云国，樊霆，等. 改性粉煤灰吸附废水中 Cd^{2+}，Pb^{2+}，Cu^{2+}的试验研究. 非金属矿，2008，31（3）：57-59.

第 4 章　蒙脱石负载纳米铁材料的制备与应用

4.1　蒙脱石概述

4.1.1　蒙脱石

1）蒙脱石的来源与用途

蒙脱石是膨润土（Bentonite）的主要矿物成分，也称微晶高岭土，在膨润土中的含量一般为 20%～90%，是一种在自然界分布较为广泛的黏土类矿物，具有很强的吸水性，吸水后易膨胀。目前，膨润土可作为黏结剂、悬浮剂、增稠剂、絮凝剂、稳定剂、净化脱色剂以及催化剂载体等而广泛用于冶金、钻探、制药、石油化工、轻工、农林牧和建筑工程等行业。

2）蒙脱石的结构

蒙脱石的理论化学通式为 $Al_2O_3·4SiO_2·nH_2O$（n 通常大于 2），它的晶体构造式是 $Al_4(Si_8O_{20})(OH)_4·nH_2O$，理论化学成分：$SiO_2$ 占 66.7%，Al_2O_3 占 25.3%，H_2O 占 5%。蒙脱石为黏土矿物，是层状硅酸盐，其基本构造单位是 Si—O 四面体和 Al—（O，OH）八面体。在硅氧四面体中，氧原子位于硅原子为中心的等边四面体的四角，硅原子和氧原子配位，在同一平面上各四面体与三个顶角彼此相连，构成具有六方对称的立体网格，同时在二维空间上网格能无限延伸形成四面体晶片。单位晶胞由上下两片 Si—O 四面体片和中间一片 Al—O（OH）或 Mg—O（OH）八面体片构成。单元晶层间是通过静电引力或 Van der Waals 键相互结合，四面体片底部为复三方网孔结构。在 Al—（O，OH）八面体中，Al 原子（或 Mg 原子）与氢氧原子或六个氧原子团配位。氢氧原子或氧原子团围着 Al 或 Mg 原子位于八面体的六个角上，氧原子和氢氧原子团排列成两个平行的平面。Al 或 Mg 在两平面中间，从而形成 Al—（O，OH）八面体晶片。

蒙脱石为铝氧八面体层与硅氧四面体层交替排列结构，八面体层被夹在两层四面体层之间，这种结构称作 2∶1 型层状结构。结构如图 4-1 所示。

在蒙脱石结构图中，四面体中的 Si（Ⅳ）部分地被 Al（Ⅲ）置换，八面体中的 Al（Ⅲ）被 Mg（Ⅱ）、Fe（Ⅱ）、Zn（Ⅱ）、Li（Ⅰ）置换。由于低价阳离子会替换成高价阳离子而造成负电荷过剩，或正电荷不足，这种过剩的负电荷由晶层表面或晶层间的阳离子补偿。

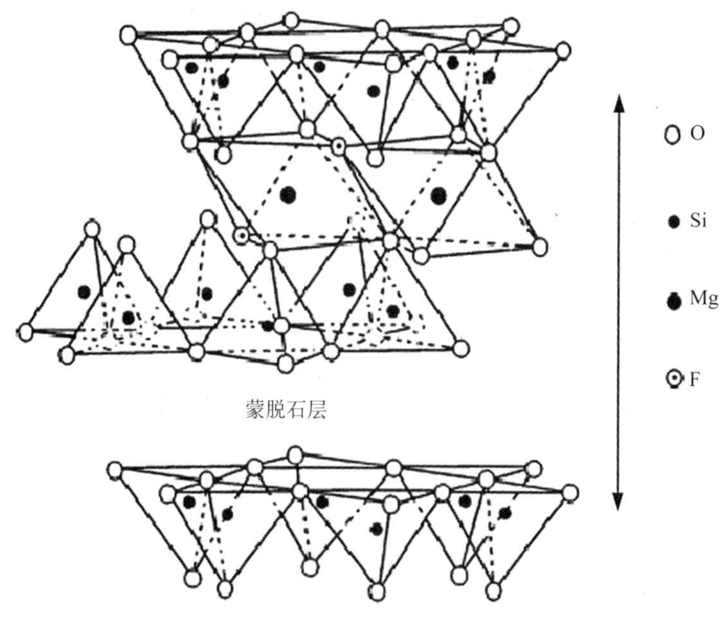

图 4-1　蒙脱石的层状结构图

3）蒙脱石的性质

蒙脱石的密度为 2～3 g/cm^3，熔点在 1 330～1 430℃，晶体颗粒大小 0.02～0.2 μm。蒙脱石的颜色通常为白色，具有离子交换性、膨胀性、分散性、悬浮性、稳定性、吸附性、亲水性及无毒性等特性。

①亲水性：蒙脱石两个晶层与晶层之间以微弱的范德华力结合，比较容易解离。水分子可以进入晶层中间，使层间距增加，晶层键断裂，引起晶格定向膨胀；同时晶胞带有许多金属阳离子和羟基亲水基，表现出强烈的亲水性。

②吸附性与离子交换性：当蒙脱石层间高价离子被置换为低价阳离子时，这时结构增加等当量的负电荷，由层间吸附阳离子补偿。蒙脱石晶层间阳离子与晶体格架间形成电偶极子，加上蒙脱石晶层之间结合力较弱，能吸附极性水分子，根据阳离子种类及相对湿度，层间能吸附一层或两层水分子。蒙脱石四面体片中少部分四价硅被三价铝取代，八面体片中部分三价铝被二价镁取代，晶格中这些正电离子被较低价离子取代，晶层表面带负电荷，使它具有吸附阳离子和极性水分子能力。这也是蒙脱石遇水膨胀以及具有吸附性、离子交换性的根本原因，所以蒙脱石是一种天然无机阳离子交换剂。

③分散性与悬浮性：无机蒙脱石因其具有的特殊结构，在水中可解离成单位晶胞，其晶胞颗粒又极为细微（0.02～0.2μm），且每个蒙脱石晶胞都带有相同数目的负电荷，彼此同性相斥，在稀溶液中很难聚集成大颗粒，因此表现出极好的分散性与悬浮性。性能好的高纯钠基蒙脱石加水形成胶凝溶液后，几乎永远处于悬浮状态。

④稳定性和无毒性：这种优良的触变性能凝胶，使蒙脱石能耐 300℃高温，140℃逸出自由水和吸附水，300℃逸出层间水，500℃失去结晶水，具有良好的热稳定性。几乎不溶于水和有机溶剂，微溶于强酸和强碱，常温下不会被强氧化剂或强还原剂破坏，具有良好的化学稳定性。蒙脱石对人、畜、植物无毒性作用。

4.1.2 有机改性蒙脱石

1）有机改性蒙脱石的制备

蒙脱石矿物具有很多重要物理化学特性，其中层间阳离子的可交换性是其最重要的特征，溶液中其他的可交换性阳离子可通过交换过程进入蒙脱石层间。蒙脱石的层间距可随进入矿物层间可交换性阳离子的体积大小的变化而变化。当层间的阳离子被体积较小的离子或分子交换时，蒙脱石的晶层间距变小；反之，则晶层间距增大。利用蒙脱石的该结构特性，层间能通过离子交换，插入各种各样的阳离子和中性分子，制备具有特殊性能的改性蒙脱石。近年来，人们通过对蒙脱石进行改性，大大拓宽了蒙脱石的应用范围。常用的蒙脱石的改性方法可分为无机改性、有机改性和有机-无机复合改性 3 大类，其中蒙脱石有机改性的研究和应用相对较多。

蒙脱石的有机改性主要利用层间离子的可交换性，将有机改性剂引入蒙脱石的层间，以用各种有机离子将原来层间的水合离子及水分子置换出来。有机阳离子所带的烷基基团在蒙脱石层间形成有机相，令蒙脱石呈现疏水性，从而提高其对疏水性有机污染物的吸附。根据生产工艺特点的不同，蒙脱石有机改性的方法主要有 3 种：湿法、干法和预凝胶法，其中湿法改性是最主要的方法，反应示意图见图 4-2。湿法是以水为分散介质，将钠化后的蒙脱石制成浆液，分选提纯、改型和活化后，与改性剂进行交换反应，产物经过滤、干燥和磨粉过筛得到。

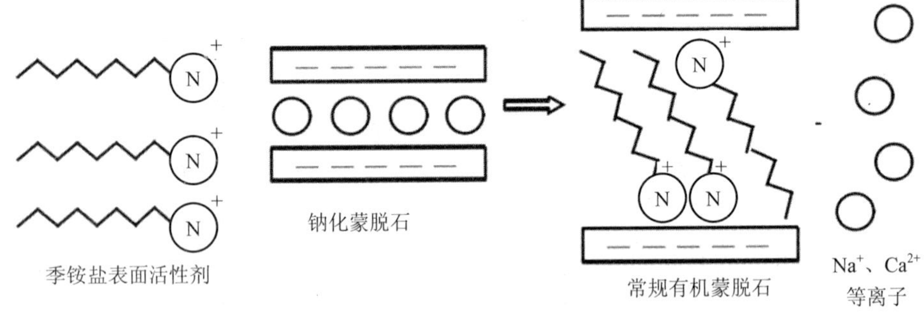

图 4-2 湿法合成有机蒙脱石反应示意图

目前，用于蒙脱石有机改性的改性剂包括大分子有机化合物（如十八烷基三甲基溴化铵、双十八烷基二甲基氯化铵、十六烷基三甲基溴化铵、十四烷基苄基二甲基溴化铵、溴化十四烷基吡啶等）、阴离子表面活性剂（如十二烷基硫酸钠、十二烷基苯磺酸钠等）、有机螯合剂（如四乙烯五胺、二乙烯三胺五乙酸等）和非离子表面活性剂 Tritonx100 等。其中研究比较广泛的有机改性剂主要集中在季铵盐化合物，如十六烷基三甲基溴化铵（CTAB）、十八烷基三甲基溴化铵（DTMA）、十六烷基吡啶（CPB）等。

朱利中等[1]就用十六烷基三甲基溴化铵对膨润土（蒙脱石）进行改性，研究结果表明合成材料可有效吸附去除水中的有机污染物。Shen[2]利用非离子表面活性剂对膨润土进行改性，结果表明改性剂能进入膨润土层间域，并提高了膨润土的吸附能力。莫伟等[3]研究也发现同样的结果，经铝酸酯偶联剂改性后的有机蒙脱石的疏水性大大增强。付桂珍等[4]将钠化改型后的蒙脱石，用十六烷基三甲基溴化铵对其进行有机改性插层处理，表征结果显示蒙脱石层间距由原土的 1.555 nm 增至 2.045 nm，有机改性后的层间距明显增大。Bentouami 等[5]利用 8-羟基喹啉柠檬酸盐对蒙脱石进行改性，改性后蒙脱石的比表面积提高 1 倍，吸附能力大大增强。陈德芳等[6]利用不同的季铵盐对蒙脱石进行有机改性，研究结果表明有机蒙脱石的疏水性与层间距有关，层间距值越大，材料的疏水性越好。

2）有机改性蒙脱石去除卤代有机污染物

水体中有机污染物（尤其是卤代有机污染物）的危害性远远超过无机性污染物，美国国家环境保护局公布的 129 种基本污染物中有机物占 114 种，其中一半以上是毒性大与分布广的包括二噁英在内的氯代或溴代等卤代有机物。经过改性的有机蒙脱石呈现疏水性，其对疏水性有机污染物的吸附能力大大增加，因此，近年来研究人员主要是集中在有机蒙脱石吸附有机污染物（尤其是卤代有机污染物）方面的研究，并取得较好的成效。

有机蒙脱石（或膨润土）去除有机污染物的研究早在 1977 年就开始，McBride 等[7]首先研究了改性膨润土去除水中的有机物，证明改性过后的有机黏土对水中卤代有机污染物的去除效果良好。后来，有很多学者不断利用不同的改性剂（如利用长链的季铵盐改性剂）和改进方法，研究有机改性蒙脱石对有机污染物（苯酚和四氯化碳等）的研究。朱利中等[1]则较为系统地研究了不同类型离子表面活性剂改性的膨润土（蒙脱石）对水体中有机污染物的吸附性能，发现经有机改性后膨润土的吸附性能大大强于膨润土原土，其吸附性能与有机改性剂的性质和有机污染物的水溶性有关。

Yildiz 等[8]利用十八烷基三甲基铵（ODTMA）和十六烷基三甲基溴化铵（CTMB）制备了有机膨润土（蒙脱石），并研究其对水体中的苯甲酸和对苯二酚的吸附效果，结果表明吸附效果良好，吸附量随 pH 的降低和温度的升高而增大，同时发现由于增加了有机质含量，有机膨润土去除水中疏水性有机污染物质的能力显著增强。刘莺等[9]研究有机膨润土（蒙脱石）对水中苯、甲苯、邻二甲苯、乙苯的吸附降解性能，结果表明有机膨润土对邻二甲苯的吸附能力大大强于天然膨润土。沈学优等[10]制备恒定有机改性剂条件下一系列的双阳离子有机膨润土（蒙脱石），研究了水中苯胺、2,4-二氯酚和对硝基苯酚的吸附行为，并详细描述了材料表面吸附作用和分配作用的相对贡献率。

孙洪良[11]利用 CTMB-有机金属螯合剂制备了改性膨润土复合材料，研究其对硝基苯酚与重金属离子混合废水的处理效果，发现有机改性后的膨润土（蒙脱石）可同时有效去除有机污染物和重金属离子。Chen 等[12]利用十六烷基三甲基溴化铵（CTMB）制备了有机膨润土（蒙脱石），研究了其对萘和硝基芳环化合物的吸附，取得了较好的效果，结果表明 CTMB 的加入有助于材料吸附能力的增强。Shakir 等[13]利用制备成的 CTMB 改性膨润土，研究不同条件下材料对苯邻二酚的去除效果，结果表明有机改性材料对苯邻二酚的去除效果良好，吸附过程符合朗缪尔方程和弗里德里希方程。

上述研究结果表明，经过有机改性的蒙脱石具有高表面积和强吸附特性，且由亲水性变成疏水性，吸附降解疏水性有机污染物的能力大增强，改性材料可广泛用于有机废水的处理中。同时，蒙脱石能作为一种良好的载体和分散剂，可以将其他物质（如金属等）负载在材料中，但这种研究报道还很少且研究不够深入。

4.1.3　负载型纳米零价铁材料

纳米零价铁（Nanoscale Zero-Valent Iron，NZVI）是指颗粒粒径在 1～100 nm 范围的

零价铁材料，因以其卓越性能及巨大的应用潜力备受瞩目，广泛用于环境催化、废水处理与环境修复中，已成为当今国际上环境领域研究的热点和重点。相对比微粒级零价铁，纳米零价铁具有比表粒径小、面积大、反应活性好、还原能力强和费用低的优点，能广泛用于各种污染物修复和降解，尤其是能有效降解各种卤代有机污染物。

1）纳米零价铁的制备方法

目前纳米零价铁材料的制备方法，按制备的工艺不同可为物理法和化学法两大类。

①物理法。

物理方法主要是采用光、电技术使零价铁材料在真空或惰性气氛中蒸发或其他物理作用，然后使原子或分子形成纳米颗粒。该方法包括蒸发凝聚法（又称低压凝聚法）、溅射法和高能机械球磨法等。物理法易于进行批量生产，在工业应用方面使用较多。

②化学法。

化学法主要包括液相化学还原法、气相化学还原法和微乳液法 3 种方法，其中液相化学还原法是所有方法中应用最广、研究最早的方法。

液相化学还原法主要是采用强还原剂如 KBH_4、$NaBH_4$、水合肼或有机金属还原剂等将溶液中 Fe^{2+}、Fe^{3+}还原制得纳米零价铁颗粒，Wang 等[14]采用 $NaBH_4$ 室温下还原 Fe^{3+}制得单质铁纳米颗粒。液相还原法优点是获得的粒子分散性好，颗粒形状基本呈球形，过程可控。其反应方程式如下：

$$2Fe^{2+}+BH_4^-+3H_2O \longrightarrow 2Fe^0+B(OH)_3+2H_2+3H^+ \quad (4\text{-}1)$$

$$2Fe^{3+}+BH_4^-+3H_2O \longrightarrow 2Fe^0+B(OH)_3+H_2+5H^+ \quad (4\text{-}2)$$

气相化学还原法主要是由 H_2 或 CO 还原固态金属铁盐而制得纳米铁颗粒，反应停留时间短和快速冷却是制备过程的关键。

微乳液法是在化学还原法基础上发展起来的新方法，这种方法具有原料便宜、制备方便、反应条件温和、不需要高温高压等特殊条件等特点，主要是利用两种互不相溶的溶剂在表面活性剂的作用下形成乳液，在微泡中经成核、聚结、团聚、热处理后得纳米铁粒子。丁建旭等[15]利用油包水（W/O）的微乳液体系制备纳米铁，表征结果表明纳米铁粒度范围在 20～100 nm 之间。

2）负载型纳米零价铁材料的制备研究进展

尽管纳米零价铁在污染物修复中得到了广泛应用，但是它本身还有很多问题需要解决，一方面是纳米零价铁由于具有较大的比表面能和材料内部磁性相互作用力大而容易团聚，另一方面纳米零价铁颗粒非常小，暴露在空气中容易被氧化而在颗粒物外层形成氧化物层，这些不足都会大大降低纳米零价铁的还原活性和处理效率。针对纳米零价铁存有易团聚、易氧化和分散性差的缺点，众多学者研究了许多方法来解决这些问题，归纳起来主要有两种：一是添加分散剂或者表面活性剂，对纳米铁颗粒进行表面物理改性，可改善其在水溶液中的分散性，防止纳米铁颗粒团聚，达到更小的粒径；二是通过把纳米铁负载到载体上，具体做法是将纳米颗粒分散到负载材料上面，以增加纳米颗粒的有效表面积，从而增强其反应活性，这样一方面可增大纳米颗粒与污染物质接触的总表面积，另一方面也可以防止纳米颗粒团聚。近年来，学者们采用了很多材料来负载或固定纳米零价铁，并取得较好的成果。

Zhang 等[16]以片状石墨为载体，制备了负载型纳米铁颗粒，表征结果显示材料呈球形颗粒，粒径为 50～100 nm。Lee 等[17]成功制备了以沸石为载体的纳米铁材料，结果表明纳米铁能负载到沸石上，其比表面积为 25.26 m^2/g。Zhu 等[18]制备了活性炭负载的负载型纳米铁颗粒，表征结果显示纳米铁颗粒在碳的孔道中形成，呈针状，粒径是 30～500 nm，大约有 8.2%（质量比）的铁负载在活性炭上面。赵宗山等[19]成功将 NZVI 负载在阳离子交换树脂表面，实验表明 NZVI 直径为 100～160 nm，均匀分散在树脂表面，且颗粒表面形成了一些沟壑。Üzüm 等[20]以高岭土为载体，制备了高岭土负载型纳米铁颗粒，研究发现纳米铁颗粒附着于高岭土的表面和边沿，粒径范围为 10～80 nm，高岭土的加入能有效防止纳米铁颗粒团聚。

Wang 等[21]以羧甲基纤维素为分散剂，制备了负载型纳米铁颗粒，TEM 表征结果显示材料颗粒形状近似球形，分散度高，材料颗粒的粒径在 20～100 nm 之间。Fang 等[22]以介孔二氧化硅微球为载体，合成了负载型纳米铁颗粒，实验结果显示介孔二氧化硅微球型纳米铁材料平均粒径为 450 nm，比表面积为 383.48 m^2/g。Zhang 等[23]成功制备了以柱撑黏土为载体的负载型纳米复合材料，表征结果显示纳米铁颗粒分散性良好，粒径范围在 30～70 nm 之间。Zhuang 等[24]以有机膨润土为载体制备了负载型纳米铁复合材料，表征结果显示复合材料的比表面积为 8.82 m^2/g，复合材料中铁含量为 24.7%，说明铁颗粒已成功负载在有机膨润土上。Gu 等[25]以蒙脱石黏土板为载体材料，成功制备了纳米零价铁材料，结果显示蒙脱石黏土板能为纳米铁材料提供载体和空间，合成的纳米铁颗粒分散性良好。

总的来说，负载型纳米铁复合材料的制备研究近年来研究比较多，但很多负载材料成本相对较高，制备过程也较复杂，还需要我们寻找一种成本低、制备容易、与环境兼容和无毒的负载材料。

3）负载型纳米零价铁材料降解卤代有机污染物

①纳米零价铁材料降解卤代有机污染物的机理。

一般认为，纳米铁颗粒降解有机卤化物是一种表面氧化还原反应，铁是一种极好的还原剂，在反应中充当电子供体，零价铁和污染物之间发生的是一个表面的氧化还原反应。卤代有机物碳上的氢原子被卤素原子取代后即发生氧化反应。如果脱卤反应发生，则认为卤代有机物得到电子脱卤，即发生如下反应：

$$RX + e \longrightarrow R + X^- \tag{4-3}$$

零价铁作为强还原剂，能够提供给卤代有机物电子，促进其脱卤反应的发生：

$$Fe + RX + H^+ \longrightarrow Fe^{2+} + RH + X^- \tag{4-4}$$

②纳米零价铁材料降解卤代有机污染物的研究情况。

一直以来，零价铁广泛应用于水处理工程中，可被用于处理水体中的各种污染物质，其中包括重金属、有机化合物、天然有机物以及消毒副产物等，尤其是在采用处理卤代有机污染物方面应用更广。纳米零价铁颗粒粒径较微粒零价铁材料小很多，大小为 1～100 nm，表面积和表面能较大，可有效降解多种环境污染物。在 20 世纪 80 年代末，纳米零价铁颗粒作为一种有效的脱卤还原剂受到人们的重点关注。近年来研究发现，纳米铁可以催化还原多种有机卤化物，如三氯乙烯、氯代乙烯、林丹、氯代烷烃、氯苯、多氯联苯、氯酚、多溴联苯醚、多氯代二苯并二噁英、五氯苯酚、六氯苯和其他持久性污染物等，通过还原反应，纳米铁可将难降解有机污染物转化为无毒或低毒的化合物。

③负载型纳米铁材料降解卤代有机污染物的研究进展。

在克服易团聚、易氧化和分散性差的缺点后，负载型纳米铁材料也成为降解有机污染物，尤其是卤代有机污染物方面研究的热点和重点，近几年该方面的研究文献报道也证明这一点。

Wu 等[26]制备了以醋酸纤维素为载体的负载型铁镍双金属纳米铁材料，并研究其降解三氯乙烯的处理效果，结果显示该反应符合一级动力学速率模型，镍含量的大小对复合材料降解影响较大。Li 等[27]将纳米铁负载在阳离子交换树脂上，并利用该合成材料进行降解十溴二苯醚（BDE-209）的研究，研究发现该材料降解十溴二苯醚的过程是逐步脱溴的，一级反应速率常数为 $0.28\ h^{-1}\pm0.04\ h^{-1}$。Meyer 等[28]利用隔膜为负载体制备成负载型纳米铁材料，并研究其对三氯乙烯的降解效果，结果表明降解效果良好，负载体的存在有利于还原反应的进行，并发现反应过程符合伪一级反应速率模型。

胡六江等[29]以有机膨润土为载体，合成负载型纳米铁材料，并分别研究材料对硝基苯和二氯酚的处理效果，结果表明合成的负载型材料效果明显优于相同铁含量的纳米铁，2,4-二氯酚在反应 120 min 后去除率可达 90.6%，而硝基苯则在反应 20 min 后被去除 98%，研究还发现有机膨润土负载型纳米铁材料在对硝基苯的处理中明显地存在着吸附和还原之间的协同作用。赵宗山等[19]利用合成的阳离子交换树脂负载纳米铁材料，研究其对水溶性偶氮染料的降解效果，实验结果表明该材料对甲基橙等偶氮染料有优异的降解能力，4 min 内去除率达到 95%以上。Frost 等[30]以坡缕石为载体合成负载型纳米铁材料，并研究其对亚甲蓝的降解效果，实验结果显示 10 min 内亚甲蓝的去除率达 90%左右，远远大于非负载型纳米铁材料。

Fang 等[31]利用以介孔二氧化硅微球为载体合成的负载型纳米铁颗粒，研究其对十溴二苯醚（BDE-209）的降解，实验结果表明该反应符合一级反应动力模型，反应速率常数随材料投加量的增加而升高，且制备的材料能多次循环使用。Tseng 等[32]研究了粒活性炭负载纳米铁材料降解三氯乙烯的脱氯效果，结果表明脱氯反应发生在复合材料的表面，主要是零级脱氯反应，200 min 内去除率几乎达 100%。Chen 等[33]进行了膨润土负载纳米铁材料降解甲基橙的研究，结果表明该反应符合伪一级反应模型，20 min 内甲基橙的去除率达 99.75%。

Li 等[34]合成以有机膨润土为载体的负载型纳米铁材料，并研究其对五氯酚的降解效果，研究结果表明负载型纳米铁材料分散性良好，对五氯酚的去除率达 96.2%，远大于单纯纳米铁材料的降解效果。Zhang 等[35]在利用有机膨润土负载型纳米铁材料降解阿特拉津的实验中也得到了与 Li 等相类似的结果。Jia 等[36]以有机蒙脱石模板为载体合成纳米复合材料，研究其降解二氯苯酚的脱氯效果，结果表明二氯苯酚在逐步脱氯的同时，能快速消耗 Fe^0/H_2O 系统内的零价铁。翁秀兰等[37]利用合成的膨润土负载纳米铁进行降解水体中阿莫西林的降解研究，结果表明复合材料对阿莫西林的降解效率高达 93.10%，降解动力学研究表明阿莫西林的降解过程符合伪一级反应动力学规律。

前面众多的研究结果表明，负载型纳米铁材料降解卤代有机污染物的方法是可行的，其脱卤降解研究情况归纳起来主要有 3 点：一是负载型纳米铁材料对卤代有机污染物的降解效果远大于单纯纳米铁材料；二是负载型纳米铁脱卤是逐步进行的；三是脱卤反应基本符合伪一级反应模型。

4.2　蒙脱石负载纳米铁材料的制备

4.2.1　概述

针对纳米零价铁的这些缺陷，学者们采用了很多材料来负载或固定纳米零价铁，并取得了一定的成效，但我们还需要寻找一种成本低、制备容易、与环境兼容和无毒的负载材料。蒙脱石是一种环境友好型材料，也是一种良好的载体和分散剂，在我国其矿产资源非常丰富且价格低廉。蒙脱石具有独特的阳离子交换及可膨胀性能，能被表面活性剂改性成为有机蒙脱石，改性后的蒙脱石由亲水性变成疏水性，能较好地吸附疏水性卤代有机污染物。因此，通过阳离子交换反应对钠基蒙脱石进行有机改性，制备对疏水性卤代有机物具有良好吸附性能的有机改性蒙脱石，然后以此为载体可用液相还原的方法制备负载型纳米铁材料。制备复合材料所使用的蒙脱石材料是天然、储量丰富和成本低的环境友好型材料，反映出本技术的研究和开发应用将具有广泛的应用前景。

4.2.2　钠基蒙脱石原土性质的测定

为了选取质量好的钠基蒙脱石，并了解清楚所选取钠基蒙脱石的性质，我们选取浙江产和内蒙古产共两种产地的钠基蒙脱石进行性质测试，并参考国家蒙脱石质量标准进行对照研究。测定结果见表 4-1。

表 4-1　钠基蒙脱石性质测定结果

样品名称	胶质价/（ml/15g）	吸蓝量/（g/100 g）	pH	膨胀容/（ml/g）	CEC/（100 ml/100 g）
内蒙古产钠基蒙脱石	470	32	10.30	48	105
浙江产钠基蒙脱石	540	38	10.40	53	118
一级品质量指标	600	35	8.5～10.3	55	60～150
二级品质量指标	500	30	45	6.9～8.5	—

检测结果显示，浙江产钠基蒙脱石质量较好，为高纯钠基蒙脱石，能满足材料制备要求，故确定选取浙江产蒙脱石作为原材料。

4.2.3　有机改性蒙脱石的制备

钠基蒙脱石首先在 105℃进行活化和冷却，再用天平称取 5.0 g 放入三角烧瓶中，再加入 200 ml 去离子水以及 1.0 CEC 的十六烷基三甲基溴化铵（CTMB）改性剂后，在 60℃下搅拌反应 2 h，反应完成后进行离心、洗涤有机蒙脱石产物 3 次，再放入干燥箱在 70℃条件下进行干燥 12 h，然后再研磨机蒙脱石产物过 100 目筛，最后在 115℃温度下将产物活化 2 h，冷却用于实验。

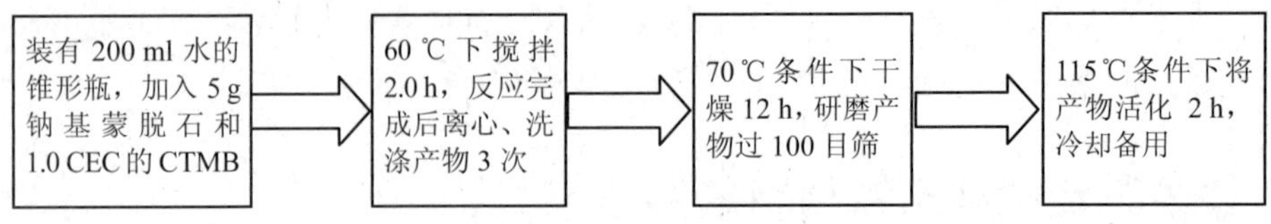

图 4-3 有机改性蒙脱石制备流程图

4.2.4 有机蒙脱石负载纳米铁材料的制备

在盛有 200 ml 去离子无氧水的烧杯中加入 5.0 g 有机改性蒙脱石，同时按一定土/铁质量比为 4∶1 加入一定量 $FeSO_4 \cdot 7H_2O$，常温搅拌分散 9.0 h 后逐滴加入 B/Fe 摩尔比为 3∶1 的新配制 $NaBH_4$ 溶液 100 ml，滴加的过程持续搅拌，随着 $NaBH_4$ 的加入，溶液中有大量气泡溢出并逐渐变黑。其反应过程如下：

$$Fe(H_2O)_6^{2+} + 2BH_4^- \longrightarrow Fe + 2B(OH)_3 + 7H_2 \qquad (4\text{-}5)$$

滴加完毕继续搅拌 0.5 h，随后将产物进行抽滤分离，然后用无水乙醇溶液洗涤 3～4 次，60℃下真空干燥 12 h，由此制得的负载型纳米铁以 M-NZVI 命名。出于对照目的，用与负载型纳米铁制备相同的方法在自然条件下制备出非负载型纳米铁颗粒，制备过程无蒙脱石参与，产物命名为 NZVI。

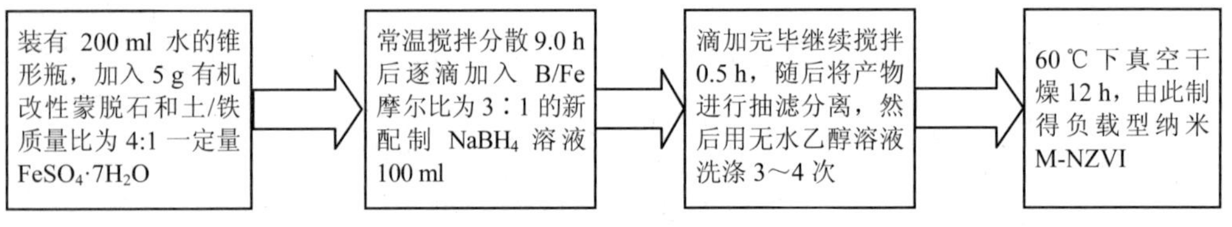

图 4-4 有机蒙脱石负载纳米铁材料的制备流程图

4.3 蒙脱石负载纳米铁材料的表征

有机蒙脱石负载纳米铁材料以 M-NZVI 命名，与负载型纳米铁制备相同的方法且制备过程无蒙脱石参与而制备出的纳米铁颗粒则命名为 NZVI，有机改性蒙脱石则命名为 CMT。

4.3.1 材料的晶体结构

1）不同材料 XRD 分析

CMT、NZVI 和 M-NZVI 的宽角度 XRD 图如图 4-5 所示。由图中可以看出，相比较 CMT，M-NZVI 材料在 $2\theta = 44.78°$有明显的衍射峰，这表明铁颗粒已经负载在有机蒙脱石上面。同时，由图中也可以看出，NZVI 和 M-NZVI 同时在 $2\theta=44.78°$出现明显的 α-Fe 特征衍射峰，这也与以前文献报道相一致，表明材料上负载了零价铁；此外，图 4-5 还发现 NZVI 和 M-NZVI 材料的衍射图上存在较弱的铁氧化物杂峰（$2\theta=35.85°$），这表明 M-NZVI 上铁的主要物相除 α-Fe 外，同时含有铁氧化物，据此可以推断负载在有机蒙脱石上的铁纳米颗粒具有核-壳结构，内核为 α-Fe，表面包覆有铁氧化物外壳。相比较 NZVI，M-NZVI 在 44.78 ° 的峰的较弱和较宽一些，这意味着负载在有机改性蒙脱石上的铁纳米颗粒粒径要比没负载的 NZVI 的要小得多。

由图 4-5 的 XRD 谱图，利用布拉格方程（Bragge）进行计算，可知 M-NZVI 材料的基底间距 d_{001} 为 2.450 nm，比 CMT 材料的基底间距（d_{001}=1.879 nm）增大了 0.571 nm，并且 M-NZVI 的特征峰向低角度发生偏移，这表明纳米铁颗粒已成功插入蒙脱石夹层中，大量的纳米铁族在蒙脱石夹层间形成支撑，从而扩大了蒙脱石夹层间距离。

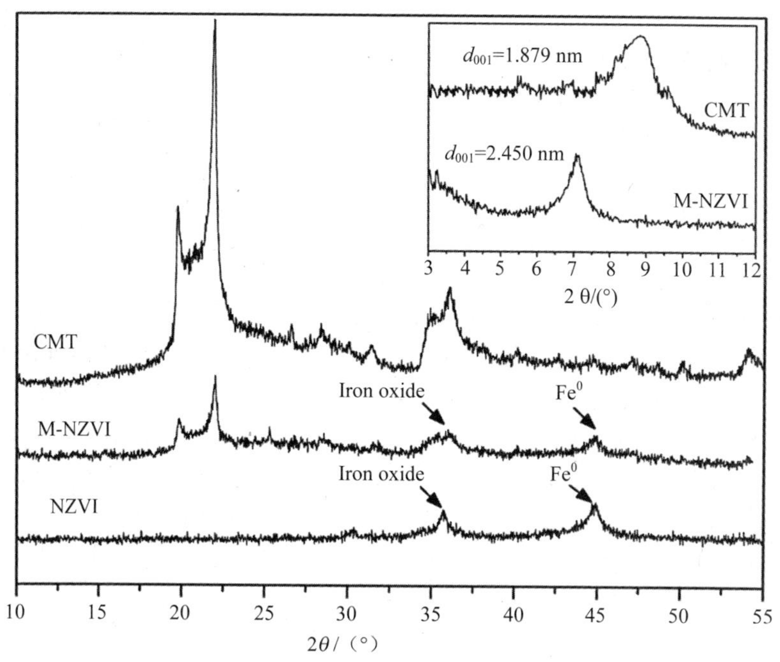

图 4-5　不同材料的 X 射线衍射图

2）不同材料层间距分析

由于钠基蒙脱石是由大量不规则单元层状物层叠而成，层与层之间有一定区域，可称为层间域，而层与层之间的高度则称为层间距。层间距是衡量层间域大小的指标，其大小决定了蒙脱石这种层状硅酸盐矿物内表面积的大小。因此，蒙脱石被有机改性后，层间距是会变化的，可由 XRD 衍射峰计算所得。

蒙脱石材料层间距可由布拉格方程（Bragge）计算而来，其公式为：

$$2\times d\times \sin\theta = n\times\lambda \tag{4-6}$$

其中 θ 为 d_{001} 特征峰所对应的衍射角度，通过 XRD 表征检测而得出；d 为蒙脱石材料底面间距；λ为衍射波长，单位为 nm，取波长为 0.154 3 nm；n 为衍射级数，本实验 n 值取为 1；然后用所求得的蒙脱石材料单元层高度 d=0.96 nm 进行计算即得到了层间距。

分别对有机蒙脱石负载纳米铁、有机改性蒙脱石以及钠基蒙脱石原上 3 种材料分别进行 XRD 表征检测，通过计算，结果见表 4-2。

表 4-2 不同材料的层间距比较

种类	2θ	底面间距/nm	层间距/nm
蒙脱石	6.506	1.385	0.425
有机改性蒙脱石	4.736	1.879	0.919
有机蒙脱石负载纳米铁	3.627	2.450	1.490

通过比较检测和计算，由表 4-2 可以看出钠基蒙脱石原土的层间距为 0.425 nm，经过有机改性剂十六烷基三甲基溴化铵（CTMB）改性后，有机改性蒙脱石层间距可增大到 0.919 nm，改性剂对蒙脱石有较明显的柱撑作用，而负载了纳米铁的有机蒙脱石材料层间距则达到了 1.490 nm，在 3 种材料中层间距值最大，这说明有机改性剂的引入有助于层间距的提高。

4.3.2 材料的表面特性

1）不同材料的比表面积分析

比表面积是反映合成材料吸附能力的主要指标，该特性采用 BET-N_2 表面积分析仪测定，结果见表 4-3。由表 4-3 可以看出，M-NZVI 的比表面积为 36.431 m^2/g，均大于 NZVI 的 26.875 m^2/g 和 CMT 的 18.384 m^2/g，这也与已有文献报道的负载型纳米铁材料数据相类似。相比较 CMT，M-NZVI 的比表面积增加明显，这归因于有机蒙脱石的表面或夹层上负载了大量的铁粒子。另外，CMT、NZVI 和 M-NZVI 的孔容分别为 0.195 cm^3/g、0.106 cm^3/g 和 0.162 cm^3/g，相对比 CMT，M-NZVI 的孔隙率有轻微下降，这可能是由于在有机改性蒙脱石上有部分孔被铁纳米粒子堵塞而引起的。

表 4-3 不同材料的表面参数

样品	BET 表面积/（m^2/g）	孔容/（cm^3/g）	平均孔径/nm
CMT	18.384	0.195	30.366
NZVI	26.875	0.106	26.436
M-NZVI	36.431	0.162	24.963

2）M-NZVI 材料的氮吸附曲线与孔径分析

有机蒙脱石负载纳米铁材料的等温吸附-脱附曲线见图 4-6。由图观察可知，该材料的等温吸附-脱附曲线均属于 IV 型等温吸附曲线，该类等温吸附-脱附曲线的变化趋势表明：样品中的孔隙以介孔为主，并有一定比例的微孔存在。在液氮温度为 77 K 的条件下，在相对压力 P/P_0 大于 0.40 后，吸附等温线开始出现比较缓慢的上升趋势，同时吸附与脱附等温线没有重合，从图中还可以看出吸附等温曲线出现比较明显的滞后回归现象。根据相关研究，这些迟滞回线为典型的 H3 型迟滞回线，H3 型迟滞回线主要是由黏土矿物或有缝形孔片状这种颗粒材料给出，其特征是在相对压力较高的区域不表现出任何吸附限制。

图 4-7 为有机蒙脱石负载纳米铁材料的孔径分布曲线，从图中可以看出，曲线中 3～4 nm 呈现 1 个比较尖的小峰，3.6 nm 附近的峰主要是有机物进入蒙脱石层间所形成的中孔，在 25 nm 附近也有一个平稳的峰，说明该材料形成的孔径大小不均匀。

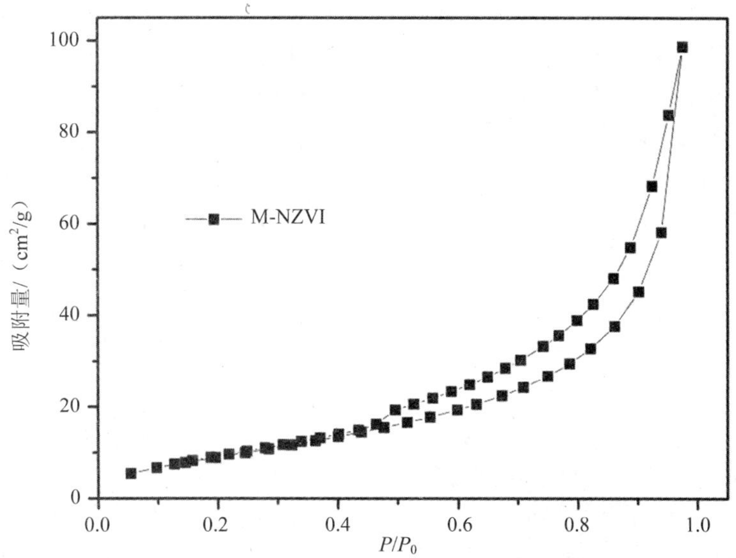

图 4-6　有机蒙脱石负载纳米铁材料的氮吸附-脱附曲线图

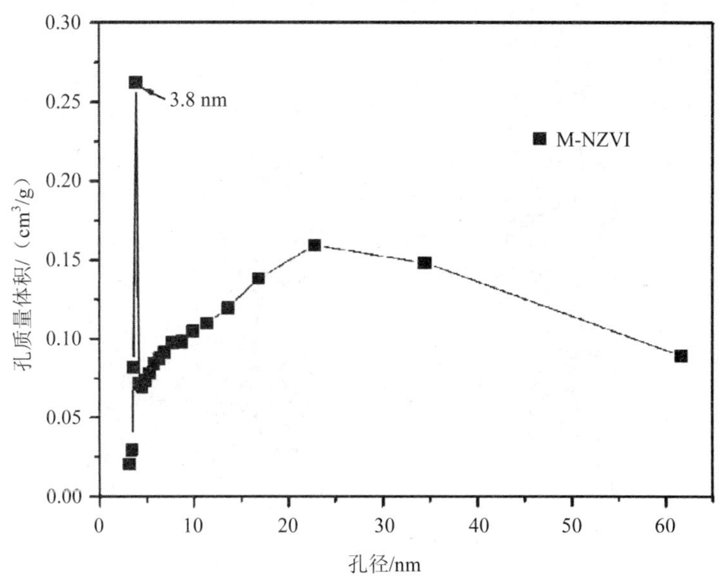

图 4-7　有机蒙脱石负载纳米铁材料的孔径分布图

4.3.3　材料的形貌

材料的形貌和粒子分布采用SEM和TEM进行分析，其经典图像展示于图4-8和图4-9。

1）SEM 分析

由图 4-8（a）和图 4-8（b）可以看出，M-NZVI 材料中的纳米铁颗粒平坦分布在有机蒙脱石的整个表面和边缘，纳米铁颗粒呈球状，几乎难以发现有因团聚而呈链条状结构的纳米铁颗粒族群；同时，观察可知 M-NZVI 材料中的纳米铁颗粒粒径范围在 30～90 nm 之间，属典型的纳米材料，这也与已有文献报道相一致。M-NZVI 材料的表征结果表明将铁纳米颗粒固定在一种多孔材料上是防止铁纳米颗粒团聚的有效方法，因此，有机蒙脱石的引入提高了铁纳米颗粒的分散性，同时抑制了铁纳米颗粒间的接触，同时能有效防止团聚现象的发生和增强其还原活性。

图 4-8（c）则为 M-NZVI 材料堆积层沟壑和夹层口附近的纳米铁颗粒分布图，从图中可以看出该处的纳米铁颗粒粒径较蒙脱石表面上的要小，范围在 5～40 nm 之间，分布在堆积层沟壑内和蒙脱石夹层口附近。至于夹层间的纳米铁颗粒粒径，由于 SEM 和 TEM 表征难以完成，只能利用 XRD 结果进行分析，由前面的数据可知，M-NZVI 材料的基底间距 d_{001} 为 2.450 nm，减去单层蒙脱石层的厚度（0.92 nm），即得到了 M-NZVI 材料的层间距为 1.530 nm，也就是说夹层中纳米铁颗粒粒径为 1.530 nm 左右。

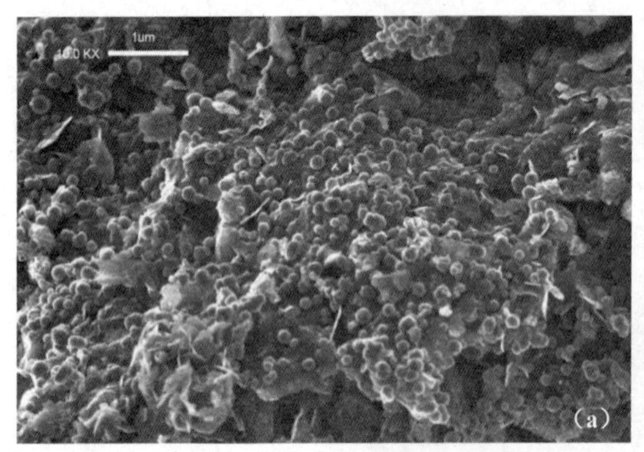

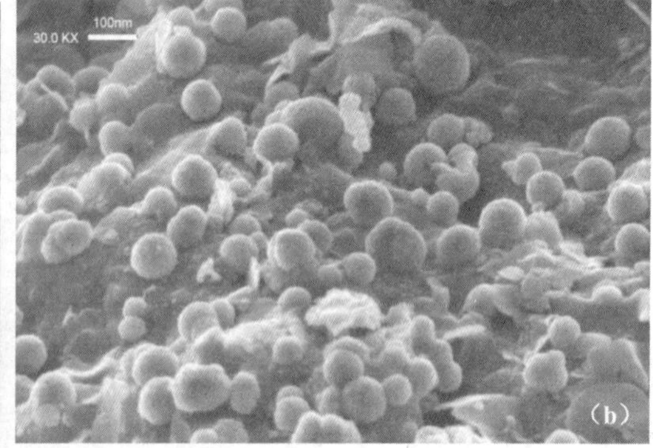

图 4-8 M-NZVI（10KX）、M-NZVII（30KX）和 M-NZVII（40KX）的 SEM 图

2）TEM 分析

从图 4-9（a）可以看出，M-NZVI 材料展示了铁纳米颗粒的良好分散性，图中清晰显示纳米铁颗粒呈球状分布在有机蒙脱石的表面和沟壑里，纳米铁颗粒之间有很轻微的团聚，颗粒粒径在 30～90 nm 之间，这些都与前面 SEM 表征结果和已有文献报道相一致。

图 4-9（b）和图 4-9（c）则清晰展示了呈壳-核结构的纳米铁颗粒 TEM 图像，可以看出铁颗粒呈壳-核结构状，单个纳米铁颗粒由外表一层薄的壳包围和内部浓稠的核共同组成，颗粒表面的铁氧化物外壳较为明亮，α-Fe 核较为晦暗，这种现象在不同的铁颗粒和单个铁颗粒球体外表面都能清晰看到，经测量，壳的厚度在 2.5～4.0 nm 之间，许多学者也有相类似的研究结果。研究还发现，纳米铁颗粒外表上的壳能有效防止铁核心的继续氧化，

同时，也有研究证明呈壳-核结构的铁颗粒继续氧化的速度非常缓慢，这为在自然环境条件下制备出的有机蒙脱石负载纳米零价铁复合材料的应用提供了可能。

M-NZVI 材料的稳定性可由 Caberra-Mott 理论进行很好的解释，该理论认为当金属铁氧化时形成的氧化膜会将铁和氧隔开，随后电子通过隧道效应从铁原子转移到薄氧化膜外表面吸收的氧原子上，在薄膜的两端表面上聚集铁阳离子和氧阴离子，从而在氧化膜中形成了均匀电场，如此形成的电场驱动铁阳离子穿过氧化膜以维持氧化膜的生长。根据 Caberra-Mott 理论进行计算，本材料铁氧化物外壳厚度增加 1 nm 需 600 年，据此我们可以认为，M-NZVI 材料具有核-壳结构，在通常温度和压条件下会稳定存在，抗氧化能力较强。

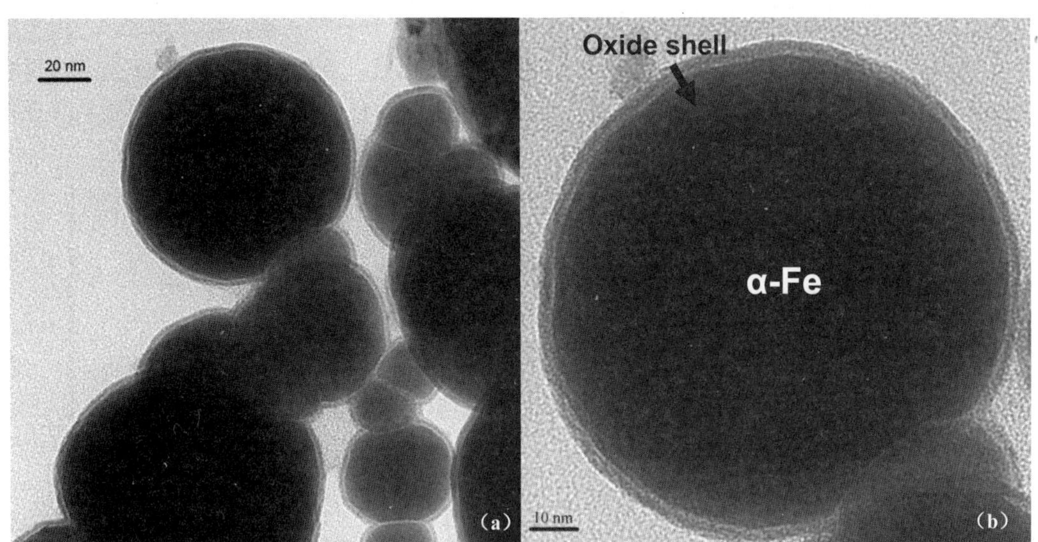

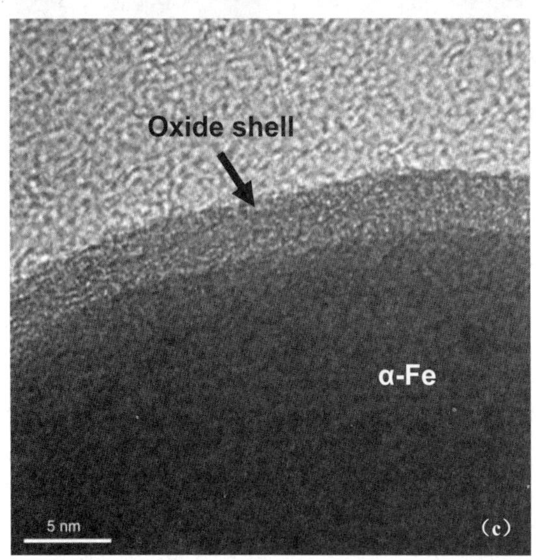

图 4-9 M-NZVI 材料透射电镜图

4.3.4 材料的成分分析

材料的成分分别采用 EDS 能谱仪、X 射线光电子能谱（XPS）、X 射线荧光光谱仪（XRF）和电感耦合等离子体发射光谱仪（ICP-AES）等手段进行测定和分析。

1）EDS 分析

CMT 和 M-NZVI 两种材料的 EDS 图像见图 4-10。从图 4-10（a）中可以清晰看到，有机改性蒙脱石 CMT 表面主要有 Si、O、Al 和 Mg 等元素，Na、K、Ca 等元素几乎检测不到，这表明大分子有机改性剂与钠基蒙脱石的交换作用已将绝大部分阳离子交换出去。图 4-10（b）为有机蒙脱石负载纳米铁材料 M-NZVI 的 EDS 谱图，从图中可以看出，该材料的成分比较复杂，其表面成分包括 Si、Fe、O、Al 和 Mg 等元素，相比 NZVI，由于蒙脱石/铁质量比为 4∶1，M-NZVI 材料表面的 Fe 含量稍低，而氧含量比 NZVI 高主要是由于蒙脱石自身含有和纳米铁氧化所带来。CMT 和 M-NZVI 等 3 种材料 EDS 检测的具体成分分析见下一节所述。

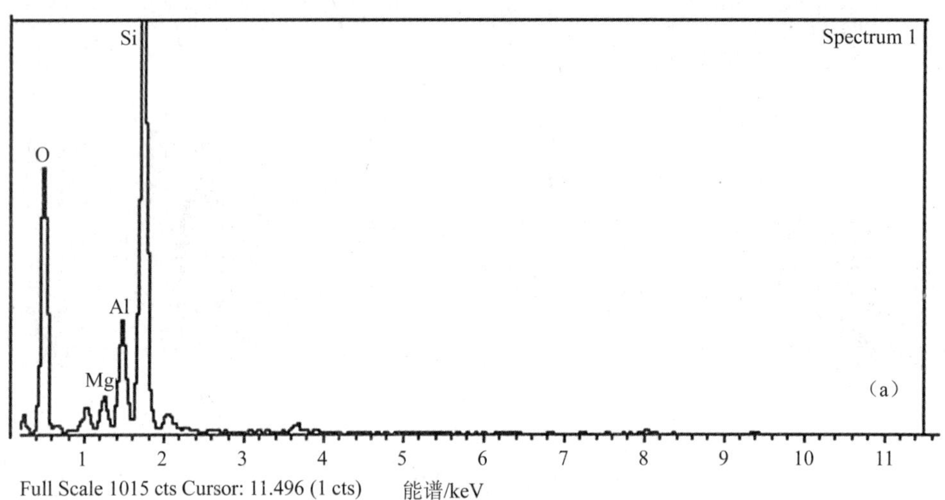

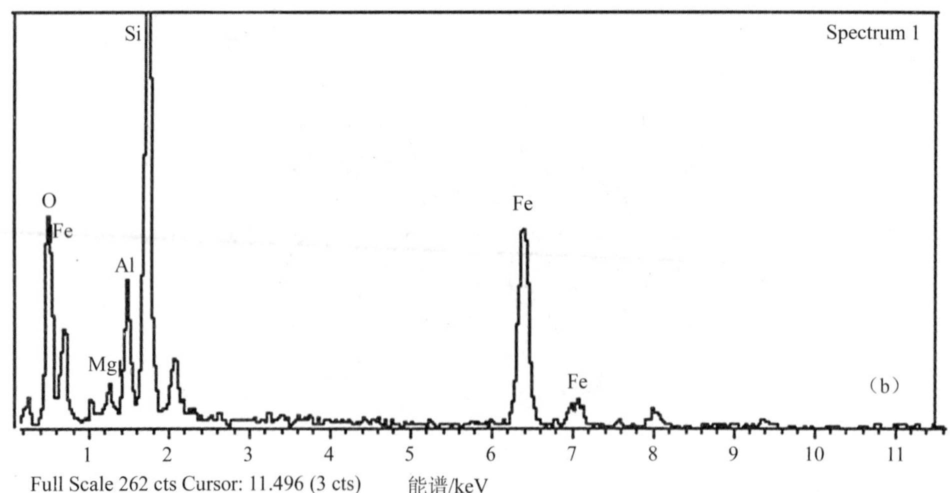

图 4-10 EDS 谱图：（a）CMT 和（b）M-NZVI

2）XPS 分析

为了进一步调查 M-NZVI 材料的表面组成，采用 XPS 对 M-NZVI 材料进行分析，如图 4-11 所示。图 4-11 中展示了反应前后 M-NZVI 材料的 Fe（2p）X 射线光电子能谱图，图中两条曲线均能清晰显示两个铁纳米材料特征峰，其中 Fe（$2p_{3/2}$）光电子特征峰的捆绑能量为 710.73 eV，与 α-Fe_2O_3 的捆绑能量相类似，表明纳米铁颗粒表面覆盖着一层铁氧化物，这也与前面 XRD 和 TEM 的表征结果相一致。同时，从图 4-11（b）中的 XPS 光谱可以看出反应后 M-NZVI 材料的 Fe（$2p_{3/2}$）光电子特征峰相比反应前[图 4-11（a）]明显高和尖，而其 Fe（$2p_{3/2}$）光电子峰的捆绑能量相比反应前减少 0.42 eV，为 711.15 eV，这与文献报道的 FeOOH 的捆绑能量相类似，这表明 M-NZVI 材料在水溶液中与污染物反应后，由于水解作用和吸附作用材料表面会形成氢氧沉淀物，说明反应后铁颗粒外面的氧化层可能由多种铁氧化物组成（如 α-Fe_2O_3、FeOOH）。此外，在捆绑能量为 706.30 eV 附近，发现有一个较小的特征峰，这表明材料中有零价铁的存在，但由于铁颗粒表面包裹有一层 3～5 nm 的铁氧化物层（见前面 TEM 表征结果），而且 XPS 的检测深度仅为 3～5 nm，从而减少了 X 射线穿透到了铁核心内部的机会，导致零价铁被激发的光电子较少而难形成明显的特征峰。

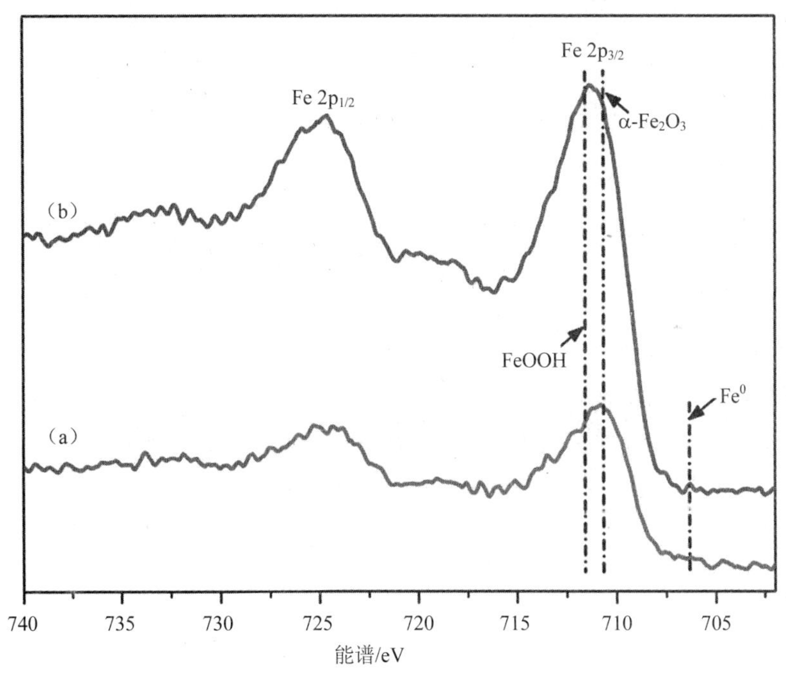

图 4-11　M-NZVI 反应前后 XPS 谱图

3）成分分析

为了阐明 M-NZVI 材料的成分，采用 EDS、XRF 和 ICP-AES 对其进行分析，结果见表 4-4。M-NZVI 材料的 EDS 能谱图（见图 4-10）清楚显示复合材料中含有 Si、Fe、O、Al 和 Mg 等元素，表明有机改性蒙脱石已经负载上铁颗粒，同时，表 4-4 中的 XRF 和 ICP-AES 测定结果也证明 M-NZVI 材料中含有铁元素。从表 4-4 中可以看出，3 种测定方法得出来的结果相差较大，原因就是 EDS 和 XRF 这两种仪器主要是测定材料的表面成分，而 ICP-AES 则是采用溶解法测定材料中成分。3 种测定方法显示 NZVI 的主要成分都是铁，ICP-AES 测定结果显示材料中的含铁量达 85.3%，比 EDS 和 XRF 的测试结果高很多，EDS 测定结果则显示存在氧元素且含量较高，表明 NZVI 表面被氧化。

M-NZVI 材料的 3 种测定结果则显示 M-NZVI 材料主要由 Si、Fe 和 O 组成，ICP-AES 测定 M-NZVI 材料中的含铁量为 15.6%，与材料制备时确定的蒙脱石/铁质量比为 4∶1 是比较吻合的，但比 EDS 和 XRF 测定的含铁量要低，这可能与后面两种测定方法只能测定表面成分有关。从表 4-4 中还可以看出，3 种测定方法的结果显示反应后 M-NZVI 材料的含铁量均比反应前的要降低，而材料中氧的含量则要升高，这可能是因为 M-NZVI 材料在水溶液与污染物反应时，部分铁颗粒会溶解于水溶液中而导致的结果，同时，由于铁会被不断氧化而导致反应后 M-NZVI 材料中的含氧量增加。

表 4-4　材料组成分析表

类型	EDS 结果/%	XRF 结果/%	ICP-AES 结果/%
M-NZVI（反应前）	Fe=35.9，Si=26.4 O=29.2， 其他元素=8.5	Fe=29.1，Si=20.8 其他元素=50.1	Fe=15.6，Si=39.1 其他元素=45.3
M-NZVI（反应后）	Fe=32.7，Si=25.8 O=31.4， 其他元素=10.1	Fe=27.6，Si=20.6 其他元素=51.8	Fe=12.4，Si=38.5 其他元素=49.1

4.4 蒙脱石负载纳米铁材料降解卤代有机污染物的特性

4.4.1 概述

水体中有机污染物（尤其是卤代有机污染物）的危害性远远超过无机性污染物。美国国家环保局公布的 129 种基本污染物中有机物占 114 种，其中一半以上是毒性大与分布广的包括二噁英在内的氯代或溴代等卤代有机物。为了解蒙脱石负载纳米铁材料降解卤代有机污染物的特性和效果，选择 4-氯酚、十溴联苯醚和四溴双酚 A 3 种卤代有机物进行降解效果研究。3 种卤代有机物的概述如下。

1）4-氯酚

4-氯酚是氯酚（chlorophenols，CPs）类有机物的一种同分异构体，广泛用于防腐剂、杀菌剂、农药等工业中，4-氯酚几乎不溶于水，微溶于苯、乙醇和乙醚，水中溶解度（20℃）为 27.1 g/L，pK_a 值（水中/25℃）为 9.38，该物质由于具有强毒性和难生物降解性而被认为是一种对生物体有较强毒害作用的持久性有机污染物。

2）十溴二苯醚

十溴二苯醚（BDE-209）是 PBDEs 族中含溴量最高的一种同分异构体，主要由九溴和十溴代二苯醚单体组成，也是一种目前使用最为广泛的高效添加型溴代阻燃剂。十溴二苯醚（BDE-209）具有添加量少、阻燃性强、热稳定性高等特点，广泛应用于橡胶、纺织、电子、塑料等行业。十溴二苯醚（BDE-209）为白色至淡白色结晶粉末，分子式为 $C_{12}Br_{10}O$，分子量为 959.2，理论含溴量 83.3%。非常难溶于水及一般有机溶剂，lgK_{ow} 为 10.0，水体中 PBDEs 的浓度一般不高于 1 μg/L。高温时溶于甲苯和二甲苯。熔距为 295～305℃，密度 3.04 g/cm^3，分解温度约为 425℃，挥发性极小。研究发现，十溴二苯醚具有高疏水性、持久性、生物累积性和毒害性等特点，已成为环境中无处不在的持久性污染物。

3）四溴双酚 A

四溴双酚 A（tetrabromobisphenol A，TBBPA）是目前产量最大的溴系阻燃剂，为白色粉末，其分子式为 $C_{15}H_{12}Br_4O_2$，分子量为 543.87，密度 2.1 g/cm^3，熔点为 179～184℃，沸点为 316℃。四溴双酚 A 作为反应型阻燃剂，可用于环氧树脂、聚氨酯树脂等；作为添加型阻燃剂可用于聚苯乙烯、SAN 树脂及 ABS 树脂等。在生产和使用中 TBBPA 能释放到各种环境介质中如大气、废水、污泥、土壤及生物体等。TBBPA 作为一种内分泌干扰物，还表现出潜在的甲状腺激素干扰活性、免疫毒性、神经毒性等，对自然环境及人类都造成了极大的危害。

4.4.2　蒙脱石负载纳米铁材料对 3 种卤代有机污染物的降解效果

蒙脱石负载纳米铁材料降解 4-氯酚、十溴二苯醚和四溴双酚 A 等 3 种卤代有机物的降解效果见图 4-12。由图 4-12 可以看出，蒙脱石负载纳米铁材料对 3 种卤代有机物均有良好的降解效果。在初始浓度为 50.0 mg/L、容积为 50 ml 的 4-氯酚反应溶液中加入 M-NZVI 材料 0.15 g，反应 2 h 后，4-氯酚的去除率可达 86.5%；而在初始浓度为 2.0 mg/L、容积为 50 ml 的十溴二苯醚反应溶液中加入 M-NZVI 材料 0.60 g，反应 4 h 后，十溴二苯醚的去除率可达 96.2%；而对于四溴双酚 A，在初始浓度为 10.0 mg/L、容积为 50 ml 的四溴双酚 A 反应溶液中加入 M-NZVI 材料 0.02 g，反应 12 h 后，十溴二苯醚的去除率可达 97.5%。

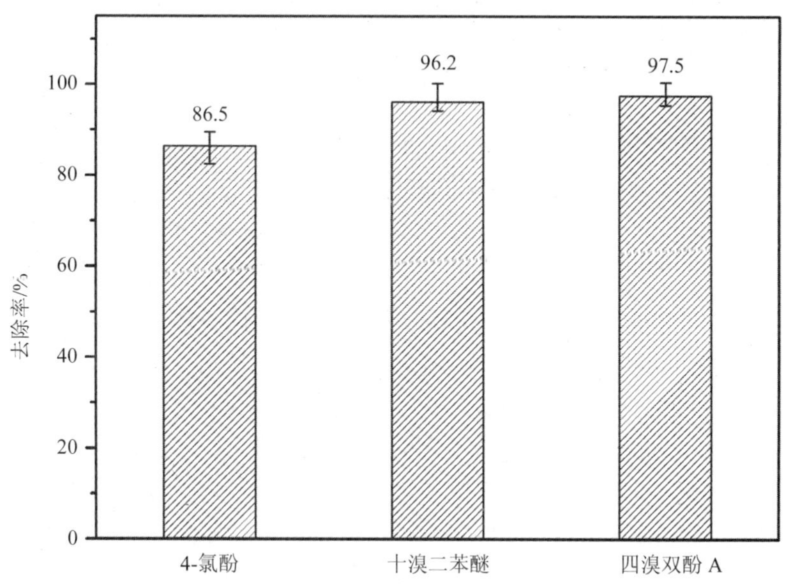

图 4-12　蒙脱石负载纳米铁材料对 3 种卤代有机污染物的降解效果

[实验条件：（1）4-氯酚初始浓度=50.0 mg/L；材料投加量=0.15 g，反应时间 2 h；（2）十溴二苯醚初始浓度=2.0 mg/L；材料投加量=0.60 g，反应时间 4 h；（3）四溴双酚 A 初始浓度=10.0 mg/L；材料投加量=0.02 g，反应时间 12 h]

4.4.3 蒙脱石负载纳米铁材料降解卤代有机污染物的影响因素

蒙脱石负载纳米铁材料降解卤代有机物的效果会受到各种因素的影响，为了解其影响，以十溴二苯醚为对象，分析各种因素对蒙脱石负载纳米铁材料降解十溴二苯醚的影响程度，主要包括初始浓度、材料投加量、pH、反应温度、溶解氧、助溶剂比例和材料循环利用次数等。

1）初始浓度的影响

在固定 M-NZVI 投加量为 0.60 g、反应温度为 25℃±1℃和反应溶液为 50 ml 的条件下，研究 M-NZVI 材料对 3 种不同 BDE-209 初始浓度（1.0 mg/L，2.0 mg/L 和 5.0 mg/L）的降解效果，如图 4-13 所示。

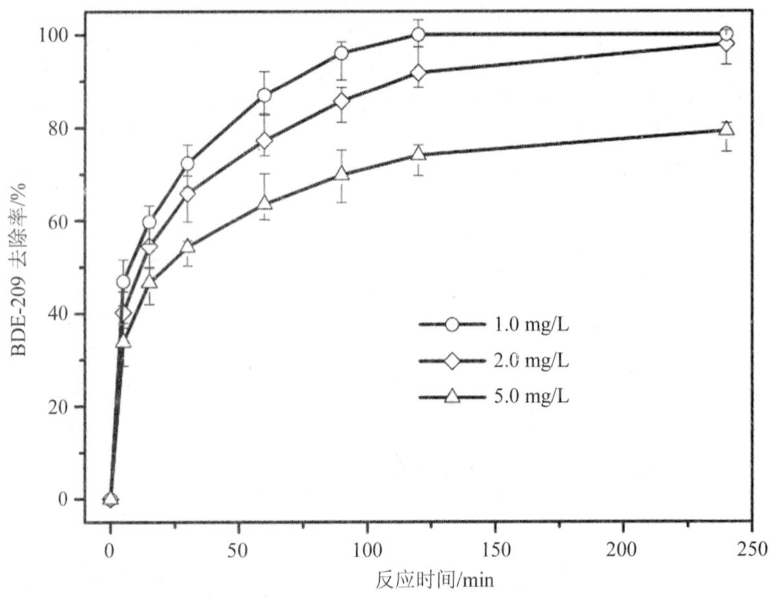

图 4-13 不同初始溶液浓度对 BDE-209 去除的影响

（实验条件：材料投加量=0.60 g，初始 pH=5.5；反应温度=25℃±1℃）

从图 4-13 可以看出，随着 BDE-209 初始浓度的增加，固定投加量条件下，M-NZVI 材料对 BDE-209 的去除效率不断降低，在反应 2 h 后，初始浓度为 1.0 mg/L 和 2.0 mg/L 反应溶液中的 BDE-209 去除效率均超过 80.0%，其中初始浓度为 1.0 mg/L 的反应溶液中的 BDE-209 在 4 h 内被完全去除，相比较 1.0 mg/L 和 2.0 mg/L，反应 4 h 后，初始浓度为 5.0 mg/L 反应溶液中 BDE-209 的去除效率仅为 79.24%。但是，初始浓度为 5.0 mg/L 反应溶液在前 30 min 时，与其他两种浓度相似，BDE-209 的去除效率较高，达 54.27%，这归结于 M-NZVI 材料具有强大的比表面积，M-NZVI 材料降解 BDE-209 可分为两个过程，前 30 min 是快速反应过程，反应效率非常高，BDE-209 的去除效率迅速上升，30 min 之后反应进入慢速反应阶段，随反应时间延长，去除率增长缓慢。上述结果表明，BDE-209 在 M-NZVI 纳米材料系统中的降解是一个多相反应，它涉及 BDE-209 在 M-NZVI 纳米材料表面上的吸附反应和伴随在其表面的还原反应，BDE-209 浓度的增加虽然可以使其与纳米铁有更多的接触机会，但更多的接触机会会伴随着铁氧化物和氢氧化物的生成，造成 Fe^0 表面钝化而降低反应速率。另外，在固定 M-NZVI 投加量的情况下，增加 BDE-209 浓度一方面将会导致 BDE-209 分子间出现竞争吸附作用，从而减少 BDE-209 在 M-NZVI 材料表面上吸附和还原反应的分子数量；另一方面是因为对于一定量的 M-NZVI 材料，其总有效活性吸附位数量是保持一定的，随着 BDE-209 浓度的不断升高，活性吸附位点逐步被侵占，导致部分 BDE-209 不能被吸附去除，从而降低其去除率。

2）材料投加量的影响

投加量是 M-NZVI 材料降解 BDE-209 的重要因素之一，因为投加量的大小决定了一定反应条件下 M-NZVI 材料降解能力的高低。选择 4 种 M-NZVI 材料投加量（0.20 g、0.40 g、0.60 g 和 0.80 g）来研究其对 BDE-209 降解效果的影响，结果如图 4-14 所示。从图 4-14 可以看出，BDE-209 的去除效率随着 M-NZVI 材料投加量的增加而增高，M-NZVI 材料投加量为 0.20 g、0.40 g、0.60 g 和 0.80 g 时，反应 4 h 后，其对 BDE-209 的去除效率分别为 59.50%、80.64%、98.12%和 100%。当 M-NZVI 材料投加量为 0.80 g 时，2 h 内 BDE-209 被完全去除，其去除效率数值分别是 M-NZVI 材料投加量为 0.60 g、0.40 g 和 0.20 g 时的 1.04 倍、1.24 倍和 1.68 倍。以上结果表明，M-NZVI 材料降解 BDE-209 的过程是一个表面反应，增加 M-NZVI 材料的投加量就是增大有效表面积和活动反应位的数量，材料表面积越大，它的反应位置数量越多，相应就得到更好的吸附和降解的容量，由于 M-NZVI 材料巨大的比表面积而为 BDE-209 降解提供更多的活性反应位，导致 BDE-209 被有效地降解去除。当 M-NZVI 材料的投加量较小时，纳米铁表面积较小，对应的活性反应位就少，反应速率也较慢；当 M-NZVI 材料的投加量增加时，增大了其总的表面积和活性反应位以及新鲜表面和 BDE-209 接触的机会，反应速率也就加快。

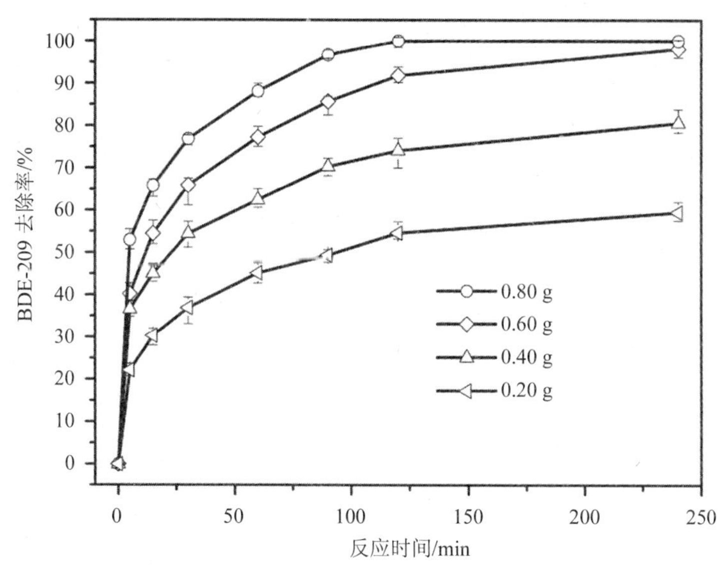

图 4-14　不同投加量对 BDE-209 去除的影响

（反应条件：BDE-209 初始浓度=2.0 mg/L；初始 pH=5.5；反应温度=25℃±1℃）

从图 4-14 还可以看出，在前面 30 min，M-NZVI 材料降解 BDE-209 的速度比较快，随后反应速度就越来越缓慢，这是因为随着反应的进行，M-NZVI 材料上的纳米零价铁会被逐步氧化并在其表面形成一层氧化物或氢氧化物，这将不断覆盖 M-NZVI 材料上的一些活性反应位置，直接导致溶液中的 BDE-209 去除效率降低。这结果表明 M-NZVI 材料投加量对纳米铁颗粒的脱溴作用有较大影响，这是因为材料加量增加，即是增加纳米铁颗粒的量，也就增加了其还原脱溴的效率，但考虑到材料成本问题，取 0.60 g 为较佳投加量。

3）pH 的影响

已有学者研究发现，反应溶液中 pH 的高低对纳米铁材料降解卤代有机污染物的影响较大。为了研究反应溶液初始 pH 对 M-NZVI 材料降解 BDE-209 的影响，选择 4 种反应溶液初始 pH（pH=3.0、pH=5.5、pH=7.0 和 pH=9.0）来进行批实验研究，结果如图 4-15 所示。从图 4-15 中可以看出，M-NZVI 材料对 BDE-209 的去除效率随着反应溶液中的 pH 升高而减少。在中性（pH=7.0）和碱性（pH=9.0）环境，反应 4 h 后 BDE-209 的去除效率分别为 76.04%和 65.90%，与之相比较，在 pH=5.5 和 pH=3.0 的反应条件下，反应 4 h 后 BDE-209 的去除效率分别为 98.25%和 100.0%，这远比中性和碱性条件下要高很多。从实验结果还可以看出，在反应开始的前 30 min，BDE-209 的去除率随 pH 降低而明显增大，而随着反应的进行，去除率的差距呈减小趋势。

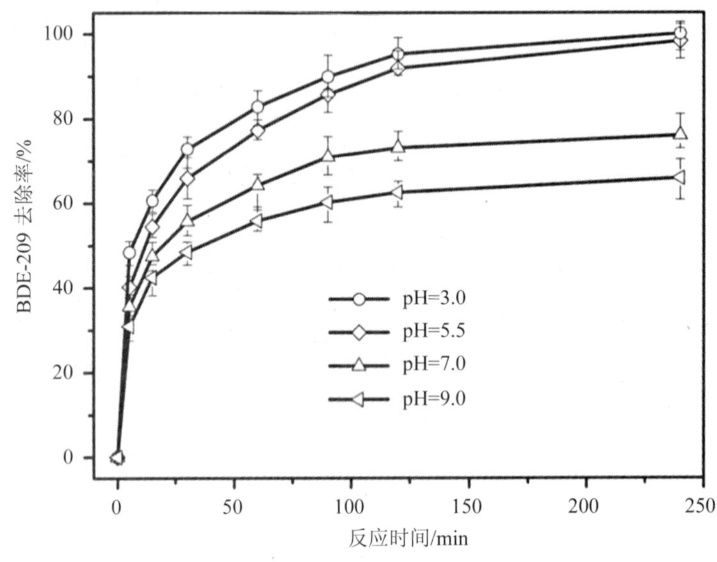

图 4-15 反应溶液初始 PH 值对 BDE-209 去除的影响

（反应条件：BDE-209 初始浓度=2.0 mg/L，材料投加量=0.60 g，反应温度=25℃±1℃）

上述结果表明，低 pH 条件下更有利于 M-NZVI 材料对 BDE-209 的去除，其原因可归纳为两方面：①纳米零价铁降解卤代有机物时需要消耗 H^+离子，在酸性条件下能有效促进纳米零价铁对 BDE-209 的降解；②前文 TEM、XPS 等表征已证实负载在有机蒙脱石上的纳米零价铁粒子外表包裹着一层薄的氧化物，而在酸性条件下铁粒子外表的氧化物能被酸溶解，从而促进纳米零价铁对 BDE-209 的脱卤还原反应，同时，酸的存在能有效防止铁氧化物和氢氧化物等沉淀物在 M-NZVI 材料表面的形成，从而在材料表面上保持足够的活性反应位，较低的 pH 在很大程度上起到了酸洗铁颗粒的作用，它将溶解掉 M-NZVI 材料铁颗粒的氢氧化物和纳米铁表面其他保护层，从而为纳米铁与硝酸盐的化学反应提供更多新鲜反应位。而在高 pH 反应条件下，氢离子浓度变得非常低，由零价铁腐蚀反应生成的铁离子转化为铁氧化物和氢氧化物沉淀，附着在零价铁表面从而产生电子传递障碍而阻止了零价铁表面和 BDE-209 污染物之间的电子转移，抑制了还原脱溴反应的继续进行，从而导致 M-NZVI 材料对 BDE-209 去除效率的降低。同时，从图 4-15 中还可以看出，反应溶液初始 pH 由 5.5 降低到 3.0 时，反应 4 h 后，BDE-209 的去除效率只提高了 1.75%，为减少成本的支出，采用 pH=5.5 为反应溶液初始 pH 是合适的。

4）反应温度的影响

在固定 M-NZVI 投加量为 0.60 g、BDE-209 溶液初始浓度为 2.0 mg/L 条件下，研究不同反应温度（10℃、25℃和 40℃）M-NZVI 材料对 BDE-209 的降解效果，结果如图 4-16 所示。

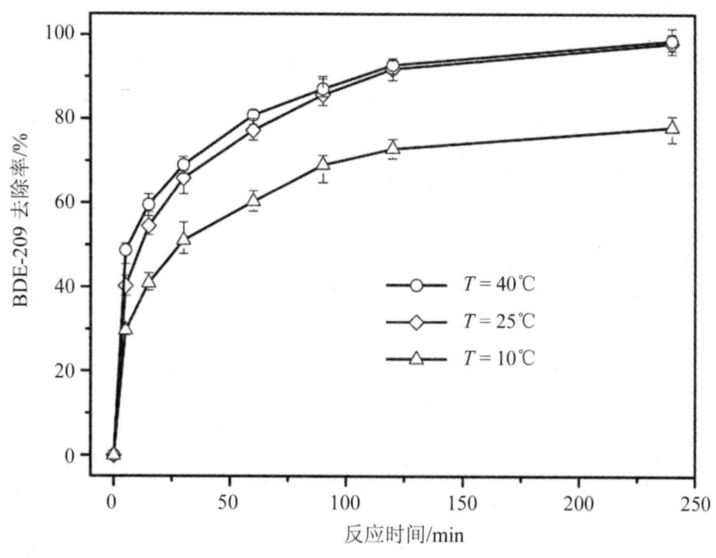

图 4-16　不同反应温度对 BDE-209 去除的影响

（反应条件：BDE-209 初始浓度=2.0 mg/L，材料投加量=0.60 g，初始 pH=5.5）

从图 4-16 可以看出，随着反应温度的增加，M-NZVI 材料对 BDE-209 的去除率也不断升高。反应 4 h 后，反应温度为 10℃、25℃和 40℃时，BDE-209 的去除率分别达 78.04%、97.94%和 98.62%，室温或高于室温条件下（25℃和 40℃）M-NZVI 材料对 BDE-209 的去除效果好于低温条件（10℃），去除效率分别高 19.90%和 20.58%，但反应温度在 25℃和 40℃时，M-NZVI 材料对 BDE-209 的去除率相差不大，仅相差 0.68%。上述结果表明，反应温度对 M-NZVI 材料对 BDE-209 的去除率有一定影响，温度的升高有利于 BDE-209 脱溴反应的发生，温度的升高有利于电子的活动和转移，从而提高了蒙脱石上 NZVI 的化学活性，但超过 25℃继续升高温度到 40℃时，BDE-209 的去除率变化很小，Zhang 等[35]也得到相类似的结果，这表明本实验将反应温度设在 25℃是合适的，一方面该温度下 BDE-209 的去除率已相当高，另一方面是从能源及实际考虑，较低的温度使得该方法在实际应用中更适合被广泛推广和应用。

5）溶解氧（DO）的影响

众所周知，纳米零价铁容易被空气或水溶液中的氧气所氧化，为了研究水溶液中溶解氧对 BDE-209 去除效率的影响，采用对反应稀释用的去离子水进行充氧来调节其反应溶液的初始溶解氧含量，选择不同的溶解氧含量（DO=0.0 mg/L、DO=2.0 mg/L 和 DO=4.0 mg/L）来进行批实验研究，其结果如图 4-17 所示。从图 4-17 中可以看出，BDE-209 去除效率随着反应溶液中溶解氧含量的升高而减小，在反应溶液中溶解氧值为 0.0 mg/L 时，反应 4 h 后，M-NZVI 材料对 BDE-209 的去除效率可达 98.12%，而当溶解氧值由 0.0 mg/L 上升到 2.0 mg/L 和 4.0 mg/L，BDE-209 的去除效率由 98.12%分别下降到 84.22%和 70.14%，分别下降了 13.90%和 27.98%。

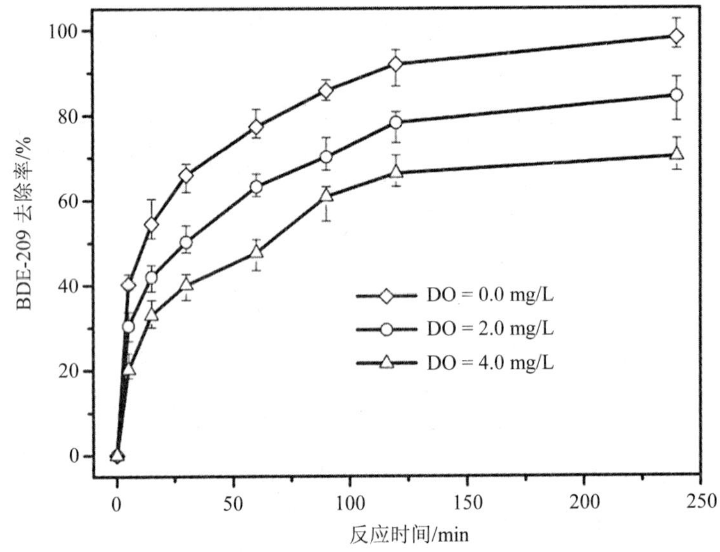

图 4-17 不同初始溶解氧浓度（DO）对 BDE-209 去除的影响

（实验条件：BDE-209 初始浓度=2.0 mg/L，材料投加量=0.60 g，初始 pH=5.5，反应温度=25℃±1℃）

上述结果表明，反应溶液中溶解氧的存在对 BDE-209 去除效率有明显的影响，其原因主要是由于氧化作用，负载在有机改性蒙脱石上的纳米零价铁颗粒外表包裹一层铁氧化物（前文的 TEM 表征结果已证明这一点），随着反应溶液中溶解氧含量的增加，纳米零价铁颗粒被氧化程度加剧，M-NZVI 材料表面会形成更多铁氧化物和水合氧化物形式的沉淀物，其外表包裹的铁氧化物层厚度则随之增大（XPS 表征结果也证明反应后的 M-NZVI 材料表面含氧量增加），这会降低纳米零价铁颗粒的活性，阻碍了 BDE-209 分子和纳米铁颗粒的接触，同时会削弱从零价铁颗粒与 BDE-209 间的电子转移，最后结果是导致 M-NZVI 材料对 BDE-209 的去除效率下降。

6）不同助溶剂比例的影响

BDE-209 是一种强难溶于水的高疏水性卤代有机污染物，进行降解实验研究时，BDE-209 需要溶于一定比例的助溶剂四氢呋喃（THF）后再溶于水，形成“THF-水”体系。为了更真实地模拟自然环境的反应条件，“THF-水”体系中助溶剂的比例应该是越少越好，因此，为了了解“THF-水”体系中助溶剂与水的比例对 BDE-209 去除效率的影响，选择不同的 THF/水比例（THF∶水=3∶7、THF∶水=5∶5、THF∶水=7∶3 和 THF∶水=10∶0）

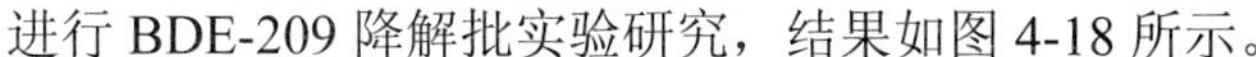

进行 BDE-209 降解批实验研究，结果如图 4-18 所示。

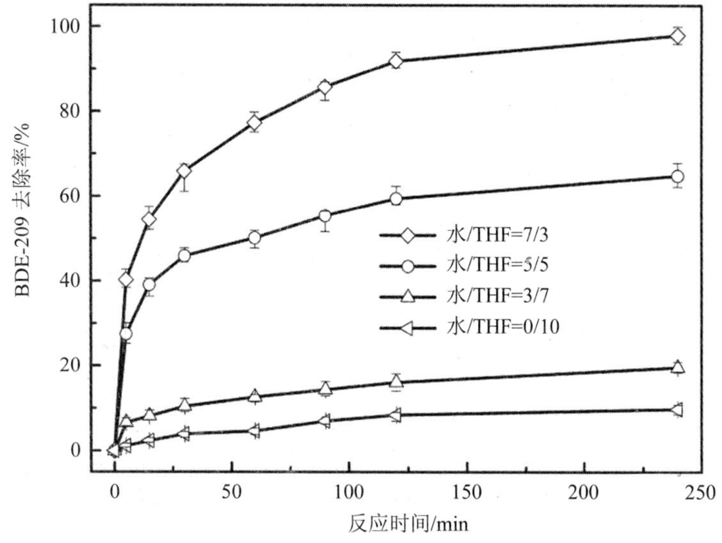

图 4-18　不同助溶剂比例对 BDE-209 去除的影响

（实验条件：BDE-209 初始浓度=2.0 mg/L，材料投加量=0.60 g，初始 pH=5.5，反应温度=25℃±1℃）

从图 4-18 中可以看出，在同一反应条件下，随着 THF 在“THF-水”体系中比例的增加，M-NZVI 材料对 BDE-209 的去除效率不断降低，反应 4 h 后，THF/水比例为 3∶7、5∶5、7∶3 和 10∶0 时，BDE-209 的去除效率分别为 97.92%、63.86%、19.64%和 9.85%；在纯 THF（THF∶水=10∶0）时，M-NZVI 材料对 BDE-209 的去除效率非常低。

上述结果表明，BDE-209 反应溶液中水的比例十分重要，比例越大越有利于脱溴反应的进行，其原因主要是因为 BDE-209 的脱溴是一个催化加氢作用的过程，在其脱溴过程中需要一定量的氢离子，氢离子可从反应水溶液中获得，“THF-水”体系中水的比例越高，能提供的氢离子就越多，同时，各种反应溶液的电离常数也表明水的电离常数值比纯 THF 的要大得多，因此，当反应溶液能提供越多的氢离子时，BDE-209 的脱溴效果就越好。但是，实验中也不能无限扩大“THF-水”体系中水的比例，因为要使 BDE-209 固体完全溶解于“THF-水”体系中，需要有一定量的助溶剂，本实验结果表明，THF/水比例为 3∶7 时，BDE-209 固体能完全溶解于水中，同时能最大限度提供氢离子，因此，该比值是比较合适的。

4.4.4　材料循环利用次数对效果的影响

材料的重复使用效率是该材料实际应用的重要评价参数，为了考察 M-NZVI 和 NZVI 材料在去除 BDE-209 实验中的重复使用效率，在室温（25℃±1℃）条件下，在带塞 100 ml 锥形瓶中加入 50 ml 浓度为 2.0 mg/L 的 BDE-209 混合溶液，再分别加入 M-NZVI 和 NZVI 材料 0.60 g，反应器密封后置于恒温振荡器中，控制转速为 150 r/min，反应 4 h 后取样用离心机以 3 000 r/min 进行固液分离，然后用高效液相测定仪（HPLC）测定分离后滤液的 BDE-209 浓度。固液分离出来的材料经 105℃烘干后，再加入到了另外一瓶已含有 50 ml 浓度为 2.0 mg/L 的 BDE-209 混合溶液的锥形瓶中进行 4 h 反应，反应后的混合液再进行固液分离，滤液则测定其 BDE-209 浓度，如此循环 5 次。其结果见图 4-19。

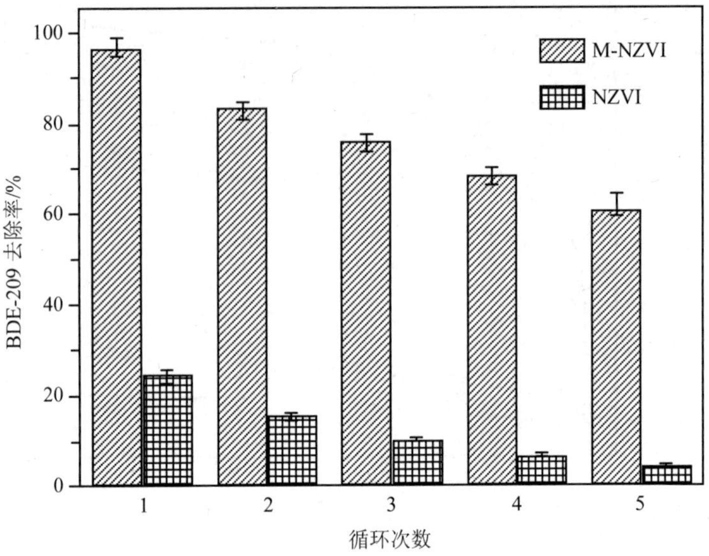

图 4-19 材料重复去除 BDE-209 的效率

从图 4-19 可以看出，M-NZVI 材料和 NZVI 材料对 BDE-209 的重复去除均有效果，但随着循环次数的增加，材料对 BDE-209 的去除率不断下降。M-NZVI 材料对 BDE-209 的去除率由 96.12%降低到 60.31%，这表明 M-NZVI 材料经过 5 次循环使用后仍有一定去除 BDE-209 的能力，有机蒙脱石作为纳米铁载体，有利于提高纳米铁在处理污染物的过程中的重复使用性和稳定性。相比较 M-NZVI 材料，NZVI 对 BDE-209 的去除率则由 24.35%降低到 3.65%，这说明循环多数后 NZVI 对 BDE-209 的去除效果几乎丧尽，其原因是 NZVI 经多次与水溶液接触，本来已团聚严重的材料更由于表面氧化物的增加而使材料基本没有活性了。

4.5 有机蒙脱石负载纳米铁降解十溴二苯醚的动力学研究

4.5.1 动力学研究

铁颗粒或纳米铁与水溶液中卤代有机污染物的反应，均属于固-液两种相态物质在溶液中的非均相反应（即复相反应），其反应在多相体系中发生，而影响反应的动力学的最大因素是相界面的特性。固相与液相两相间的表面反应过程一般有以下几个主要步骤：①卤代有机污染物分子向铁颗粒或纳米铁固体表面扩散；②扩散到铁颗粒或纳米铁固体表面的卤代有机污染物分子被固体材料所吸附；③被吸附的卤代有机污染物分子在铁颗粒或纳米铁表面上发生反应，生成被固体材料所吸附的卤代有机污染物产物分子。在上述 3 个步骤中，反应步骤③是还原去除卤代有机污染物的主要反应步骤，而步骤①和②尽管不属反应的主要步骤，但对整个反应的进行以及反应速率有比较大的影响。

在 BDE-209 水溶液中，纳米铁颗粒与 BDE-209 水溶液接触时的表面可称为固-液两相界面，是发生纳米铁还原 BDE-209 进行脱溴反应的场所，因此，纳米铁降解 BDE-209 的反应步骤与纳米铁降解其他卤代有机污染物的步骤基本相近。近年来，许多学者针对纳米铁（或其他金属）降解水溶液中 BDE-209 的反应动力学进行过研究，大多数学者研究结果表明 BDE-209 与纳米铁（或其他金属）的反应遵循伪一级反应动力学方程。

因此，本研究采用伪一级反应动力学方程研究有机蒙脱石负载纳米铁材料降解 BDE-209 的动力学情况，其伪一级反应动力学方程可写为：

$$\frac{dC_{\text{BDE-209}}}{dt} = -k_{\text{obs}} C_{\text{BDE-209}} \tag{4-7}$$

将式（4-7）进行积分得到：

$$\ln \frac{C_{\text{BDE-209}}}{C_{\text{0BDE-209}}} = -k_{\text{obs}} t \tag{4-8}$$

式中：t ——反应时间，min；

k_{obs} ——伪一级动力学反应表观速率常数，min^{-1}；

$C_{\text{BDE-209}}$ ——在反应时间 t 时的溶液中 BDE-209 的浓度，mg/L；

$C_{\text{0BDE-209}}$ ——BDE-209 的初始浓度，mg/L。

半衰期时间根据以下公式进行计算：

$$t_{1/2} = \frac{\ln 2}{k_{\text{obs}}} = \frac{0.693\,2}{k_{\text{obs}}} \tag{4-9}$$

为便于进行对比，本研究选择 M-NZVI 和 NZVI 这两种材料对 BDE-209 的降解反应动力学进行拟合，得到的参数见表 4-5，其曲线拟合图见图 4-20。

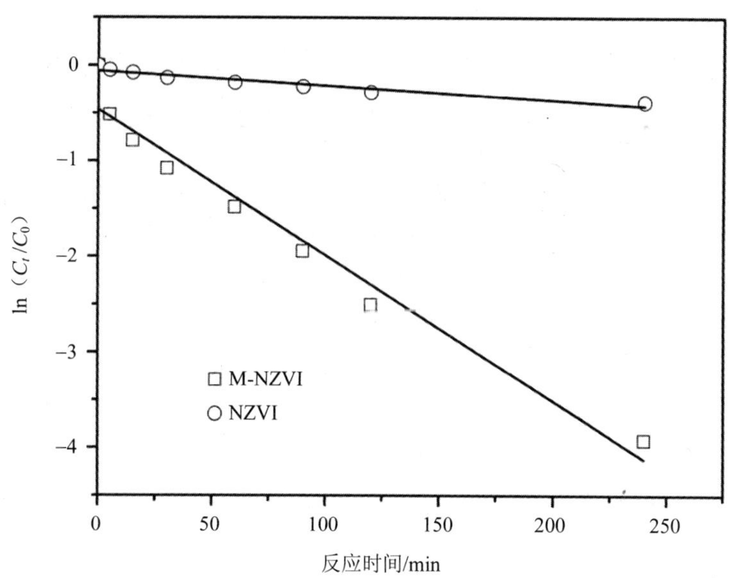

图 4-20　M-NZVI 与 NZVI 降解 BDE-209 的动力学数据拟合

从图 4-20 中可以看出，以 ln（C_t/C_0）对反应时间的线性拟合结果表明，M NZVI 和 NZVI 对 BDE-209 的降解反应均符合伪一级反应动力学方程。如表 4-5 所示，通过回归直线的斜率可求得 M-NZVI 和 NZVI 降解 BDE-209 的表观速率常数分别为 1.525×10^{-2} 和 0.153×10^{-2}，

M-NZVI 材料的表观速率常数为 NZVI 的 9.96 倍，表明 M-NZVI 材料具有更高的反应活性。

表 4-5 M-NZVI 与 NZVI 降解 BDE-209 的表观速率常数和半衰期数比较

材料类型	k_{obs} /min^{-1}	$t_{1/2,obs}$ /min	r^2
M-NZVI	1.525×10^{-2}	45.46	0.962 2
NZVI	0.153×10^{-2}	453.08	0.908 3

前面已讨论过，M-NZVI 材料与 BDE-209 水溶液接触的表面是发生纳米铁脱溴反应的场所。因此，M-NZVI 材料的表面大小、表面形态和表面的反应活性等对纳米铁脱溴反应的影响较大，第 4.3 节的表征结果显示，与非负载纳米铁 NZVI 相比，M-NZVI 材料具有更好的分散性和更大的比表面积，这就决定了在相同投加量的情况下，M-NZVI 材料可以为氧化还原反应提供更多的吸附和反应活性位，因而反应速率较快。

由图 4-20 和表 4-5 可知，M-NZVI 材料降解 BDE-209 拟合后的伪一级动力学方程为：

$$y=-0.460\,94-0.015\,25x \tag{4-10}$$

与式（4-8）相对照后即得到拟合后 BDE-209 降解方程：

$$C_{t\text{BDE-209}}=C_0\times\exp(-0.460\,94-0.015\,25t) \tag{4-11}$$

将 C_0=2.0 mg/L 和反应时间（0 min、5 min、15 min、30 min、60 min、90 min、120 min、240 min）代入式（4-11），即得到拟合后不同反应时间点反应后的 BDE-209 溶液浓度值，并与实测值进行对比，见表 4-6 和图 4-21。

表 4-6 反应后剩余 BDE-209 实测值和拟合值对比表

反应时间/min	5	15	30	60	90	120	240
实测值/（mg/L）	1.195	0.911	0.682	0.455	0.286	0.164	0.040
拟合值/（mg/L）	1.169	1.003	0.798	0.505	0.320	0.202	0.032
误差	2.2%	−10.1%	−17.0%	−12.4%	−11.89%	−23.17%	20.0%

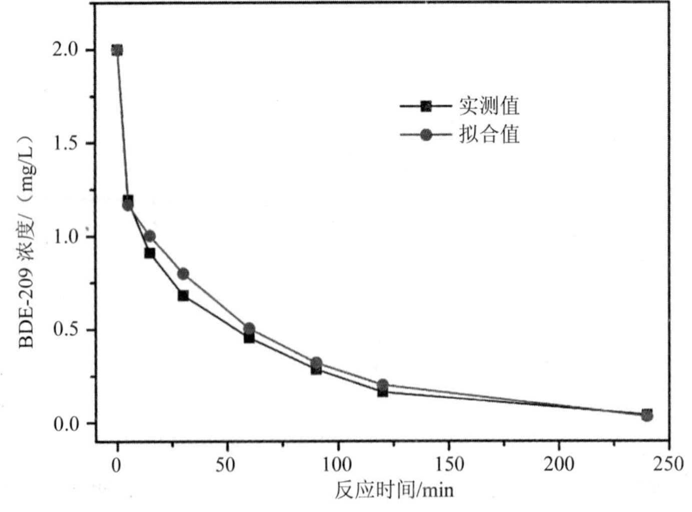

图 4-21 反应后 BDE-209 实测值和拟合值对比

从表 4-6 和图 4-21 可以看出，反应后剩余 BDE-209 实测值和拟合值有一定误差，大部分反应点的实测值都比拟合值要小，但绝对值相差不大，且拟合后的曲线与实测值的曲线基本重合，这表明拟合后的伪一级动力学方程适合用于估算不同反应时间 M-NZVI 材料降解 BDE-209 后剩余浓度值。

4.5.2 不同因素对表观速率常数 k_{obs} 的影响

第 4.4 节的研究结果显示，M-NZVI 材料降解 BDE-209 的反应受到各种因素的影响，为了了解不同因素对表观速率常数 k_{obs} 的影响，本节对 BDE-209 初始浓度、材料投加量、反应初始 pH 和反应温度共 4 个因素的表观速率常数 k_{obs} 进行研究。

1）BDE-209 初始浓度对表观速率常数 k_{obs} 的影响

大量的研究表明，零价铁还原去除卤代有机物反应的表观速率常数和半衰期会受到除卤代有机物初始浓度的影响，这个规律同样适用于零价铁降解 BDE-209 的非均相反应，即该反应的表观速率常数 k_{obs} 和半衰期数值都与 BDE-209 的初始浓度相关。

实验条件：BDE-209 初始浓度设为 1.0 mg/L、2.0 mg/L 和 5.0 mg/L 共 3 个浓度值，反应溶液初始 pH=5.5，反应时间 t =4.0 h，材料投加量为 0.6 g。根据实验条件对 M-NZVI 降解 BDE-209 的反应进行动力学线性拟合，其表观速率常数与 BDE-209 初始浓度的关系如表 4-7 和图 4-22 所示。

表 4-7 不同初始 BDE-209 浓度条件下表观速率常数

BDE-209 初始浓度/（mg/L）	k_{obs} /min	$t_{1/2,obs}$ /min	r^2
1.0	2.821×10^{-2}	24.51	0.918 5
2.0	1.55×10^{-2}	44.72	0.985 3
5.0	0.633×10^{-2}	109.51	0.940 3

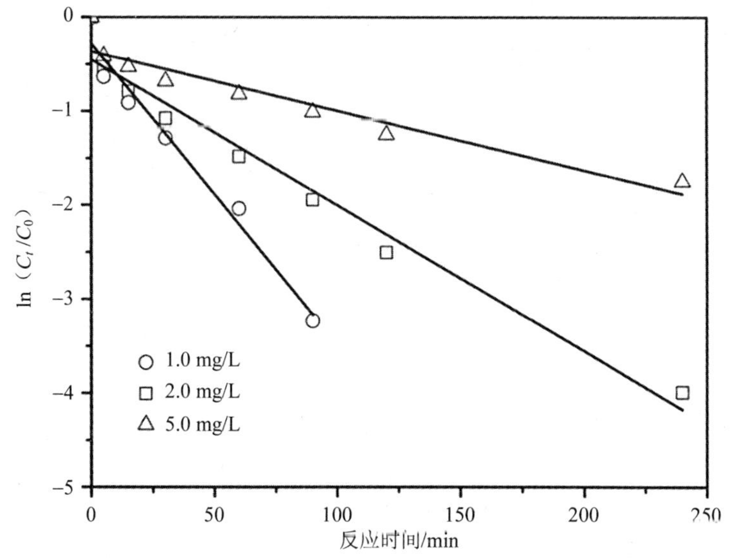

图 4-22 不同初始浓度条件下 M-NZVI 降解 BDE-209 的动力学数据拟合

由图 4-22 可以看出，不同 BDE-209 初始浓度条件下 M-NZVI 降解 BDE-209 的反应均符合伪一级反应动力学方程。从表 4-7 可以看出，BDE-209 初始浓度分别为 1.0 mg/L、2.0 mg/L 和 5.0 mg/L 时，其 k_{obs} 分别为 2.821×10^{-2}、1.550×10^{-2} 和 0.633×10^{-2}，这结果表明随着 BDE-209 初始浓度的升高，其表观反应速率常数 k_{obs} 逐渐降低，即 M-NZVI 降解 BDE-209 的反应速率逐渐降低，这结果也与许多学者的研究结果相一致。对于一定量的 M-NZVI 材料，在其材料中总的有效反应活性位点数量是一定的，随着污染物浓度的升高，反应活性位点逐渐被全部侵占，且 BDE-209 分子间由于数量增加多而存在着竞争，从而导致去除率的降低，故速率常数 k_{obs} 逐渐降低。

2）M-NZVI 材料投加量对表观速率常数 k_{obs} 的影响

为研究 M-NZVI 材料投加量对表观速率常数 k_{obs} 的影响，进行的实验条件如下：材料投加量为 0.20 g、0.40 g、0.60 g 和 0.80 g 共 4 个投加量，BDE-209 初始浓度为 2.0 mg/L，反应溶液初始 pH=5.5，反应时间 t=24 h。根据实验条件对 M-NZVI 降解 BDE-209 的反应进行动力学线性拟合，其表观速率常数与 BDE-209 初始浓度的关系如表 4-8 和图 4-23 所示。

表 4-8 不同材料投加量条件下表观速率常数

M-NZVI 材料投加量/g	k_{obs} /min^{-1}	$t_{1/2,obs}$ /min	r^2
0.20	0.433×10^{-2}	160.09	0.925 3
0.40	0.721×10^{-2}	96.14	0.926 4
0.60	1.548×10^{-2}	44.78	0.965 6
0.80	2.245×10^{-2}	21.36	0.973 6

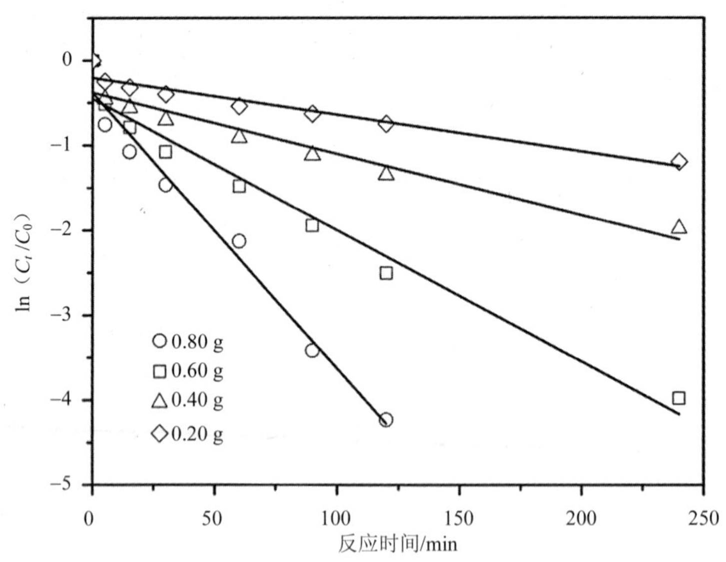

图 4-23 不同材料投加量条件下 M-NZVI 降解 BDE-209 的动力学数据拟合

由图 4-23 可以看出，不同 M-NZVI 材料投加量条件下 M-NZVI 降解 BDE-209 的反应也均符合伪一级反应动力学方程。从表 4-8 可以看出，M-NZVI 材料投加量分别为 0.20 g、0.40 g、0.60 g 和 0.80 g 时，表观反应速率常数 k_{obs} 逐渐升高，其 k_{obs} 分别为 0.433×10^{-2}、

0.721×10^{-2}、1.548×10^{-2} 和 2.245×10^{-2}，这结果表明随着 M-NZVI 材料投加量的增加，M-NZVI 降解 BDE-209 的反应速率逐渐升高。M-NZVI 材料投加量的增加就是增加材料总的比表面积，也就是增加材料中总的有效反应活性位点数量，反应活性位点数量的增加有利于 BDE-209 污染物的吸附和还原，从而导致去除率的升高，故速率常数 k_{obs} 逐渐升高，这也与前面关于 M-NZVI 材料投加量的增加有利于 BDE-209 降解的趋势相一致。

为了解 M-NZVI 材料投加量与表观反应速率常数 k_{obs} 的关系，本研究采用表观反应速率常数 k_{obs} 对 M-NZVI 材料投加量进行作图并拟合，如图 4-24 所示。从图中可以看出，在 M-NZVI 材料去除 BDE-209 的体系中，表观速率常数 k_{obs} 与 M-NZVI 材料投加量的线性拟合曲线并没有通过坐标原点，这表明 BDE-209 的降解机理同时存在纳米零价铁的还原作用及纳米零价铁和蒙脱石的吸附作用。

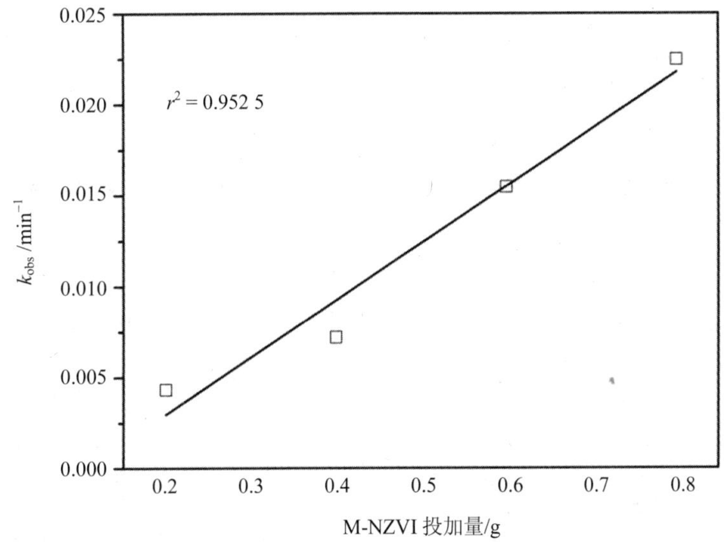

图 4-24　M-NZVI 材料投加量与表观反应速率常数 k_{obs} 的关系

3）反应溶液初始 pH 对表观速率常数 k_{obs} 的影响

反应溶液初始 pH 对表观速率常数 k_{obs} 的影响实验主要是调整反应溶液初始 pH，pH 设为 3.0、5.5、7.0 和 9.0 共 4 个值，其他条件不变。根据实验条件对 M-NZVI 降解 BDE-209 的反应进行动力学线性拟合，其表观速率常数与反应溶液初始 pH 的关系如表 4-9 和图 4-25 所示。

表 4-9　不同初始 pH 条件下表观速率常数

反应溶液初始 pH	k_{obs} /min^{-1}	$t_{1/2,obs}$ /min	r^2
3.0	2.184×10^{-2}	31.74	0.944 8
5.5	1.502×10^{-2}	46.15	0.959 4
7.0	0.722×10^{-2}	96.02	0.951 7
9.0	0.576×10^{-2}	120.35	0.929 0

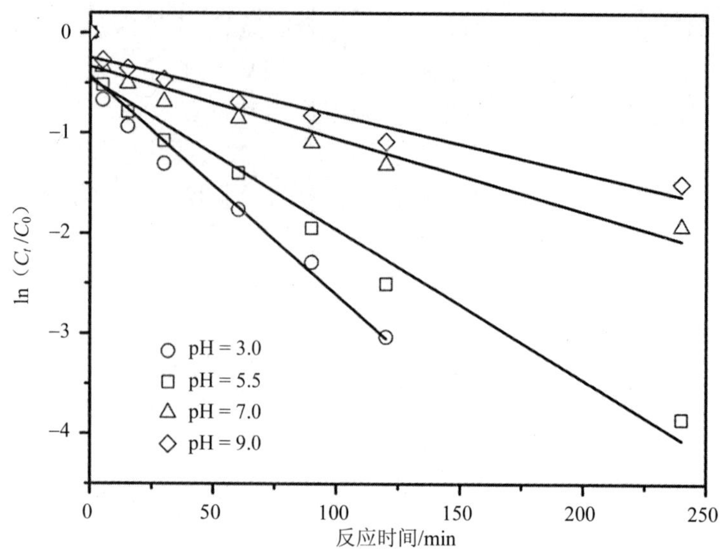

图 4-25 不同初始 pH 条件下 M-NZVI 降解 BDE-209 的动力学数据拟合

由图 4-25 可以看出，不同初始 pH 条件下 M-NZVI 降解 BDE-209 的反应也均符合伪一级反应动力学方程，反应溶液初始 pH 对表观反应速率常数 k_{obs} 的影响较大，k_{obs} 值随反应溶液初始 pH 的增加而降低。从表 4-9 可以看出，反应溶液初始 pH 分别为 3.0、5.5、7.0 和 9.0 时，表观反应速率常数 k_{obs} 分别为 2.184×10^{-2}、1.502×10^{-2}、0.722×10^{-2} 和 0.576×10^{-2}，pH 为 3.0 的表观反应速率常数 k_{obs} 是 pH 为 9.0 的 3.79 倍，这结果表明酸性环境有利于 M-NZVI 材料降解 BDE-209 的反应，在酸性环境下 BDE-209 的反应速率较快，这结果也与许多学者的研究结果相类似。本章中已讨论过 pH 对 BDE-209 降解的影响，表明酸性环境能防止铁氧化物和氢氧化物沉淀的形成，促进零价铁表面和 BDE-209 污染物之间的电子转移，从而有利于 BDE-209 降解效果的提高，所以表观反应速率常数 k_{obs} 随 pH 的升高而降低。

4）不同反应温度对表观速率常数 k_{obs} 的影响

本章中已讨论过反应温度对 BDE-209 降解的影响，结果表明温度升高有利于 BDE-209 的降解，但高于室温 25℃后，效果提升并不明显。为了研究反应温度对表观速率常数 k_{obs} 的影响，本研究对其实验数据进行动力学线性拟合，反应温度分别为 10℃、25℃、40℃，结果如表 4-10 和图 4-26 所示。

表 4-10 不同反应温度条件下表观速率常数

反应温度/℃	k_{obs} /min^{-1}	$t_{1/2,obs}$ /min	r^2
10.0	0.734×10^{-2}	94.444	0.929 2
25.0	1.514×10^{-2}	45.79	0.961 5
40.0	1.762×10^{-2}	39.34	0.974 9

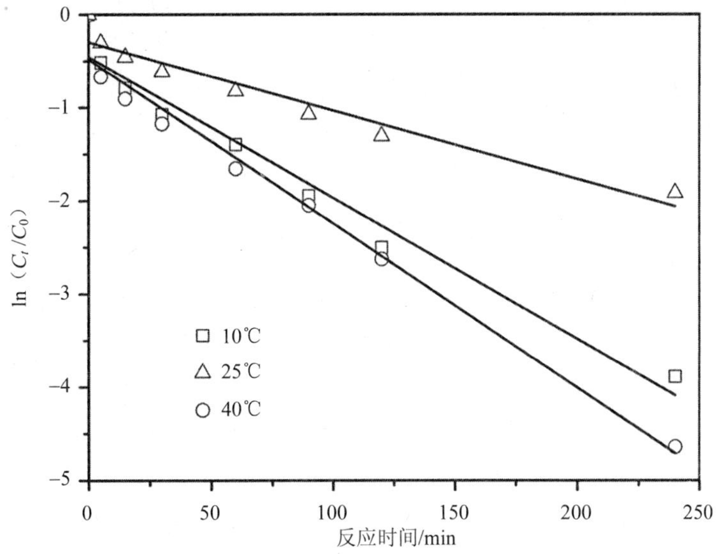

图 4-26 不同反应温度条件下 M-NZVI 降解 BDE-209 的动力学数据拟合

由图 4-26 和表 4-10 可以看出，表观反应速率常数 k_{obs} 随反应温度的增加而升高，反应温度从 10℃升高到 40℃时，其表观反应速率常数 k_{obs} 从 0.734×10^{-2} 升高到 1.762×10^{-2}，升高了 2 倍多，但反应温度从 25℃升高到 40℃时，其表观反应速率常数仅升高了 2.48×10^{-3}，这结果表明反应温升高有利于反应速率常数 k_{obs} 的增加，但高于温室后升幅不明显，即 BDE-209 降解效果增加不明显，这规律与本章中的相关结果相一致。

4.6 降解机理与途径研究

4.6.1 降解过程与机理分析

纳米铁对卤代有机物的降解作用，主要通过以下 3 种途径：①Fe^0 直接电子转移；②Fe^0 腐蚀后所产生的 Fe^{2+}的电子转移带来的还原作用；③Fe^0-H_2O 体系中的 H_2 的还原作用，其中途径①在降解脱卤的过程中起主要作用，其过程可用如下方程式表达：

$$Fe^0 \longrightarrow Fe^{2+} + 2e^- \quad (4\text{-}12)$$

$$C_xH_yBr_z + zH^+ + ze^- \longrightarrow C_xH_{y+z} + zBr \quad (4\text{-}13)$$

$$2Fe^{2+} + RBr + H^+ \longrightarrow 2Fe^{3+} + RH^+Br^- \quad (4\text{-}14)$$

上一节已论述过，纳米铁对卤代有机污染物的去除降解过程主要为界面化学过程，具体到 M-NZVI 材料降解 BDE-209，其主要过程为：M-NZVI 材料加到含有 BDE-209 的水溶液中后，M-NZVI 材料和 BDE-209 分子都会发生界面上的扩散与迁移。当溶液中的 BDE-209 分子扩散到 M-NZVI 材料表面时，首先被 M-NZVI 材料活性位快速吸附，随后被吸附的 BDE-209 分子与有机蒙脱石表面或空隙里的 Fe^0 发生还原反应，反应后的脱溴产物从 M-NZVI 材料的表面脱附并转移至溶液中，这即是 M-NZVI 材料降解 BDE-209 的降解过程。

为了解不同时间 BDE-209 的降解效果与脱溴率变化，根据实验结果对其进行作图，如图 4-27 所示。由图中可以看出，在前 30 min 内 M-NZVI 材料去除 BDE-209 的去除率很高，将近 50%，这是因为 M-NZVI 材料的比表面积较大，且蒙脱石经有机改性后对疏水性卤代有机污染物的吸附能力大大增强，因此，前 30 min 的降解过程是以吸附为主、脱溴还原为辅（后面的 HPLC 和 GC-MS 测定也证明这一点）。脱溴率变化曲线也说明这一点，在前 30 min 内脱溴率增速比较缓慢，仅达 8.20%。反应 30 min 后，降解过程进入脱溴还原为主、吸附为辅的阶段，从图中可以看出，随着反应时间增加，BDE-209 去除率增长比较缓慢，但脱溴率则呈现快速增加的态势，由 8.20%增长到 36.01%。上述结果再次表明 M-NZVI 材料降解 BDE-209 是吸附和还原协同作用的结果。

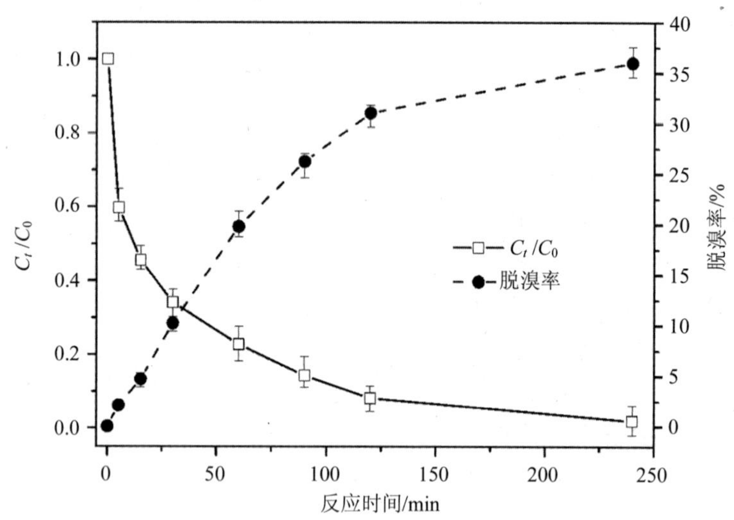

图 4-27 不同时间 BDE-209 的降解效果与脱溴率

4.6.2 降解产物分析

1）脱溴产物分配情况

为了了解 BDE-209 脱溴后各产物的分配情况，本研究对 M-NZVI 材料降解 BDE-209 后的反应溶液进行 LC-MS/MS 和 HPLC 测试分析，并将各个产物峰的保留时间和出峰顺序与标准品的 LC-MS/MS 结果以及 HPLC 结果进行了精准对比，为保证准确，增加空白实验，但没有检测到任何与 BDE-209 有关的脱溴产物。图 4-28 为 BDE-209 的脱溴产物随时间变化的柱状分配图，图 4-29 则为各反应时间点 BDE-209 和各脱溴产物的 HPLC 分析结果。

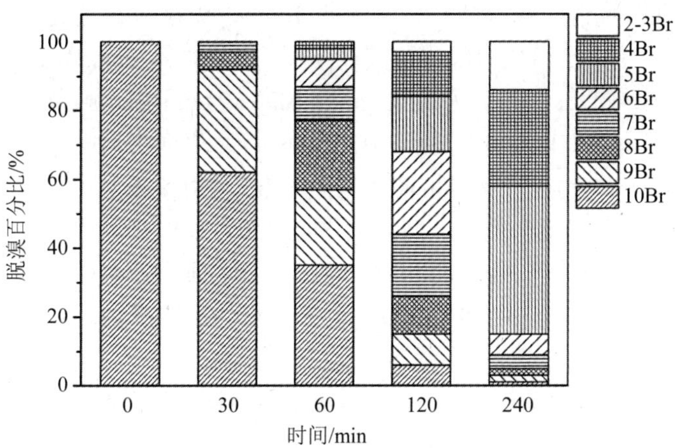

图 4-28　BDE-209 的脱溴产物随时间变化的柱状分配图

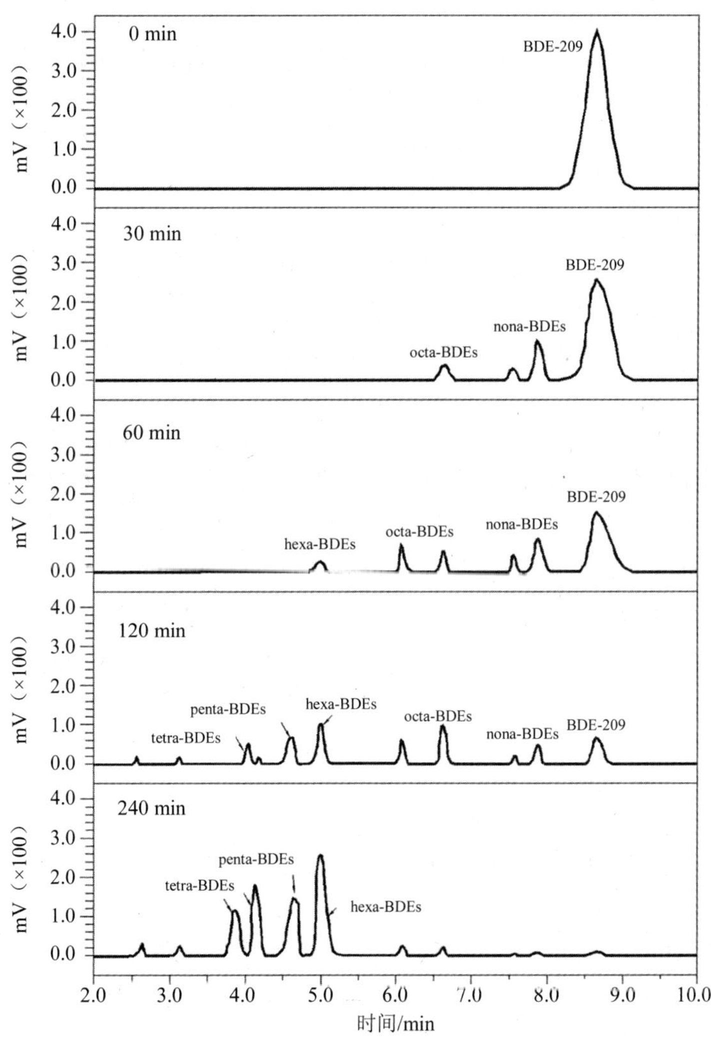

图 4-29　不同时间 BDE-209 及降解产物的 HPLC 分析结果

由图 4-29 可以看出，M-NZVI 材料降解 BDE-209 的过程是遵循逐步脱溴规律的，BDE-209 随时间变化由十溴化合物先脱溴成 nona-BDEs 和 octa-BDEs，再逐步脱溴成为 hepta-BDEs 和 hexa-BDEs，最后脱溴成 penta-BDEs、tetra-BDEs 和 tri-BDEs。通过计算 BDE-209 各脱溴产物的 HPLC 响应值与 BDE-209 母体化合物响应值的比值，进行作图而得到 BDE-209 各脱溴产物的柱状分配图（见图 4-28）。由图 4-28 可以看出，不同时间点，各脱溴产物的比例随时间不断变化，高溴代化合物所占比例逐渐降低，而同时低溴代化全部物所占比例则逐渐增加。hepta-BDEs 和 hexa-BDEs 成为体系中主要的脱溴中间产物，penta-BDEs、tetra-BDEs 和 tri-BDEs 则成为脱溴反应的最终产物，其中 tetra-BDEs 所占的比例最大。

BDE-209 的脱溴率主要是通过计算脱落到溶液中溴离子总量与 BDE-209 中溴原子总量之比值而得到的，理论上计算，BDE-209 全部脱溴生成 penta-BDEs，其脱溴率为 50%。从图 4-28 可以看出，M-NZVI 材料与 BDE-209 反应 24 h 后，五溴或五溴以下溴代同系物占脱溴产物的 82.15%，这与通过实测的脱溴率（36.01%）基本上是相一致的。

2）脱溴产物鉴定情况

实验中分别在 30 min、120 min 和 240 min 共 3 个时间点对 M-NZVI 材料降解 BDE-209 的中间产物和最终产物通过 GC-MS 和 LC-MS/MS 进行了鉴定，其结果可见图 4-30 至图 4-32。为了准确鉴定 BDE-209 还原脱溴反应的中间产物和最终产物类型，本研究根据不同溴代联苯醚在 GC-MS 图谱中的保留时间及质谱图情况，与 PBDEs 标准物质的精确出峰时间和质谱图进行了叠峰处理和详细比较。

从图 4-30 至图 4-32 中可以看出，M-NZVI 材料降解 BDE-209 的过程中，一共产生了 21 种溴代联苯醚类似产物，从 nona-BDEs 到 tri-BDEs 都有，这再次表明 BDE-209 的降解过程是逐步脱溴过程。从图 4-30 中 30 min 的 GC-MS 总离子谱图可以看出，BDE-209 脱溴还原转化首先是脱去一个 Br 原子生成九溴二苯醚（nona-BDES），该产物主要包括两个同分异构体，分别是 BDE-207 和 BDE-206，然后再脱去一个溴原子生成两个 octa-BDEs 同分异构体，可以通过标准品定性为 BDE-196 和 BDE-197，但 BDE-203 没有被发现。

从图 4-31 中 GC-MS 总离子谱图可以看出，反应 120 min 后可以发现了八溴二苯醚（hepta-BDEs）的两个溴代同分异构体，其中一个为 BDE-191，另一个为出峰时间稍微比它短一点的 BDE-183。从图 4-31 还可以看出，通过与标准品的对照，可以发现 4 个 hexa-BDEs 同分异构体，分别为 BDE-153、BDE-154、BDE-138 和 BDE-156，这表明 hexa-BDEs 为最主要的脱溴中间产物，图 4-28 中的数据也表明在 120 min 时，hexa-BDEs 所占的比例较大。

从图 4-31 和图 4-32 中 GC-MS 总离子谱图都可以看出，M-NZVI 降解 BDE-209 的反应中发现了 4 个 penta-BDEs 同分异构体，分别为 BDE-126、BDE-119、BDE-99 和 BDE-100，其中 BDE-119 在反应 240 min 的 GC-MS 总离子谱图后其丰度最高，而在图 4-28 中的数据也表明 penta-BDEs 在最终产物中的比例最高。从图 4-32 中发现了 4 个 tetra-BDEs 同分异构体，分别为 BDE-77、BDE-71、BDE-49 和 BDE-47，该类溴代化合物在最终产物中所占的比例仅次于 penta-BDEs，尽管 BDE-47 是在实际环境中比较容易检测到的一类 PBDEs，但本研究中的脱溴产物中所占比例并不高。同时，240 min 反应后的脱溴产物中还发现了 1 个 tri-BDEs 和 1 个 di-BDEs 同分异构体，对照标准品可以鉴定为 BDE-17 和 BDE-15。此外，在 GC-MS

总离子谱图中 15 min 的保留时间点，有一个小峰无法鉴定出是哪种溴代化合物。

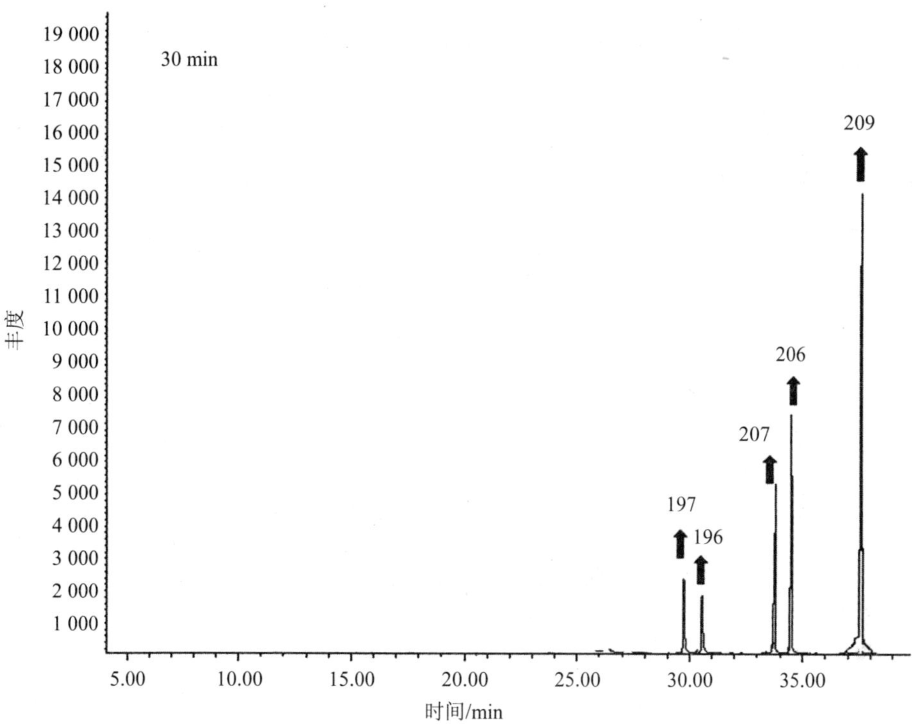

图 4-30　BDE-209 及其还降解产物的 GC-MS 分析结果（30 min）

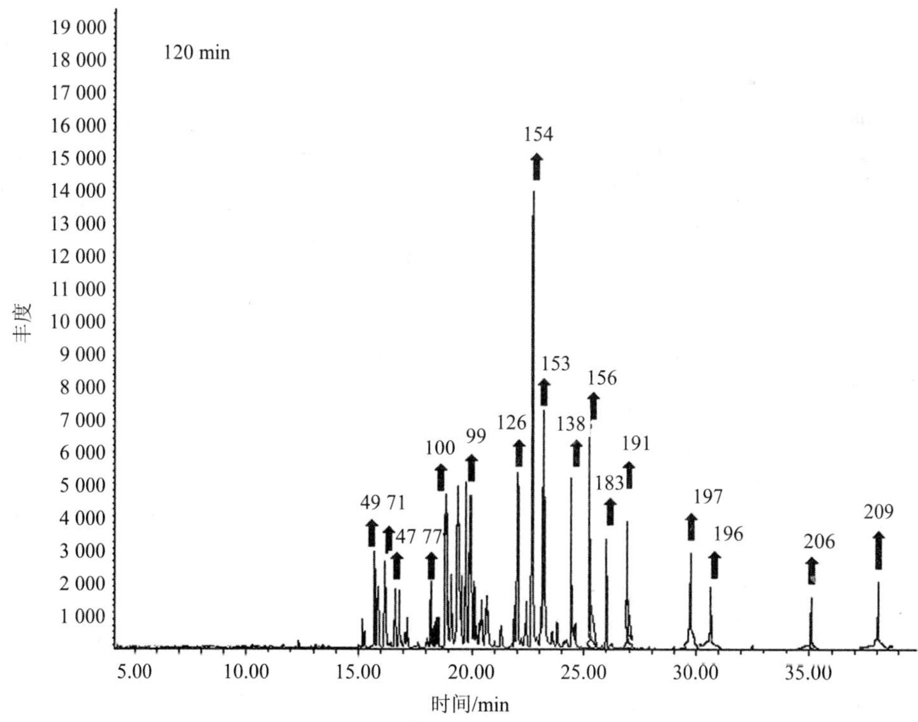

图 4-31　BDE-209 及其降解产物的 GC-MS 分析结果（120 min）

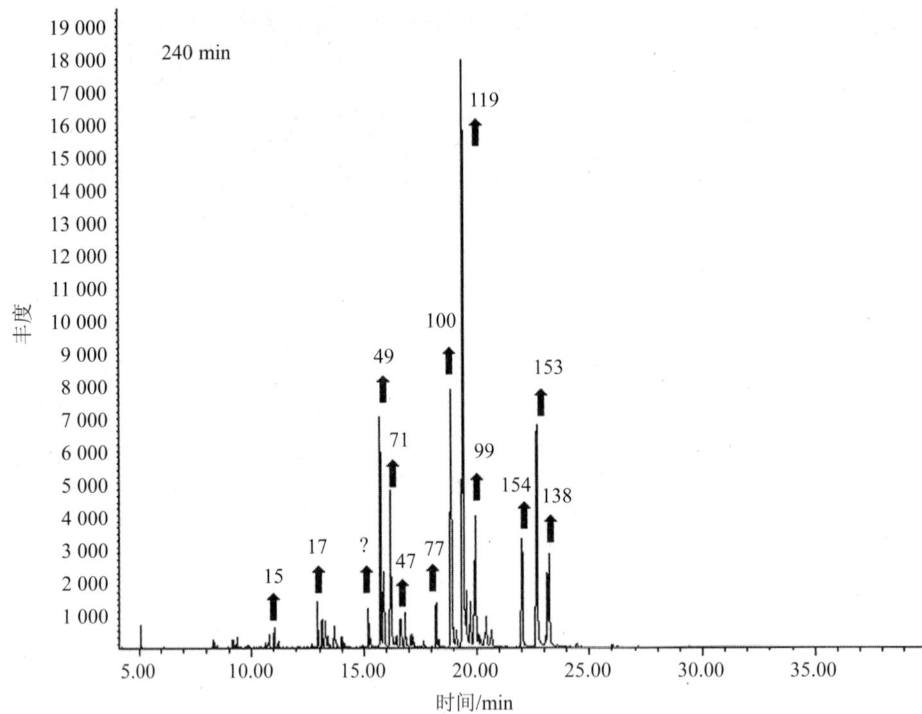

图 4-32 BDE-209 及其降解产物的 GC-MS 分析结果（240 min）

表 4-11 BDE-209 脱溴产物的 GC-MS 保留时间

序号	溴原子数量	产物名称	保留时间/min	序号	溴原子数量	产物名称	保留时间
1	10	BDE-209	37.51	12	5	BDE-126	21.69
2	9	BDE-206	34.47	13		BDE-99	19.96
3		BDE-207	33.67	14		BDE-119	19.45
4	8	BDE-196	30.57	15		BDE-100	19.09
5		BDE-197	29.73	16	4	BDE-77	17.98
6	7	BDE-191	27.14	17		BDE-47	16.65
7		BDE-183	26.26	18		BDE-71	16.25
8	6	BDE-156	25.23	19		BDE-49	16.18
9		BDE-138	26.61	20	3	BDE-17	13.25
10		BDE-153	23.22	21	2	BDE-15	11.37
11		BDE-154	22.03	22		未知	15.25

4.6.3 降解途径分析

根据前面的 M-NZVI 材料降解 BDE-209 的降解机理分析和 BDE-209 还原脱溴中间产物和最终产物的鉴定结果可知，M-NZVI 材料降解 BDE-209 的过程是一个逐步脱溴的过程，主要是通过以氢原子逐步取代溴原子而完成由高溴代联苯醚转化成低溴代联苯醚，随着脱溴反应的进行，低溴代二苯醚同系物在降解产物中所占比例越来越大，最后的降解结果表明 M-NZVI 材料降解 BDE-209 的脱溴效果明显。根据降解机理产物鉴定结果概括了本研究中所得到的 M-NZVI 材料降解 BDE-209 的主要脱溴还原途径，如图 4-33 所示，这结果也与 Zhuang 等[35]和 Fang 等[22]的结果相类似。

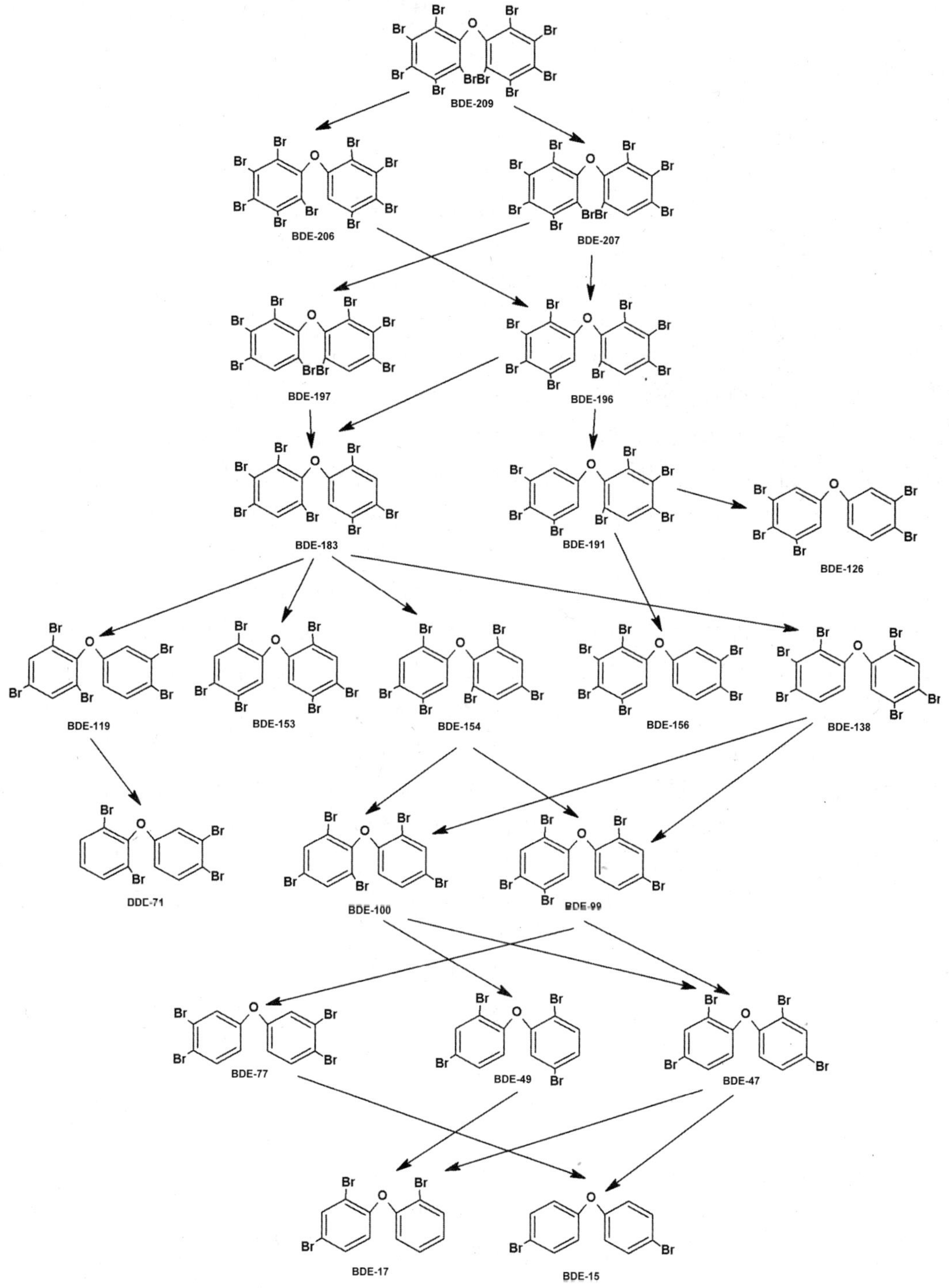

图 4-33　M-NZVI 材料降解 BDE-209 的主要脱溴还原途径

4.7 有机蒙脱石负载纳米铁材料的初步应用

有机蒙脱石负载纳米铁材料的初步应用主要是以含 PBDEs 类废水为对象。

4.7.1 应用背景

十溴二苯醚（BDE-209）由于具有添加量少、阻燃性强、热稳定性高等特点，广泛应用于印刷线路板、电子产品、纺织、塑料和橡胶等制造行业中，但十溴二苯醚可能会在其生产使用过程以及相关产品的使用、回收过程中释放到环境中。我国是十溴二苯醚（BDE-209）使用和生产大国，在珠江三角洲及周边地区，不仅拥有世界上最大的电子产品和印刷线路板生产基地，还存在较大规模的电子废弃物处理和回收活动，据相关文献报道，该地区 PBDEs 暴露风险极高，周边河流的河水和底泥中多溴联苯醚含量很高。

电子垃圾（E-waste）是指不能重新使用或被遗弃的电器或电子产品，包括废旧电子、废旧电器产品和废旧电脑等，如废旧电脑、电视机、手机、电冰箱、线路板、电动机和变压器等。随着全球电子和印刷线路板技术的发展，电子电气产品更新换代迅速，每年大约有 5 000 万 t 的电子垃圾产生，并大量以废弃电子垃圾的形式进入我国而被各个地方的电子拆解基地进行回收利用。广东清远龙塘镇电子废弃物拆卸基地就是广东两个最大电子垃圾拆解场地之一，该镇只有 10 万人，但拥有超过 1 000 家拆解厂，超过 5 万人的拆解队伍每天在不停地劳作，每年拆解的电子洋垃圾近百万吨。粗放的拆卸方式给当地的生态环境造成严重的影响，含有多溴联苯醚的废弃电子垃圾，在放置过程中经过雨水的侵蚀而容易进入水体和土壤中，学者们也在周边各种环境介质均检出含量较高的 PBDEs。

印刷电路板是电子电气产品中的重要组成部分，几乎所有的电子电气产品和电脑配件等都会使用到电路板，在印刷电路板的生产过程中需加入一定量的溴代阻燃剂（主要是 PBDEs）来防止印刷电路板自燃。同时，BDE-209 会在印刷电路板生产过程中由于各种原因而进入印刷电路板废水中。珠江三角洲及周边地区印刷线路板废水量非常大，环保部门一直以来只重视印刷线路板废水的重金属达标而忽视了废水中的痕量毒害物指标，因此，废水中大量的溴代阻燃剂类污染物（主要是 PBDEs）直接排入水体对周边环境造成长期污染。

因此，针对电子废弃物拆卸渗出废水和印刷线路板废水中均含有大量 PBDEs 的情况，利用制备好的 M-NZVI 材料，对该材料降解这两种废水的效果进行初步研究。

4.7.2 对电子废弃物拆卸渗出废水的降解效果

M-NZVI 材料降解电子废弃物拆卸渗出废水的前后效果对比如图 4-34 和图 4-35 所示。由图 4-34 可以看出，电子废弃物拆卸渗出废水中 PBDEs 的含量非常高，达 2 326.90 ng/L，其中除 BDE-209 外其他溴代二苯醚总含量（$\sum_9$BDEs）为 806.40 ng/L，BDE-209 的含量则为 1 520.50 ng/L，这结果比 Peng 等测定的华南地区市政污水处理厂进水中 PBDEs 的含量（BDE-209 含量为 550.20 ng/L）高 3 倍左右。上述结果表明电子废弃物拆卸渗出废水中主要是以 BDE-209 为主，其原因一方面是现阶段溴代阻燃剂的使用品种是以十溴二苯醚为主，另一方面是电子废弃物拆卸渗出废水中 BDE-209 大部分未分解成其他低溴代二苯醚。

由图 4-34 可以看出，经 M-NZVI 材料降解后，废水中$\sum_9$BDEs 和 BDE-209 含量分别为 25.60 ng/L 和 38.80 ng/L，去除率分别为 96.83%和 97.45%，去除率较高，这结果表明 M-NZVI 材料对电子废弃物拆卸渗出废水有非常高的降解效果。

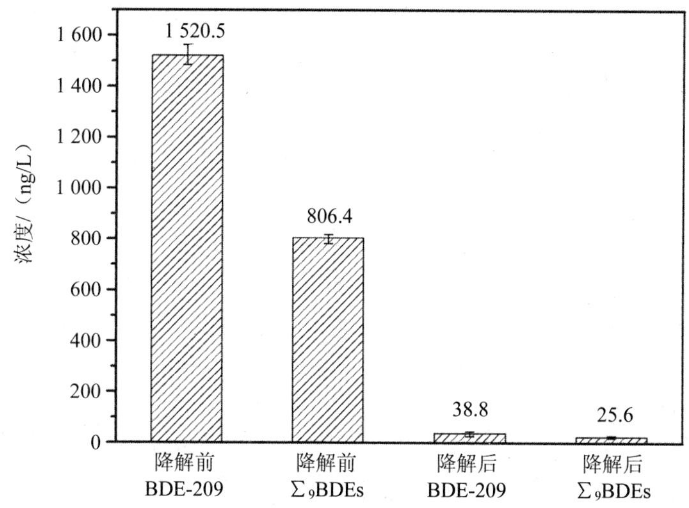

图 4-34　M-NZVI 材料降解电子废弃物拆卸渗出废水中 PBDEs 前后效果对比

4.7.3　对印刷电路板废水的降解效果

M-NZVI 材料降解印刷线路板废水的前后效果对比如图 4-35 所示。由图 4-35 可以看出，相比电子废弃物拆卸渗出废水，印刷线路板废水中 PBDEs 的含量低 60%左右，为 644.30 ng/L，其中除$\sum_9$BDEs 为 187.50 ng/L，BDE-209 的含量为 456.80 ng/L。上述结果表明印刷线路板废水中还是以 BDE-209 为主，并且 BDE-209 占 PBDEs 总量的 80%左右，比电子废弃物拆卸渗出废水中 BDE-209 所占的比例（约占 50%）要高很多，其原因可能是印刷电路板在制备和清洗过程中排入废水中的 BDE-209 由于在自然环境中存在时间较短，基本上未进行分解。

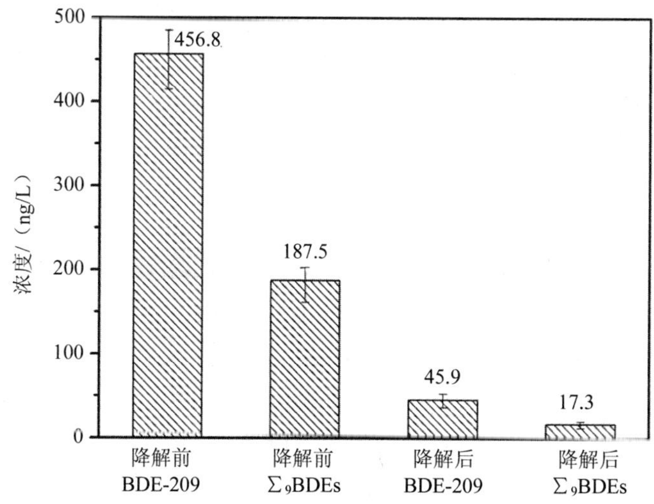

图 4-35　M-NZVI 材料降解印刷线路板废水中 PBDEs 前后效果对比

由图 4-35 可以看出，经 M-NZVI 材料降解后，印刷线路板废水中$\sum_9$BDEs 和 BDE-209 含量分别为 17.30 ng/L 和 45.90 ng/L，去除率分别为 90.77%和 89.95%，去除率相比电子废弃物拆卸渗出废水较低，这结果表明 M-NZVI 材料对印刷线路板废水也有较高的降解效果，但可能会受到了印刷线路板废水中重金属的影响。

4.7.4 合成材料应用分析

M-NZVI 材料在降解印刷线路板废水和电子废弃物拆卸渗出废水等方面的应用可从如下 3 方面进行分析：

一是去除效果方面，从上面 M-NZVI 材料对印刷线路板废水和电子废弃物拆卸渗出废水两种废水的去除率可以看出，两种废水中 PBDEs 类污染物的去除率均超过 90%，这表明 M-NZVI 材料对两种废水是有良好的去除效果，可以将该材料应用于含有 PBDEs 类污染物的废水治理中。

二是使用便利性方面，M-NZVI 材料是一种合成的粉状材料，可替代其他混凝剂材料或吸附材料而直接用于废水处理中，也可以与其他混凝剂混合在一起使用。另外，M-NZVI 材料的制备工艺流程相对比较简单，规模化生产可能性很大。

三是材料制备成本方面，M-NZVI 材料主要是由钠基蒙脱石、硫酸亚铁和少量改性剂组成，按市场上的材料价格初步计算，应用到上述两种废水处理时的吨水处理费是 30～40 元，相对其他高浓度废水该费用并不算高，在材料规模化生产后，材料制备成本将大大下降，从而使其大规模应用的可能性大大增加。

参考文献

[1] 朱利中，刘文涵. CTMAB-膨润土吸附水中有机物的性能及应用. 环境化学，1997，16（3）：233-237.

[2] SHEN Y H. Preparations of organobentonite using nonionic surfactants. Chemosphere，2001，44（5）：989-995.

[3] 莫伟，马少健，韩跃新，等. 膨润土的铝酸脂表面改性研究水. 金属矿山，2008（2）.

[4] 付桂珍，龚文琪，曹敏. 蒙脱石有机插层复合物的制备及表征. 武汉理工大学学报，2006，28（8）：50-53.

[5] BENTOUAMI A，OUALI M. Cadmium removal from aqueous solutions by hydroxy-8 quinoleine intercalated bentonite. Journal of Colloid and Interface Science，2006，293（2）：270-277.

[6] 陈德芳，王重. 有机膨润土的性能与结构关系的研究. 西安交通大学学报，2000，34（8）：92-95.

[7] MCBRIDE M，PINNAVAIA T，MORTLAND M. Adsorption of aromatic molecules by clays in aqueous suspension. Advances in Environmental Science and Technology（USA），1977.

[8] YILDIZ N，GÖNÜLSEN R，KOYUNCU H，CALIMLI A. Adsorption of benzoic acid and hydroquinone by organically modified bentonites. Colloids and Surfaces A：Physicochemical and Engineering Aspects，2005，260（1）：87-94.

[9] 刘莺，刘学良，王俊德. 黏土改性条件的研究 I. 膨润土的改性. 环境化学，2002，21（2）：167-171.

[10] 沈学优，卢瑛莹，朱利中. 对-硝基苯酚在水/有机膨润土界面的吸附行为——热力学特征及机理. 中国环境科学，2003，23（4）：367-370.

[11] 孙洪良. 有机膨润土吸附水中重金属和有机污染物的性能及机理研究. 化学研究与应用，2007，7.

[12] CHEN B L，HUANG W H，MAO J F，et al. Enhanced sorption of naphthalene and nitroaromatic compounds to bentonite by potassium and cetyltrimethylammonium cations. Journal of Hazardous Materials，2008，158（1）：116-123.

[13] SHAKIR K，GHONEIMY H F，ELKAFRAWY A，et al. Removal of catechol from aqueous solutions by adsorption onto organophilic-bentonite. Journal of Hazardous Materials，2008，150（3）：765-773.

[14] WANG C B，ZHANG W X. Synthesizing nanoscale iron particles for rapid and complete dechlorination of TCE and PCBs. Environmental Science & Technology，1997，31（7）：2154-2156.

[15] 丁建旭，廖其龙，杨定明，等. 微乳液体系制备 Fe_2B 包覆纳米 α-Fe 及其性能研究. 化工新型材料，2007，35（2）：25-26.

[16] ZHANG B G，FENG C P，NI J R，et al. Simultaneous reduction of vanadium（V）and chromium（VI）with enhanced energy recovery based on microbial fuel cell technology. Journal of Power Sources，2012，204：34-39.

[17] LEE J，HAN S，HYEON T. Synthesis of new nanoporous carbon materials using nanostructured silica materials as templates. Journal of Materials Chemistry，2004，14（4）：478-486.

[18] ZHU H J，JIA Y F，WU X，et al. Removal of arsenic from water by supported nano zero-valent iron on activated carbon. Journal of Hazardous Materials，2009，172（2）：1591-1596.

[19] 赵宗山，刘景富，邰超，等. 离子交换树脂负载零价纳米铁快速降解水溶性偶氮染料. 中国科学：B 辑，2008，38（1）：60-66.

[20] ÜZÜM C，SHAHWAN T，EROĞLU A，et al. Synthesis and characterization of kaolinite-supported zero-valent iron nanoparticles and their application for the removal of aqueous Cu^{2+} and Co^{2+} ions. Applied Clay Science，2009，43（2）：172-181.

[21] WANG Q，QIAN H J，YANG Y P，et al. Reduction of hexavalent chromium by carboxymethyl cellulose-stabilized zero-valent iron nanoparticles. Journal of Contaminant Hydrology，2010，114（1）：35-42.

[22] FANG Z，QIU X，CHEN J，et al. Degradation of the polybrominated diphenyl ethers by nanoscale zero-valent metallic particles prepared from steel pickling waste liquor. Desalination，2011a，267（1）：34-41.

[23] ZHANG Y，LI Y M，LI J F，et al. Enhanced removal of nitrate by a novel composite：nanoscale zero valent iron supported on pillared clay. Chemical Engineering Journal，2011a，171（2）：526-531.

[24] ZHUANG Y，AHN S，LUTHY R G. Debromination of polybrominated diphenyl ethers by nanoscale zerovalent iron：pathways，kinetics，and reactivity. Environmental Science & Technology，2010，44（21）：8236-8242.

[25] GU C，JIA H，LI H，et al. Synthesis of highly reactive subnano-sized zero-valent iron using smectite clay templates. Environmental Science & Technology，2010，44（11）：4258-4263.

[26] WU L，RITCHIE S. Removal of trichloroethylene from water by cellulose acetate supported bimetallic Ni/Fe nanoparticles. Chemosphere，2006，63（2）：285-292.

[27] LI L，FAN M，BROWN R C，et al. Synthesis，properties，and environmental applications of nanoscale iron-based materials：a review. Critical Reviews in Environmental Science and Technology，2006，36（5）：405-431.

[28] MEYER D，WOOD K，BACHAS L，et al. Degradation of chlorinated organics by membrane - immobilized nanosized metals. Environmental Progress，2004，23（3）：232-242.

[29] 胡六江，李益民. 有机膨润土负载纳米铁去除废水中硝基苯. 环境科学学报，2008，28（6）：1107-1112.

[30] FROST R L，XI Y，HE H. Synthesis，characterization of palygorskite supported zero-valent iron and its application for methylene blue adsorption. Journal of Colloid and Interface Science，2010，341（1）：153-161.

[31] FANG Z，QIU X，CHEN J，et al. Debromination of polybrominated diphenyl ethers by Ni/Fe bimetallic nanoparticles：influencing factors，kinetics，and mechanism. Journal of Hazardous Materials，2011b，185（2）：958-969.

[32] TSENG H-H，SU J-G，LIANG C. Synthesis of granular activated carbon/zero valent iron composites for simultaneous adsorption/dechlorination of trichloroethylene. Journal of Hazardous Materials，2011，192（2）：500-506.

[33] CHEN Z X，JIN X Y，CHEN Z L，et al. Removal of methyl orange from aqueous solution using bentonite-supported nanoscale zero-valent iron. Journal of Colloid and Interface Science，2011，363（2）：601-607.

[34] LI Y，ZHANG Y，LI J，ZHENG X. Enhanced removal of pentachlorophenol by a novel composite：nanoscale zero valent iron immobilized on organobentonite. Environmental Pollution，2011，159（12）：3744-3749.

[35] ZHANG Y，LI Y，ZHENG X. Removal of atrazine by nanoscale zero valent iron supported on organobentonite. Science of the Total Environment，2011b，409（3）：625-630.

[36] JIA H，WANG C. Adsorption and dechlorination of 2,4-dichlorophenol（2,4-DCP）on a multi-functional organo-smectite templated zero-valent iron composite. Chemical Engineering Journal，2012，191：202-209.

[37] 翁秀兰，林深，陈征贤，等. 天然膨润土负载纳米铁的制备及其对阿莫西林的降解性能. 中国科学：化学，2012，42（1）：17-23.

第 5 章　功能材料在可渗透性反应墙技术中的应用

5.1　可渗透性反应墙（PRB）技术概述

随着人类社会生产和生活水平的提高，大量工业废水和生活污水被排放，农田化肥石油化工产品的渗漏以及沿海地区海水的入侵等都会造成地下水的污染。地下水污染具有隐蔽性强、治理困难等特点，一旦遭受污染则很难修复。传统的治理方法是：抽出处理（pump–and-treat）技术，该技术能有效地将污染区控制在抽出井的上游。但是此技术只能限制污染的进一步扩散，不能就地修复受污染的地下水。此外，抽出处理方法还要求持续的能量输入，以保证抽出和水处理系统的正常运行。同时，还需要长期对其系统的运转进行监测，使得安装费用十分昂贵[1]。由于这种方法也没有控制污染源，因此只要污染源和羽状体存在，抽出处理系统就要运行几年甚至几十年，费用很高，同时对重非水溶相液体（DNAPLs）的去除效果很小[2]。其次，地下水的抽出会引起地下水水力梯度的下降，这会活化原来处于休眠状态的重非水相液体（DNAPLs），而加重地下水的污染[3]。为了解决上述问题，更好地修复污染地下水，随后发展起来了原位修复技术，如原位生物修复、可渗透性反应墙（Permeable Reactive Barriers，PRB）及原位化学反应技术等[4]。

5.1.1　PRB 的基本概念

美国国家环保局（USEPA）1998 年发行的《污染物修复的 PRB 技术》手册将 PRB 定义为：在地下安置活性材料墙体以便拦截污染羽状体，使污染羽状体通过反应材料后，其污染物能转化为环境接受的另一种形式，从而实现使污染物溶度达到环境标准的目标[5,6]。由定义可以看出，PRB 是一个阻截性的反应材料原位处理区，反应材料是其核心，它将反应材料垂直于地下水中污染羽状体的流动方向放置，当这种羽状体流经反应墙时，与反应材料发生物理、化学及生物等作用而被降解、吸附、沉淀或去除，使污染羽状体得到处理，如图 5-1 所示[7]。PRB 可广泛用于处理地下水中的有机和无机污染物。目前研究最多的污染物中影响较大的主要是氯代有机物，如：四氯乙烯（C_2Cl_4，简称 PCE）、三氯乙烯（C_2HCl_3，简称 TCE）、二氯乙烯（$C_2H_2Cl_2$，简称 DCE）、氯乙烯（C_2H_3Cl，简称 VC）。无机污染物主要是重金属，包括 Cr、Cd、Zn、Pb、Hg、As、Ni、Cu 和 Ag 等[4]。

5.1.2　PRB 的结构类型

按结构分类，PRB 有以下两种基本形式：①连续墙式 PRB（continuous wall PRB），②隔水漏斗-导水门式 PRB（funnel-and-gate PRB）。连续墙式 PRB 也常被称作原位反应墙，就是在污染羽状体的下游建立一个连续的反应墙，这个反应墙能够控制整个的污染羽状体。但这种反应墙有一个缺点，就是为了成功地处理一个污染羽状体，反应墙要做得足够大以确保整个污染羽都通过反应墙。一旦所要处理的污染羽很宽或延伸很深，那么连续反应墙就要做得很大，相应的安装费用就相当昂贵，这就限制了连续反应墙的现场应用。为了解决上述问题，使用低透水率的隔断墙来引导污染羽，使其流经较小的反应墙，这种隔断墙和较小反应墙的组合被称为隔水漏斗-导水门式 PRB。根据原位反应器的多少，隔水漏斗-导水门式 PRB 又可以分为单通道系统和多通道系统，多通道又分并联多通道和串联多通道两类，并联多通道系统主要处理宽污染地下水羽的情况；对于不同类型污染物混合情况下的地下水处理，经常需要不同种类的原位反应器，这时一般采用串联多通道系统。同时，还有学者把 PRB 分成 4 种形式：连续墙式 PRB、装填式 PRB、隔水漏斗-导水门与沉箱联合布置 PRB、隔水漏斗-导水门式 PRB[6]。

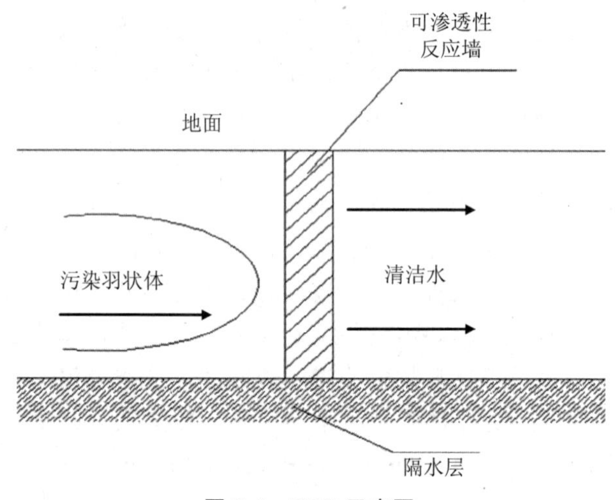

图 5-1 PRB 示意图

按反应性质分类，可分为化学沉淀反应墙、吸附反应墙、氧化-还原反应墙和生物降解反应墙，主要是反应墙内填充的反应材料不同。如果填充的反应材料是活性炭、沸石、有机黏土等吸附材料，则此反应墙按性质分，属吸附反应墙；如果反应材料是零价铁（zero-value iron，简称 Fe^0）等还原性金属，则属氧化-还原反应墙。

5.2 功能材料在可渗透性反应墙中的应用

反应材料是滤式反应墙中的核心组件，应针对不同的目标污染物、地质条件等因地制宜地选择不同的反应材料。

选取的反应材料应有以下 3 个特点：①当污染羽状体流经反应墙时，反应材料能和其中的污染物质发生一定的物理、化学或生物反应，而使污染物得到降解或者去除；②反应材料应能大量获得，且成本较低。同时，还应有一定的稳定性，能长时间的耐用，因为反应材料的频繁更换会增加操作和维护费用；③反应材料不能产生二次污染[8]。总的来说，反应材料的选择应该有效、经济、安全。目前国内外常用的且用于实际工程的大部分反应材料是零价铁和活性炭（见表 5-1），其他材料如泥煤、稻草、锯木屑、树叶、黑麦种子、城市堆肥等基本处于试验研究中，此外，还有一些辅助活性材料：用于物理吸附的活性炭、沸石、黏土矿物、煤炭、铝硅酸盐等；用于化学吸附的磷酸盐、石灰石、铁氧化合物、双金属、多金属以及微生物材料等[6]。轮胎碎片也是一种反应材料，特别对憎水性有机污染物有很好的处理效果。

表 5-1 国外可渗透反应墙典型应用实例[9-13]

地点	污染物种类及浓度	反应墙类型	投资费用/美元	年份	处理	安装深度/m	反应材料	
					效果		种类	Fe^0数量/t
安大略	Ni、Fe	连续反应墙	—	—	—	4.3	活性炭	—
北卡罗来纳	>4 320 μg/L（TCE） >3 430 μg/L（Cr^{6+}）	连续反应墙	500 000	—	污染物浓度<MCLs	5.5	Fe^0	450
北卡罗来纳	—	连续反应墙	350 000	1996	—	12.2	Fe^0	—
多佛	PCE、TCE、DCE	漏斗-通道式反应墙	—	—	—	4.6	Fe^0	—
加利福尼亚	50～200 μg/L（TCE） 1 000～4 500 μg/L（DCE）	漏斗-通道式反应墙	600 000	1995	DCE<5 μg/L TCE<6 μg/L	6.1	Fe^0	220
堪萨斯	TCE、1,1,1-TCA	漏斗-通道式反应墙	350 000	1996	—	9.0	Fe^0	—
科罗拉多	TCE	漏斗-通道式反应墙	—	—	—	1.5	Fe^0	—
纽约	4 900 μg/L（1,2-DCE） 260 μg/L（VC）	连续反应墙	797 000	1995	5 μg/L（1,2-DCE） 23 μg/L（VC）	4.6	Fe^0	742
新泽西	1 200 μg/L（1,1,1-TCE） 19 μg/L（PCE） 110 μg/L（TCE）	连续反应墙	875 000	—	VOCs 浓度由 4 500 μg/L 降为 33 μg/L	—	Fe^0和沙	720
密苏里	1 377 μg/L（1,2-cDCE） 291 μg/L（VC）	连续反应墙	1 500 000	—	污染物浓度<MCLs	—	Fe^0和沙	220

注：根据《1996 年安全饮用水法修正案》的要求，美国现行饮用水水质标准制定了两个浓度值，即污染物最大浓度目标值（MCLGS）和污染物最大浓度值（MCLs）。

5.3 脱氮除磷功能材料在 PRB 中的应用

5.3.1 概述

当 PRB 技术针对的目标污染物是氮、磷等营养性污染物时，选择的反应材料多为比表面积大、富含有机质或是可与氮磷发生化学反应的材料，如 Robertson 等[15]进行的 PRB 对硝酸盐氮的去除研究，选择的反应材料为淤泥质细砂、锯屑、叶子堆肥、黑麦种子等，现场小规模试验发现硝酸盐氮的含量由 59 mg/L 降至 1 mg/L。Su 等[16]利用棉花堆肥、Fe^0、低炭沉积物 3 种物质作为反应材料设计了一元、二元、三元系统来去除模拟废水中的硝酸盐，发现单独用棉花堆肥作反应材料时对硝酸盐的去除效果最好，且反应过程中没有 NH_4^+

累积。Moon 等[17]发现以硫磺微粒、自养硫磺氧化菌和石灰石为反应材料的 PRB 对硝酸盐的去除率达 90%，去除率随时间的延长而提高，在反应初期出现了亚硝酸盐的累积，但随时间的推移，含量逐渐减少，反应器运行 12 d 后，出水中亚硝酸盐浓度小于 2 mg/L，并求得进水初始硝酸盐浓度小于 60 mg/L、渗滤速率为 1 m/d 时，反应墙厚度只要 30 cm 就能达到处理要求。Baker 等[18]以硅砂、石灰石、金属氧化物混合物作为反应材料进行磷的去除研究，发现 PRB 对总磷的去除可长时间稳定在 95%左右。

当处理氮、磷等无机污染物质往往需要特殊的菌群，而有些菌群的生活条件非常苛刻，因此在 PRB 系统内维持菌群生活需要的适宜环境就显得尤为重要。用 Fe^0 等作反应材料化学还原去除硝酸盐时，对产物种类的控制至关重要，要求产物主要是无害的 N_2，而非氨氮或亚硝酸盐等地下水标准中要求含量比硝酸盐还低的有害物质。另外，目前国内外研究主要集中于地下水中营养性污染物去除反应材料的应用研究，对将 PRB 技术应用于地表水体营养性污染物的去除时，反应材料的选择和应用效果及特性研究较少。

5.3.2 去除氮磷的基本原理

PRB 的去除氮磷的原理既可以是生物的，也可以是非生物的，它包括吸附、沉淀、氧化-还原、固化和物理转化。目前国内外研究的最多也最常用的零价铁去除氮的原理如下：

$$10Fe+6NO_2^-+3H_2O \longrightarrow Fe_2O_3+6OH^-+3N_2\uparrow \tag{5-1}$$

$$Fe+NO_2^-+2H^+ \longrightarrow Fe^{3+}+H_2O+NO_2^- \tag{5-2}$$

$$NO_2^- + 10H^+ + 4Fe \longrightarrow NH_4^+ + 3H_2O + 4Fe^{2+} \tag{5-3}$$

研究表明[19-21]，金属铁去除硝酸根时的主要产物是氨氮，占硝酸根去除量的 75%以上，反应过程中有少量的亚硝酸盐氮生成，其余的可能转化成氮气或被铁屑吸附。pH 是反应的主要影响因素，pH 越低反应越快。

5.3.3 脱氮除磷功能材料的筛选研究

以国内外最常用的零价铁为脱氮除磷的主要材料，研究各因素对其脱氮除磷的影响。

5.3.3.1 铁屑对氮的去除效果及影响因素研究

1）进水初始 pH 对总氮、硝氮去除的影响

在室温、进水硝酸盐初始浓度为 30 mg/L，进水 pH 为 2.09、3.93、6.04、8.08、9.91 的情况下，加入硝酸盐溶液 50 ml 和 2 g 铁屑，反应 120 min。试验表明，在 pH=2.09～9.91 时，进水初始 pH 越低，单位质量（即每克）铁屑去除的总氮、硝氮量及生成的氨氮量越大（图 5-2），这是因为 H^+可以加速铁屑的腐蚀，促进氧化还原反应的进行。当 pH=2.09 时，单位质量铁屑去除总氮、硝酸盐及生成氨氮的量分别为 0.074 mg、0.18 mg 及 0.099 mg。可见，降低进水初始 pH 在提高总氮、硝酸盐去除量的同时也增加了氨氮的生成量，而实际应用中给水的 pH 一般偏碱性，结合图 5-2 及考虑到处理成本等问题，因此在实际应用中进水初始 pH 调节至 6～8 较为适宜。

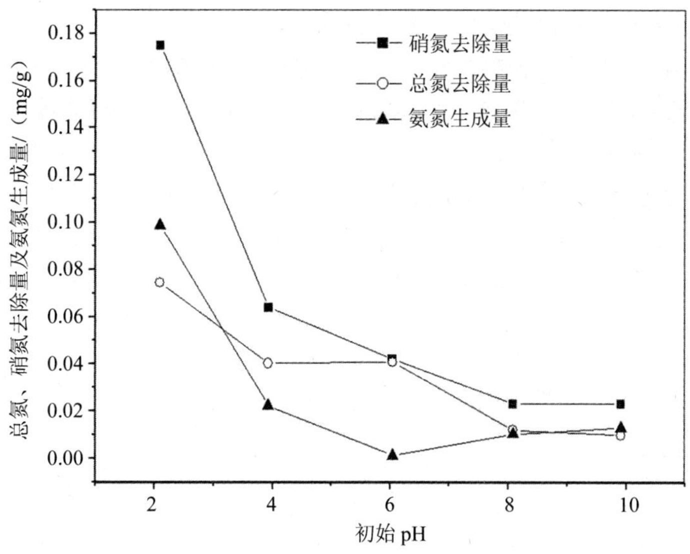

图 5-2　进水初始 pH 对铁屑去除总氮、硝氮及生成氨氮的影响

2）反应时间对总氮、硝氮去除的影响

在室温、pH=2、进水硝酸盐初始浓度为 30 mg/L 的条件下，加入 50 ml 硝酸盐溶液和 2 g 铁屑，改变反应时间。由图 5-3 可知，随着反应时间的延长，硝氮、总氮的去除量都逐渐增加，但反应速率会逐渐降低。这可能是因为反应过程中生成的 Fe^{2+}在有氧的条件下形成了 $Fe(OH)_2$ 或 $Fe(OH)_3$ 等难溶物质，随着时间的推移越来越多地沉积在铁屑的表面，阻碍了反应的进行。氨氮的生成量则在平稳上升后，又逐步下降，在反应时间=300 min 时达到最大值，生成量是 0.19 mg/g，这可能是由于随着反应时间的延长，溶液中的氨氮浓度越来越高，延缓或阻碍了反应式（5-3）的进行，而有利于发生反应式（5-1）的进行。

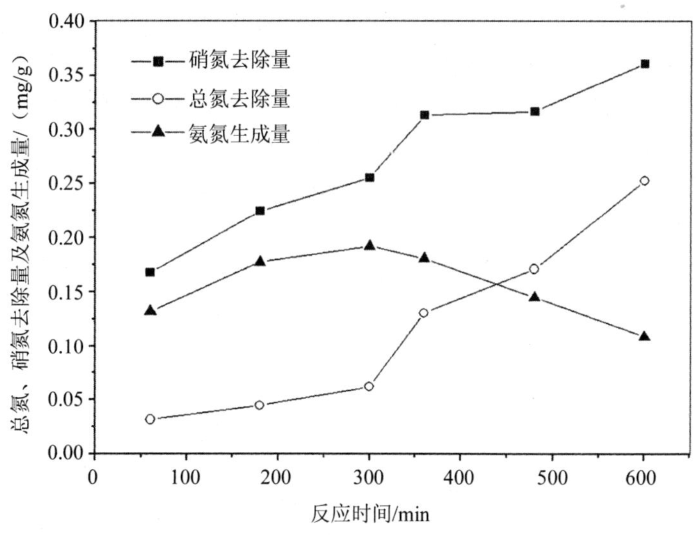

图 5-3　反应时间对铁屑去除总氮、硝氮及生成氨氮的影响

3）进水硝酸盐初始浓度对总氮、硝氮去除的影响

称取 2 g 铁屑，在室温、pH=2 的条件下，改变进水硝酸盐初始浓度，加入 50 ml 硝酸盐溶液，反应 120 min。从图 5-4 可以看出，进水硝酸盐初始浓度从 10.84 mg/L 到 127.42 mg/L，单位质量的铁屑去除总氮、硝氮的量逐渐增加，氨氮的生成量也逐渐增加。但是，当进水硝酸盐浓度＞67.80 mg/L 时，铁屑去除总氮、硝氮的增长速度下降，氨氮生成量也趋于平缓；这主要是因为铁屑的表面积是定值，当进水硝酸盐浓度＞67.80 mg/L 时，与铁屑接触的硝酸盐已接近铁屑表面的饱和还原量。氨氮的生成量在初始浓度为 10.84～33.54 mg/L 时呈上升趋势，当进水硝酸盐浓度＞33.54 mg/L 时，氨氮生成量趋于平缓。

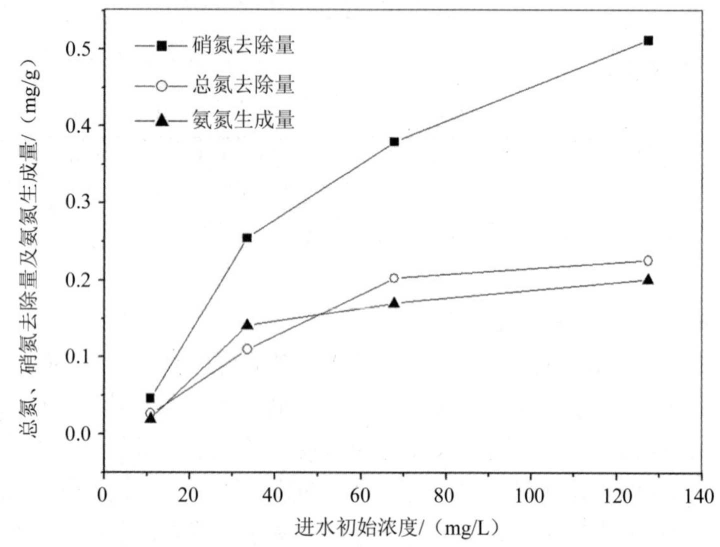

图 5-4 进水硝酸盐初始浓度对铁屑去除总氮、硝氮及生成氨氮的影响

4）反应产物的分析

称取 2 g 铁屑，在室温、pH=2、进水硝酸盐初始浓度为 30 mg/L 的条件下，加入 50 ml 硝酸盐溶液，反应 180 min。由表 5-2 可知，在本试验条件下，反应 180 min 后，硝氮去除率为 29.73%，氨氮的生成率为 23.46%，约占去除的硝氮量的 78.91%。因此，反应的主要产物是氨氮。试验过程中也产生了少量的亚硝氮，根据物质守恒分析，剩余的其他部分可能生成了 N_2 或被铁屑及反应副产物[如 $Fe(OH)_3$ 等]吸附。这与周玲等[20]的研究结果相似。硝氮的去除效果低于周玲等的研究结果，原因可能是所用材料——铁屑的纯度比较低。

表 5-2 反应 180 min 后的产物

残余硝酸盐及产物	硝酸盐初始浓度 30.27 mg/L	
	浓度/（mg/L）	含氮百分比/%
硝酸盐（残余）	21.27	70.27
氨氮	7.102	23.46
亚硝酸盐	0.002	0.01
其他	1.896	6.26

5）铁炭比对总氮、硝氮去除的影响

由于铁屑是铁-碳合金，当其处于电解溶液中时，炭粒充当阴极，而铁因电势小，充当阳极，由此构成了成千上万个微小腐蚀电池；理论上，如果在反应体系中另外加入活性炭、煤炭等阴极材料，则会形成宏观上的腐蚀电池，从而加快铁的腐蚀速度。在室温、pH=7.58、进水硝酸盐初始浓度为 30 mg/L 的条件下，按比例加入适量的铁屑与竹炭共 2 g，使铁炭比分别为 6∶1、5∶1、4∶1、3∶1、2∶1、1∶1、1∶2、1∶3、1∶4、1∶5 和 1∶6，同时在一锥形瓶中加入 2 g 铁屑作对照，加入 50 ml 硝酸盐溶液，反应 120 min。从图 5-5 可以看出，与对照相比，随着铁炭比值的减小，总氮、硝氮的去除量总体呈下降的趋势；氨氮的生成量也呈下降的趋势。可以认为，加入类似竹炭的宏观阴极并不能提高硝氮的去除量，系统中与铁屑构成微电池进行电解反应的主要是铁屑自身所含的炭，而不是外加的竹炭等阴极材料。

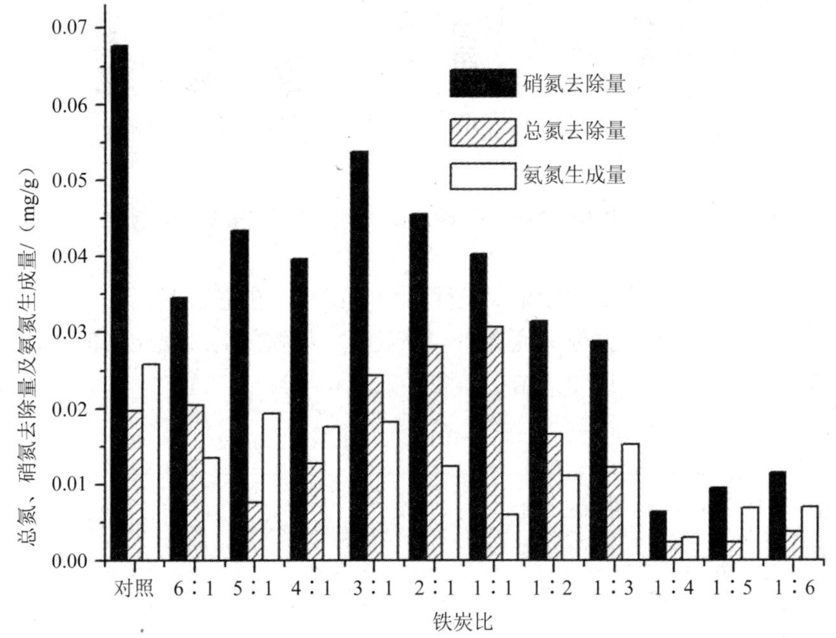

图 5-5 铁炭比对铁屑去除总氮、硝氮及生成氨氮的影响

6）添加剂试验

本试验选定了氯化钙、氧化铝、氧化铜、锰粉、氯化钾及二氧化锰做添加剂试验。在室温、pH=7.4、进水硝酸盐初始浓度为 30 mg/L 的条件下，称取 2 g 铁屑，添加剂各称取 1 g，使铁屑与添加剂的质量比为 2∶1，并称取 2 g 铁屑作对照，加入 50 ml 硝酸盐溶液，反应 120 min。由图 5-6 可知，添加氧化铜、氧化铝和二氧化锰对铁屑去除硝氮有明显的促进作用，硝氮去除量分别由不加添加剂的 0.11 mg/g 增加到 0.23 mg/g、0.14 mg/g 和 0.24 mg/g；由图还可看出，氧化铜、氧化铝等添加剂促进铁屑去除硝氮的同时也促进了氨氮的生成，对总氮的去除没有促进作用，但添加二氧化锰产生了不错的效果，它对铁屑去除总氮也有较好的促进作用，总氮的去除量由不加添加剂的 0.05 mg/g 增加到 0.17 mg/g，去除效率是原来的 3 倍多，而氨氮的生成量较不加添加剂时的 0.054 mg/g 还

略低，为 0.037 mg/g。综合分析可知，添加二氧化锰对铁屑化学反硝化脱氮有很好的促进作用。

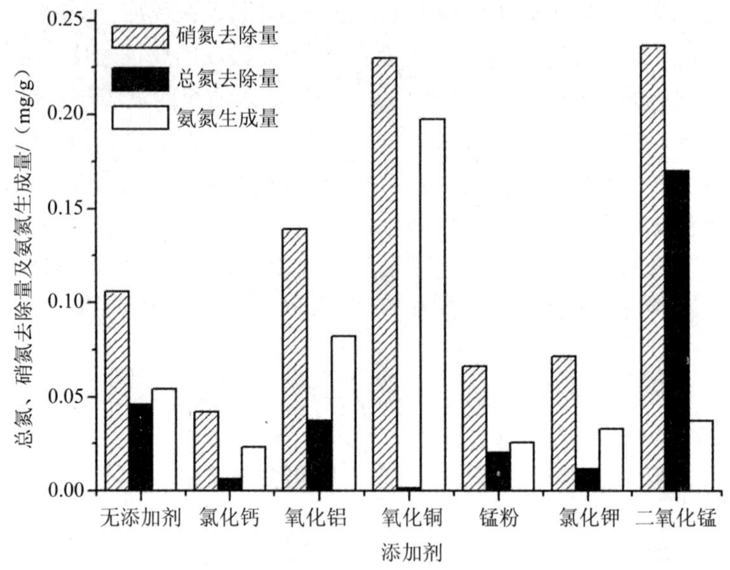

图 5-6 添加剂对铁屑去除总氮、硝氮及生成氨氮的影响

为了进一步考察二氧化锰的效果，设计了如下试验：在室温下、进水硝酸盐初始浓度为 30 mg/L、加入 2 g 铁屑，再加入适量的二氧化锰，使铁屑与二氧化锰的质量比为 4∶1、2∶1、4∶3、1∶1、2∶3、1∶2，结果如图 5-7 所示。

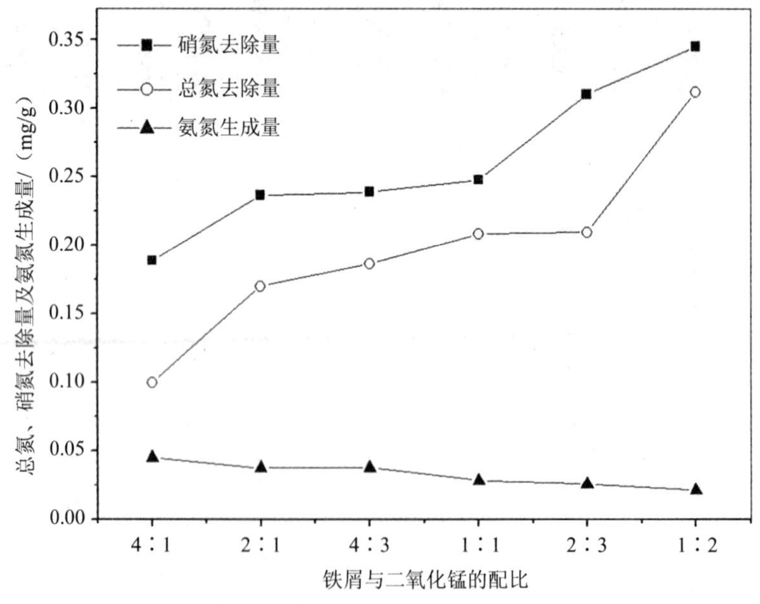

图 5-7 二氧化锰的用量对铁屑去除总氮、硝氮及生成氨氮的影响

由图 5-7 可知，随着二氧化锰添加量的增大，总氮、硝氮的去除量也随之增加，而氨氮的生成量则呈下降趋势。当铁屑与二氧化锰的质量比为 1∶2 时，单位质量铁屑对总氮、硝氮的去除量分别是 0.31 mg/g 和 0.35 mg/g，氨氮的生成量为 0.022 mg/g。

7）正交试验

为了确定影响处理效果的主要因素，避免盲目实验，从前期的静态单因素实验结果及参考文献可知，影响总氮、硝氮去除的因素主要有：铁屑用量、反应时间、进水初始 pH 和进水硝氮初始浓度。为了研究这几种因素对总氮、硝氮去除的交互影响，本次试验将铁屑用量、进水初始 pH、反应时间、进水硝氮初始浓度四因素，每一个因素各选取三个水平，设计成 $L_9(3^4)$ 正交表对总氮、硝氮的去除分别进行正交实验，以确定最佳反应条件。

从正交试验和极差分析可以得出（表 5-3），本试验条件下铁屑对 TN 的去除效果，各因素的影响大小依次是：反应时间＞初始浓度＞铁屑用量＞pH。最佳工艺条件为：铁屑用量=0.7 g，反应时间=150 min，pH=7.00，初始浓度=30 mg/L。

表 5-3　正交试验设计及结果（总氮）

试验号＼因素	铁屑用量/g	反应时间/min	pH	TN 初始浓度/（mg/L）	去除率/%
1	0.1	60	6	10	0.00
2	0.1	90	7	20	5.50
3	0.1	150	8	30	11.57
4	0.3	60	7	30	10.48
5	0.3	90	8	10	5.25
6	0.3	150	6	20	12.38
7	0.7	60	8	20	9.49
8	0.7	90	6	30	10.32
9	0.7	150	7	10	12.12
*K*1	17.07	19.97	22.70	17.37	
*K*2	28.11	21.07	28.09	27.37	
*K*3	31.93	36.07	26.32	32.37	
*k*1	5.69	6.66	7.57	5.79	
*k*2	9.37	7.02	9.36	9.12	
*k*3	10.64	12.02	8.77	10.79	
极差 *R*	4.95	5.37	1.80	5.00	

从正交试验和极差分析可以得出（表 5-4），本试验条件下铁屑对硝氮的去除效果，各因素的影响大小依次是：铁屑用量＞反应时间＞初始浓度＞pH。最佳工艺条件为：铁屑用量=0.7 g，反应时间=150 min，pH=7.00，初始浓度=20 mg/L。

表 5-4 正交试验设计及结果（硝氮）

试验号＼因素	铁屑用量/g	反应时间/min	pH	硝氮初始浓度/（mg/L）	去除率/%
1	0.1	60	6	10	0.00
2	0.1	90	7	20	2.75
3	0.1	150	8	30	4.37
4	0.3	60	7	30	4.20
5	0.3	90	8	10	3.80
6	0.3	150	6	20	13.90
7	0.7	60	8	20	9.29
8	0.7	90	6	30	5.57
9	0.7	150	7	10	18.80
*K*1	7.12	13.50	19.47	22.60	
*K*2	21.90	12.11	25.75	25.94	
*K*3	33.66	37.07	17.47	14.15	
*k*1	2.37	4.50	6.49	7.53	
*k*2	7.30	4.04	8.58	8.65	
*k*3	11.22	12.36	5.82	4.72	
极差 *R*	8.85	8.32	2.76	3.93	

5.3.3.2 铁屑对磷及 COD 的去除效果及影响因素研究

1）pH 对铁屑去除 TP、COD 的影响

在室温、进水 TP 初始浓度、进水 COD 初始浓度分别为 2.14 mg/L、215.89 mg/L，进水初始 pH 为 6、6.5、7、7.5、8 的情况下，称取 0.7 g 铁屑，置于 250 ml 锥形瓶中，同时加入 50 ml 配制溶液，在旋转式振荡器上于 180 r/min 的条件下反应 90 min。从表 5-5 及图 5-8 可以看出，此试验条件下在进水初始 pH 对铁屑去除 TP、COD 的影响相似，在 pH=6～8.57 时，进水初始 pH 越低，去除率越大，当 pH=6 时，TP、COD 的去除率分别是 87.36%、54.42%；同时，单位质量铁屑去除的 TP、COD 量越大，当 pH=6 时，铁屑对 TP、COD 的去除量分别为 0.134 mg/g、8.39 mg/g，去除效果明显好于 pH 是其他值时的情况。可见，降低进水初始 pH 能提高 TP、COD 去除量，这是由于在酸性条件下，释放的电子越多，新生态的 Fe^{2+}和 H^{+}参与氧化还原反应的就越多，加快了 COD 的去除；Fe^{2+}被水体中 O_2 氧化成 Fe^{3+}，Fe^{0} 及 Fe^{3+}与磷酸根能结合形成难溶的磷酸铁，从而达到除磷的目的。

表 5-5 进水初始 pH 对铁屑去除 TP、COD 的影响

目标污染物	初始 pH	出水浓度/（mg/L）	去除率/%	目标污染物	初始 pH	出水浓度/（mg/L）	去除率/%
总磷	6.0	0.27	87.36	COD	6.0	98.41	54.42
	6.5	0.54	74.40		6.5	107.09	50.39
	7.0	0.64	70.31		7.0	122.35	43.32
	7.43	0.69	67.62		7.43	130.35	39.62
	7.93	0.79	63.78		7.93	136.70	36.68
	8.57	0.82	61.71		8.57	143.11	33.71

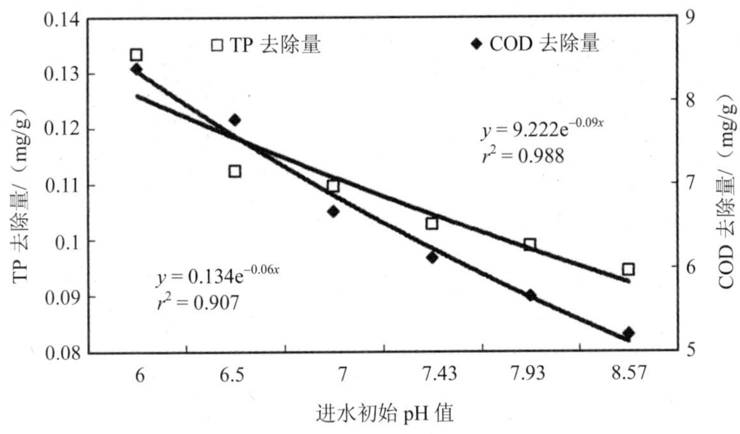

图 5-8　进水初始 pH 对铁屑去除 TP、COD 的影响

从图 5-8 还可以看出，进水初始 pH 与单位铁屑去除的 TP、COD 量存在指数关系：

$$A=0.134\,1\ \exp[-0.062\,1P] \tag{5-4}$$

式中：A——TP 去除量；

P——初始 pH；

A 与 P 相关系数 r^2 值为 0.907 8。

$$A=9.222\,8\ \exp[-0.098\,2P] \tag{5-5}$$

式中：A——COD 去除量；

P——初始 pH；

A 与 P 相关系数 r^2 值为 0.988 1。

2）反应时间对铁屑去除 TP、COD 的影响

在室温、进水 TP 初始浓度、COD 初始浓度分别为 4.27 mg/L、215.89 mg/L，反应时间如表 5-6 所示的情况下，分别称取 0.3 g（9 份，用于 TP 去除试验）和 2 g（10 份，用于 COD 去除试验）铁屑，置于 250 ml 锥形瓶中，同时加入 50 ml 配制溶液，在旋转式振荡器上于 180 r/min 的条件下进行反应。由表 5-6 及图 5-9 可知，随着反应时间的延长，TP、COD 的去除率、去除量都逐渐增加。在反应时间＞90 min 时 TP 的去除率达 80%以上，去除量＞0.60 mg/g，在反应时间＞150 min 时的 COD 去除率＞60%，去除量＞3 mg/g。但随着反应时间的延长，TP、COD 的去除率及去除量的曲线都趋于平缓，这可能是因为反应过程中生成的 Fe^{2+}在有氧的条件下形成了 $Fe(OH)_2$ 或 $Fe(OH)_3$ 等难溶物质，随着时间的推移越来越多地沉积在铁屑的表面，阻碍了反应的进行；且随着反应时间的延长，反应中消耗的 H^+离子就越多，水中的 H^+浓度就会开始下降，pH 升高，这样微电解的反应就会减弱，絮体增多，此时絮凝作用逐渐加强；另外，随着微电解时间的延长，污染物的残余浓度越低，反应就越慢。比较试验结果得知，反应时间对自配 TP、COD 污水的去除效果的影响较大，目标污染为 TP 的最佳反应时间≥90 min，目标污染为 COD 的最佳反应时间≥150 min，具体实际工程应用时，考虑到工程成本等因素，推荐目标污染为 TP 时的最佳反应时间为 90 min，目标污染为 COD 时的最佳反应时间为 150 min。

表 5-6 反应时间对铁屑去除 TP、COD 的影响

目标污染物	反应时间/min	出水浓度/（mg/L）	去除率/%	目标污染物	反应时间/min	出水浓度/（mg/L）	去除率/%
总磷	5	3.63	14.82	COD	5	212.52	1.56
	10	3.19	25.14		10	195.65	9.38
	20	1.90	55.43		20	168.67	21.88
	40	1.34	68.48		40	153.82	28.75
	60	1.07	74.93		60	148.43	31.25
	90	0.74	82.67		90	131.56	39.06
	150	0.63	85.24		150	86.36	60.00
	360	0.53	87.66		240	87.71	59.38
	540	0.20	95.23		360	80.96	62.50
					580	67.47	68.75

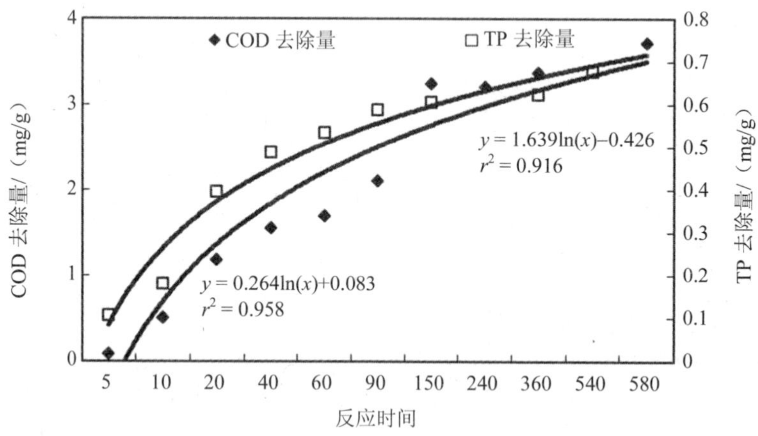

图 5-9 反应时间对铁屑去除 TP、COD 的影响

从图 4-8 还可看出，进水初始 pH 与单位铁屑去除的 TP、COD 量存在对数关系：

$$A=0.264\,3\ln T+0.083\,2 \quad (5\text{-}6)$$

式中：A——TP 去除量；

T——反应时间；

A 与 T 相关系数 r^2 值为 0.958 7。

$$A=1.639\ln T-0.426\,8 \quad (5\text{-}7)$$

式中：A——COD 去除量；

T——反应时间；

A 与 T 相关系数 r^2 值为 0.916 6。

3）进水 TP、COD 初始浓度对铁屑去除 TP、COD 的影响

在室温、进水 TP 和 COD 初始浓度分别如表 5-7 所示的情况下，分别称取 1 g（6 份，用于 TP 去除试验）和 0.7 g（6 份，用于 COD 去除试验）铁屑，置于 250 ml 锥形瓶中，同时加入 50 ml 配制溶液，在旋转式振荡器上于 180 r/min 的条件下反应 120 min（TP 去除试验）、150 min（COD 去除试验）。试验结果如表 5-7 及图 5-10 和图 5-11 所示。由图表可以看出，在本试验条件下，目标污染物是 TP 时，在本试验所列的进水初始浓度的范围内，去除率表现出先升后降的趋势，在进水初始浓度为 2.17 mg/L 达到最大，为 88.97%，但总体相差不大，TP 进水浓度为 1～4 mg/L 时，去除率均在 85%以上，因此 TP 进水初始浓度的适宜范围可选为 1～4 mg/L；当目标污染物是 COD 时，进水初始浓度越高，去除率越低。因为在反应过程中，与废水接触的表面积是固定的；浓度低时，原电池的化学作用、絮凝作用等得以充分发挥，使废水中的污染物得以有效去除，而当进水初始浓度达到某一值时，与铁屑接触的污染物就会接近铁屑表面的饱和还原量，从而去除率下降。而对 TP、COD 的去除量而言，进水初始浓度越大，去除量越大。

从图 5-10 和图 5-11 可知，进水初始浓度与单位铁屑去除的 TP、COD 量存在线性关系：

$$A=0.043\,4C-0.001\,3 \tag{5-8}$$

式中：A——TP 去除量；

C——进水初始浓度；

A 与 C 相关系数 R^2 值为 0.999 1。

$$A=0.012\,2C+3.298\,5 \tag{5-9}$$

式中：A——COD 去除量；

C——进水初始浓度；

A 与 C 相关系数 R^2 值为 0.959。

表 5-7 进水 TP、COD 初始浓度对铁屑去除 TP、COD 的影响

目标污染物	进水初始浓度/（mg/L）	出水浓度/（mg/L）	去除率/%	目标污染物	进水初始浓度/（mg/L）	出水浓度/（mg/L）	去除率/%
总磷	0.56	0.13	76.73	COD	58.46	18.50	68.36
	0.83	0.15	82.29		102.14	46.37	54.61
	1.12	0.16	85.36		206.30	116.93	43.32
	2.17	0.24	88.97		350.78	229.82	34.48
	3.32	0.49	85.17		417.98	290.30	30.55
	4.22	0.60	85.90		1 034.88	821.18	20.65

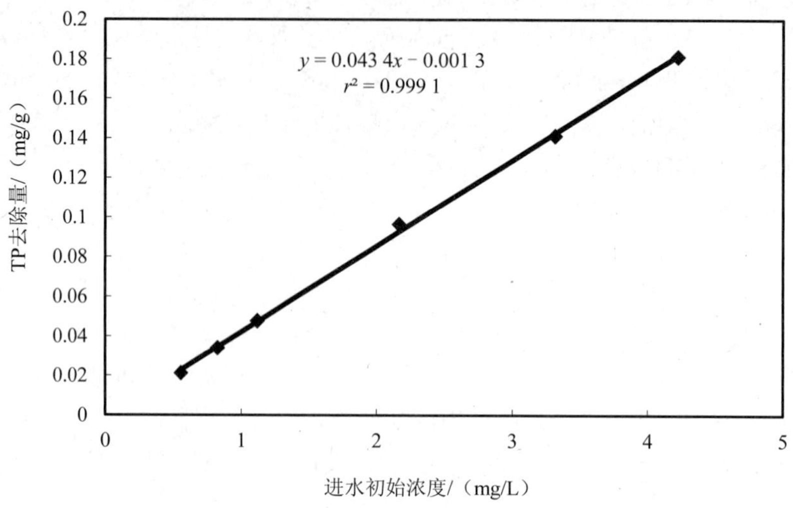

图 5-10 进水 TP 初始浓度对铁屑去除 TP 的影响

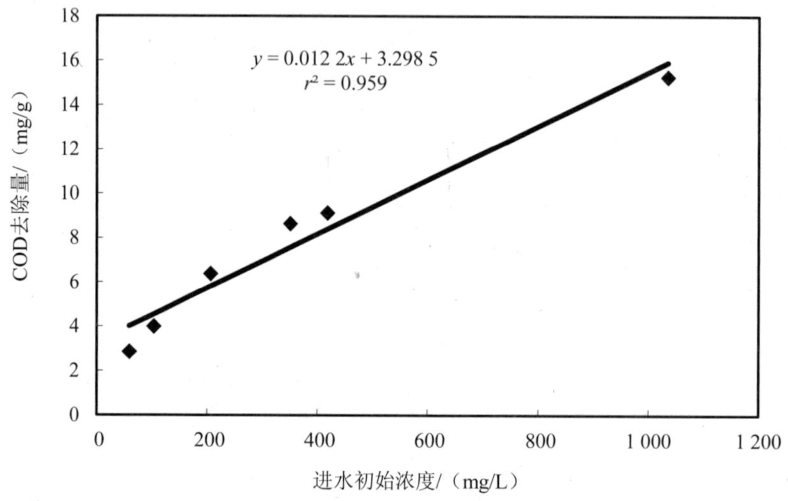

图 5-11 进水 COD 初始浓度对铁屑去除 COD 的影响

4）铁屑用量对铁屑去除 TP、COD 的影响

在室温、进水 TP 和 COD 初始浓度分别是 4.16 mg/L 和 214.19 mg/L，铁屑用量分别如表 5-8 所示的情况下，向 250 ml 锥形瓶中加入 50 ml 配制溶液，在旋转式振荡器上于 180 r/min 的条件下均反应 120 min。试验结果如表 5-8 及图 5-12 所示。随着铁屑用量的增加，TP、COD 的去除率都逐渐增大。TP、COD 的去除量随铁屑用量的增多逐渐减小，但随着铁屑用量的增加其趋势变得平缓。产生上述现象的原因可能是：水中污染物含量是一定的，加入越多的铁屑，单位质量的铁屑还原反应位的利用率就越少，导致去除量降低。

表 5-8　铁屑用量对铁屑去除 TP、COD 的影响

目标污染物	铁屑用量/g	出水浓度/（mg/L）	去除率/%	目标污染物	铁屑用量/g	出水浓度/（mg/L）	去除率/%
总磷	0.07	2.68	35.67	COD	0.1	184.07	14.06
	0.1	2.25	47.04		0.2	153.94	28.13
	0.2	1.08	74.52		0.3	143.91	32.81
	0.3	0.82	80.67		0.4	140.56	34.38
	0.4	0.81	80.99		0.5	133.87	37.50
	0.5	0.60	86.00		0.7	130.52	39.06
	0.7	0.53	87.46		1	107.09	50.00
					1.5	100.40	53.13
					2	92.37	56.88
					3	90.36	57.81

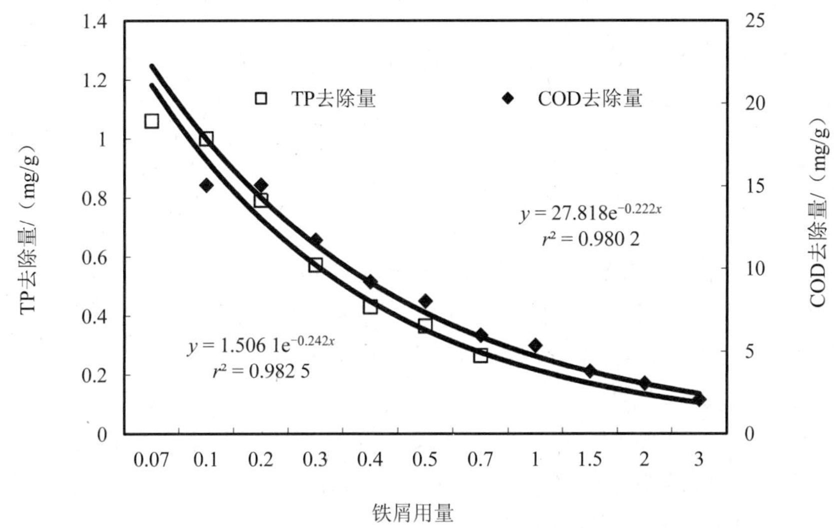

图 5-12　铁屑用量对铁屑去除 TP、COD 的影响

从图 5-12 还可看出，在本试验条件下，铁屑用量与单位铁屑去除的 TP、COD 量存在指数关系：

$$A=1.506\,1\exp(-0.242Y) \tag{5-10}$$

式中：A——TP 去除量；

Y——铁屑用量；

A 与 Y 相关系数 r^2 值为 0.982 5。

$$A=27.818\exp(-0.222Y) \tag{5-11}$$

式中：A——COD 去除量；

Y——铁屑用量；

A 与 Y 相关系数 r^2 值为 0.980 2。

5.3.3.3 小结

①添加氧化铜、氧化铝和二氧化锰对去除硝氮有明显的促进作用，其中，添加二氧化锰对铁屑去除总氮也有较好的促进作用，由不加添加剂的 0.05 mg/g 增加到 0.17 mg/g，去除效率是原来的 3 倍多；加入阴极类物质，如竹炭，没有显著提高单位质量铁屑对总氮、硝氮的去除量。

②本试验条件下铁屑去除 TN，各因素的影响大小依次是：反应时间＞初始浓度＞铁屑用量＞pH。铁屑去除硝氮，各因素的影响大小依次是：铁屑用量＞反应时间＞初始浓度＞pH。

③综合分析，在本试验条件和范围内，最佳工艺条件为：当 TN 初始浓度为 20～30 mg/L、TP 为初始浓度 1～4 mg/L、pH 6～7 时、最佳反应时间为 90～150 min，铁屑用量为 14 g/L（0.7 g/50 ml）。

5.3.4 应用功能材料的 PRB 在地表水处理中的应用效果及特性

在前期的研究基础上，通过更加接近实际的现场中试试验，以污染河水为研究对象，探讨脱氮除磷功能材料在 PRB 中应用效果及特性，为将来可能的工程应用提供基础参数。

5.3.4.1 PRB 反应器的设计

1）床体设计

可渗透反应墙系统（PRB）由六个独立的单元构成，每一独立单元又由进水槽、反应区及出水槽三部分构成。各部分的尺寸分别为：进水槽长 150 cm×宽 72 cm×高 150 cm、反应区长 276 cm×宽 72 cm×高 120 cm、出水槽长 40 cm×宽 72 cm×高 120 cm。床（墙）体由砖和水泥砌成池子构成。为增加床（墙）体的强度，床（墙）体建造时镶入钢混结构的地梁及圈梁。沿水流方向，在反应区按照 30 cm、54 cm、54 cm、54 cm、54 cm 距离设置取样管，每单个反应区长 276 cm，所以每单个反应器设置 5 个采样口，取样管在 PRB 构建时通过 PVC 管从墙体嵌入，外侧套接阀门控制，PVC 管内侧端一面穿孔以收集水样。

2）反应材料选择

①反应材料及配比。

可渗透反应墙系统（PRB）由六个独立的单元构成，每个单元即是一个独立的 PRB。根据水质及地域特点，反应材料选取：铁屑、石灰石、焦炭和沸石，配比如表 5-9 所示。

表 5-9 小试反应材料配比

反应墙编号	①号	②号	③号	④号	⑤号	⑥号
反应材料	铁屑	铁屑	铁屑	铁屑	铁屑	铁屑
				焦炭	焦炭	焦炭
	石灰石	焦炭	沸石	沸石	沸石	沸石
体积百分比	1∶1	1∶1	1∶1	2∶1∶1	1∶2∶1	1∶1∶2

②反应材料的填入方式。

在每个单元反应区的前后都填入 300 mm 厚的石灰石层，两石灰石层之间填入 2 160 mm 厚的混合反应材料，三层介质构成了整个反应区。填入中间 2 160 mm 厚的混合反应材料时，使各介质混合均匀。

3）布水系统

本研究设计的 PRB 系统是以处理地表被污染水体为目标的（本研究对象是被污染某河河水），建立在被污染水体的堤岸上或对堤岸进行适当的改造，形成对污水的净化系统，通过人工强化措施对河水起到一定的净化作用。为了使布水方式符合设计目标及使配水尽量均匀，采用了阀门+流量计+进水槽配水，用潜水泵将目标污染水体通过 25 mm 的 PPR 管提升至进水槽，在污水进入进水槽之前通过阀门和流量计控制流量。进水槽与反应区连为一体，中间只用铁制格栅分开，因此配水在整个 PRB 截断面均匀布水。系统连续运行，各平行单元运行条件相同。小试装置设计参数见表 5-10。

表 5-10 小试装置设计参数

单元	组成	长/m	宽/m	碎石粒径/cm	碎石层厚/cm	池底坡降/cm
①号	铁丝、石灰石	4.66	0.72	2～5	100	0
②号	铁丝、焦炭	4.66	0.72	2～5	100	0
③号	铁丝、沸石	4.66	0.72	2～5	100	0
④号	铁丝、焦炭、沸石	4.66	0.72	2～5	100	0
⑤号	铁丝、焦炭、沸石	4.66	0.72	2～5	100	0
⑥号	铁丝、焦炭、沸石	4.66	0.72	2～5	100	0

小试装置及流程图见图 5-13 和图 5-14。

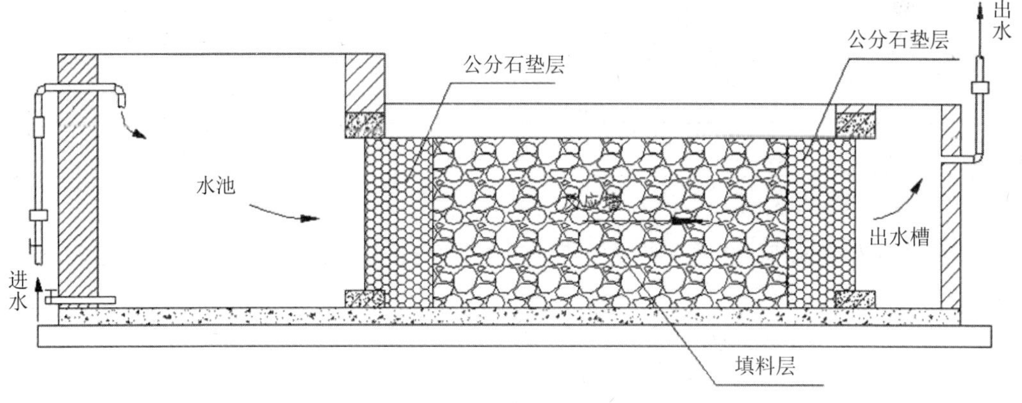

图 5-13 小试装置及工艺流程图

图 5-14 PRB 小试装置

5.3.4.2 试验方法及过程

1）水质

小试基地建在某河左侧河岸上，距河堤约 70 m 处。河水经过潜水泵抽提到进水槽，经沉淀去除大的颗粒物后，进入反应区。反应区进水水质（n=47）如表 5-11 所示。

表 5-11 反应区进水水质 单位：mg/L

项目	最高值	最低值	平均值
COD_{Cr}	139.785	19.355	57.336
TP	1.594	0.091	0.606
TN	22.500	2.883	10.597
NH_4^+-N	18.621	0.702	6.867
NO_3^--N	4.643	0.666	2.567
NO_2^--N	0.889	0.018	0.406

2）试验过程

可渗透反应墙（PRB）分三个阶段进行试验，第一阶段水力负荷为 1 m/d，第二阶段水力负荷增加到 2 m/d，第三阶段水力负荷增加到 3 m/d。PRB 运行状况如表 5-12 所示。

表 5-12 PRB 运行状况

试验阶段	水力负荷/（m/d）	流量/（m^3/d）	水力停留时间（HRT）/ h	运行状况
第一阶段	1	1.987 2	9.12	连续进水
第二阶段	2	3.974 4	4.56	连续进水
第三阶段	3	5.961 6	3.04	连续进水

3）水力停留时间

根据 PRB 系统反应区的几何尺寸、填料的孔隙率以及进水流量计算出污水的理论水力停留时间：

$$t_{th}=\frac{nV}{Q}\times 24 \tag{5-12}$$

式中：t_{th}——理论水力停留时间，h；

n——填料孔隙率（用烧杯法，粗略测得各 PRB 系统的孔隙率均为 0.38）；

V——PRB 系统体积，m^3；

Q——系统进水流量，m^3/d。

5.3.4.3 PRB 对污染河水的处理效果

试验期间试验河段有曝气复氧设备运行，对河道水质有影响；另外，河水水质略有逐渐升高的趋势（中试在试验河段的进水口上游有一个截污泵站，在本试验末段有渗水现象），但基本稳定。各系统的水力负荷均为 1 m/d，各系统的进水数据及标准差见表 5-13。对各 PRB 对各污染物的去除率做方差分析，结果如表 5-14。

表 5-13 进水数据的平均数及标准差

项目	平均值/（mg/L）	样品数/个	标准差/（mg/L）
COD_{Cr}	75.907	15	27.983
TP	0.247	15	0.120
TN	5.019	15	1.896
NH_4^+-N	1.253	15	1.153
NO_3^--N	2.003	15	0.356
NO_2^--N	0.249	15	0.081

表 5-14 去除率的方差分析

	F 值	自由度	P 值
COD_{Cr}	0.835	15	0.528
TN	22.836	15	0.000***
NO_3^--N	2.075	15	0.076
NO_2^--N	2.952	15	0.017**
NH_4^+-N	14.395	15	0.000***
TP	2.087	15	0.075

注：**表示在 0.05 水平上差异显著；***表示在 0.01 水平上差异显著。

1）PRB 对 COD_{Cr} 的去除效果

PRB 系统进水和出水 COD 浓度及去除率如图 5-15 所示。结果表明，试验河段河水水质波动较大，低时只有 40 mg/L 左右，高时超过 120 mg/L。系统运行初期，①～⑥号 PRB 系统对 COD 的去除率均偏低且波动较大，这可能是由以下两方面原因造成：一方面原因是床体生物膜还没有完全长成，系统还没有完全启动；另一方面原因是在运行初期河水水质的 COD 浓度很低，属Ⅲ～Ⅳ类水水质，对于这样的有机负荷很低的水质，需要更低的水力负荷和更长的水力停留时间才能达到较高的去除率。

①～⑥号 PRB 系统的平均去除率分别为 47.06%、51.88%、45.49%、50.17%、56.58%、54.12%。从数值上看⑤、⑥号 PRB 系统的去除效果略好于其他系统。方差分析表明，

F=0.835，P>0.05，各 PRB 系统间去除率差异不显著。从图 5-15 还可看出，经各个 PRB 处理后出水的 COD_{Cr} 浓度随进水浓度的增大而增大，但变化幅度不大，说明各 PRB 系统均有一定的抗负荷冲击能力。

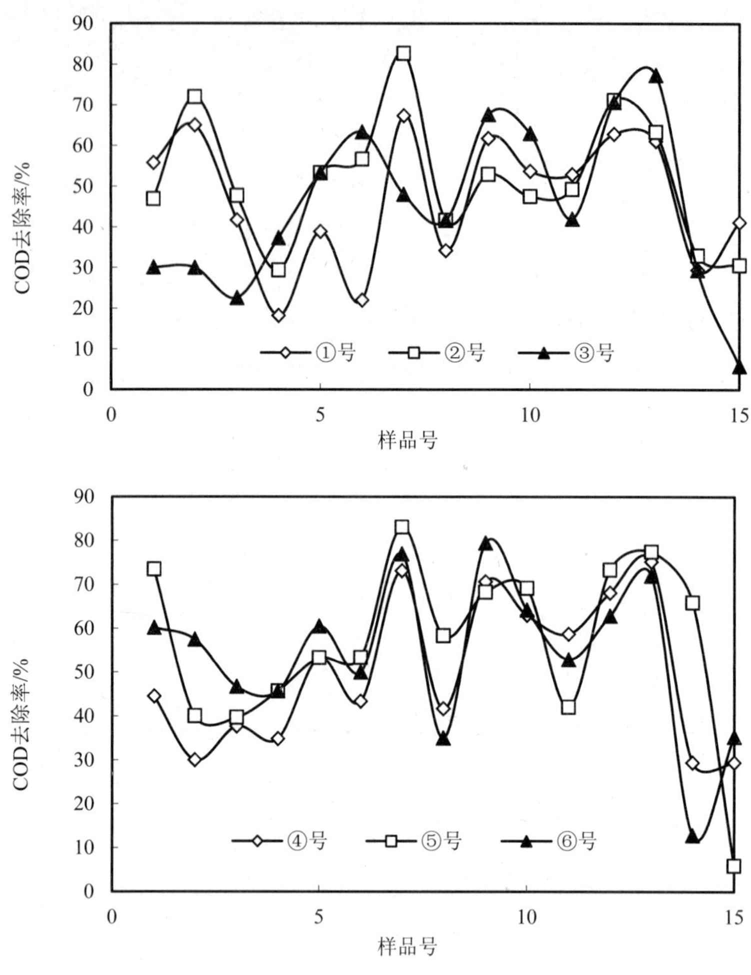

图 5-15 PRB 系统对 COD_{Cr} 的去除效果

各反应器介质中都含有一定量的铁屑，它主要通过铁屑腐蚀电池原理对污染物进行还原反应。一方面，经过铁屑的反应以后，污染物的毒性减少，促进反应器中微生物的生长，有机污染物可以在反应器的其他部位发生生物降解等作用，进一步降低出水的 COD。铁屑本身也具有一定的吸附作用，可以降低部分 COD。铁屑腐蚀电池除了提供电子外，所形成的氧化铁水合物具有较强的吸附-絮凝活性[22]，能吸附大量有机分子，降低出水的污染物含量。另一方面，这些反应导致 pH 升高，从而有利于生成 $Fe(OH)_3$ 沉淀，这对降低铁的次生污染有益。但是，由于吸附和沉淀作用，有可能在零价铁表面生成一层反应保护膜，从而阻止铁屑的进一步反应，铁屑不能被充分利用。同时，表面生成的 $Fe(OH)_3$ 沉淀，会影响 PRB 的渗透性，成为实际应用中的一个限制因素。还有就是反应材料中的沸石是一族架状构造含水铝硅酸盐，具有内表面积大、多孔穴的特点，以及很强的吸附能力和离子交换能力，能吸附一些有机物，降低出水的有机物含量。其中铁屑的作用是主要的，也正是①～⑥号 PRB 系统对 COD_{Cr} 都有一定去除率并差异不显著的原因。

2）PRB 对 TN 的去除效果

PRB 系统进水和出水 TN 浓度及去除率如图 5-16 所示。结果表明，试验河段河水水质有逐渐变差的趋势。①～⑥号 PRB 系统对 TN 的去除率均较稳定，平均去除率分别为 54.29%、73.18%、70.91%、70.75%、85.83%、79.24%。⑤、⑥号 PRB 系统的去除效果明显好于其他各系统。方差分析表明，各 PRB 系统间在 0.01 的水平上差异显著（F=22.836，P＜0.01）。从图 5-16 还可看出，经各个 PRB 处理后出水的 TN 浓度随进水浓度的增大变化不大，说明各 PRB 系统均有一定的抗负荷冲击能力。

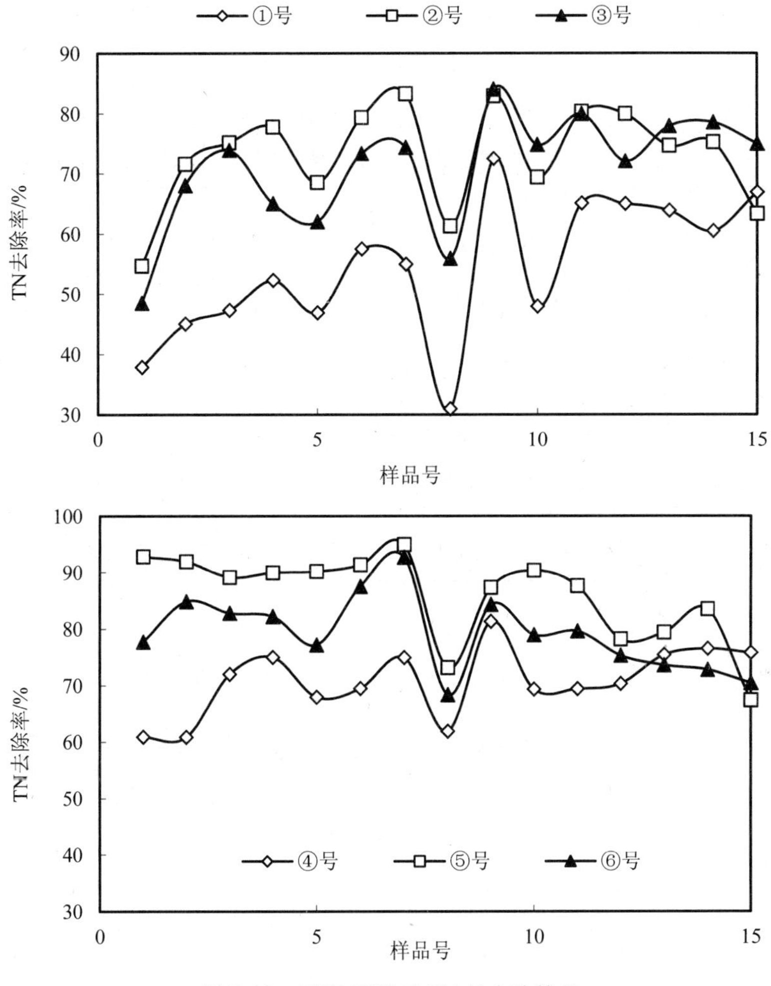

图 5-16 PRB 系统对 TN 的去除效果

PRB 系统对 TN 的去除是物理、化学及生物等多方面综合作用的结果。当污水流经 PRB 系统时，其中的大分子有机氮被反应材料物理截留，降低了出水污染物含量。沸石对氨氮以及重金属具有很强的吸附与离子交换功能[23]，能吸附大量的氨根离子。系统中微生物的硝化-反硝化作用也是 TN 去除的重要原因。⑤、⑥号 PRB 系统的去除效果明显好于其他各系统，⑤号 PRB 系统的反应材料配比中增加了焦炭的比重，与铁屑形成宏观上的腐蚀电池，加速了铁屑的腐蚀，提高系统对 NO_2^--N-N、NO_3^--N-N 的去除。⑥号 PRB 系统的反应材料配比中增加了沸石的比重，沸石是一族架状构造含水铝硅酸盐，具有内表面积大、多孔穴的特点，以及很强的吸附能力和离子交换能力。沸石对氨氮以及重金属具有很强的吸附与离子交换功能[24]，而试验段污染河水，NH_4^+-N 是主要的 N 类污染物质。

3）PRB 对 NO_2^--N-N 的去除效果

PRB 系统进水和出水 NO_2^--N-N 浓度及去除率如图 5-17 所示。结果表明，①～⑥号 PRB 系统对 NO_2^--N 的去除率均较稳定，平均去除率分别为 90.21%、95.86%、87.65%、93.86%、96.31%、96.31%。除③号外，其他各系统的去除率都在 90%以上，其中⑤、⑥号 PRB 系统的去除效果略好于其他各系统。方差分析表明，各 PRB 系统间的去除率差异不显著（F=2.075，P>0.05）。从图 5-17 还可看出，经各个 PRB 处理后出水的 NO_2^--N 浓度随进水浓度的增大变化不大，说明各 PRB 系统均有一定的抗负荷冲击能力，说明各 PRB 系统对 NO_2^--N 的去除能力还有提升空间。

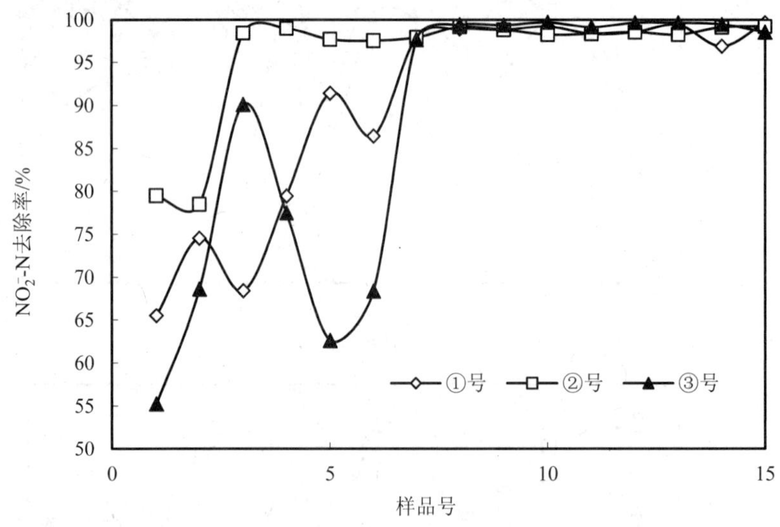

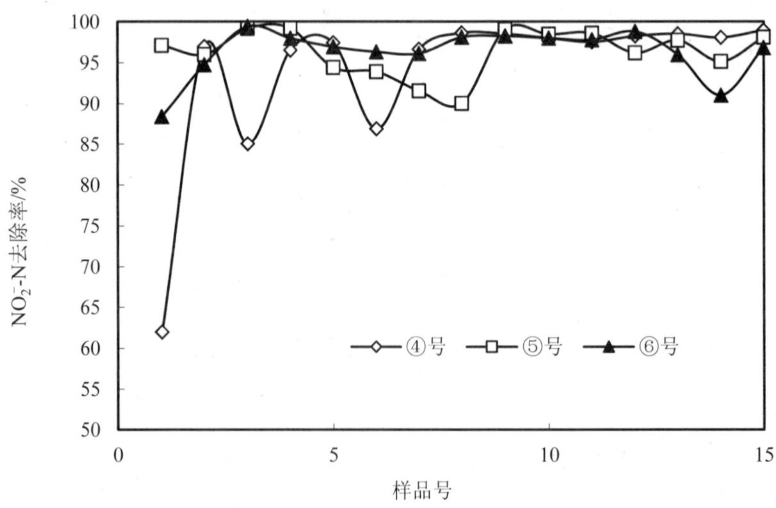

图 5-17 PRB 系统对 NO_2^--N 的去除效果

NO_2^--N 是不稳定的中间价态，极易被氧化或还原，因此在具有较强还原性的铁屑存在的条件下，NO_2^--N 很容易被还原成为更高价态的 N 类物质，如 N_2、NH_4^+-N 等。

4）PRB 对 NO_3^--N 的去除效果

PRB 系统进水和出水 NO_3^--N 浓度及去除率如图 5-18 所示。结果表明，①～⑥号 PRB 系统对 NO_3^--N 的去除率均较稳定，平均去除率分别为 66.36%、70.07%、66.07%、71.12%、76.62%、75.69%。其中⑤、⑥号 PRB 系统的去除效果好于其他各系统。方差分析表明，各 PRB 系统间的去除率在 0.05 水平上差异显著（F=2.952，P<0.05）。从图 5-18 还可看出，经各个 PRB 处理后出水的 NO_3^--N 浓度随进水浓度的增大变化不大，说明各 PRB 系统均有一定的抗负荷冲击能力。

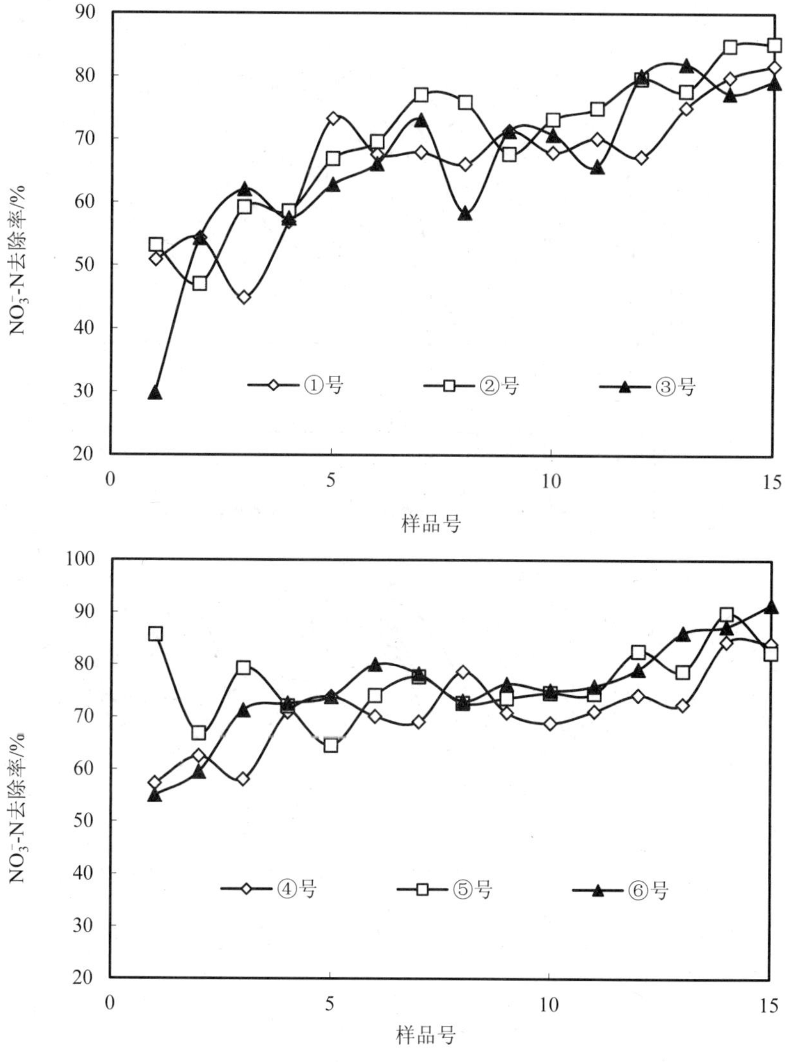

图 5-18　PRB 系统对 NO_3^--N 的去除效果

各反应器介质中都含有一定量的铁屑，NO_3^-与铁屑进行还原反应。另外，经过铁屑的反应以后，污染物的毒性减少，促进反应器中微生物的生长，NO_3^--N 可以在反应器的其他部位发生生物降解等作用，进一步降低出水的 NO_3^--N 含量。

5）PRB 对 NH_4^+-N 的去除效果

PRB 系统进水和出水 NH_4^+-N 浓度及去除率如图 5-19 所示，结果表明，①～⑥号 PRB 系统对 NH_4^+-N 的去除率均较稳定，平均去除率分别为–45.34%、–8.44%、27.91%、10.04%、22.15%、23.46%。其中③、⑤、⑥号 PRB 系统的去除效果好于其他各系统。方差分析表明，各 PRB 系统间的去除率在 0.01 水平上差异显著（F=14.395，P<0.01）。从图 5-19 还可看出，经各个 PRB 处理后出水的 NH_4^+-N 浓度随进水浓度的增大而增大，但变化幅度不大，说明各 PRB 系统均有一定的抗负荷冲击能力。

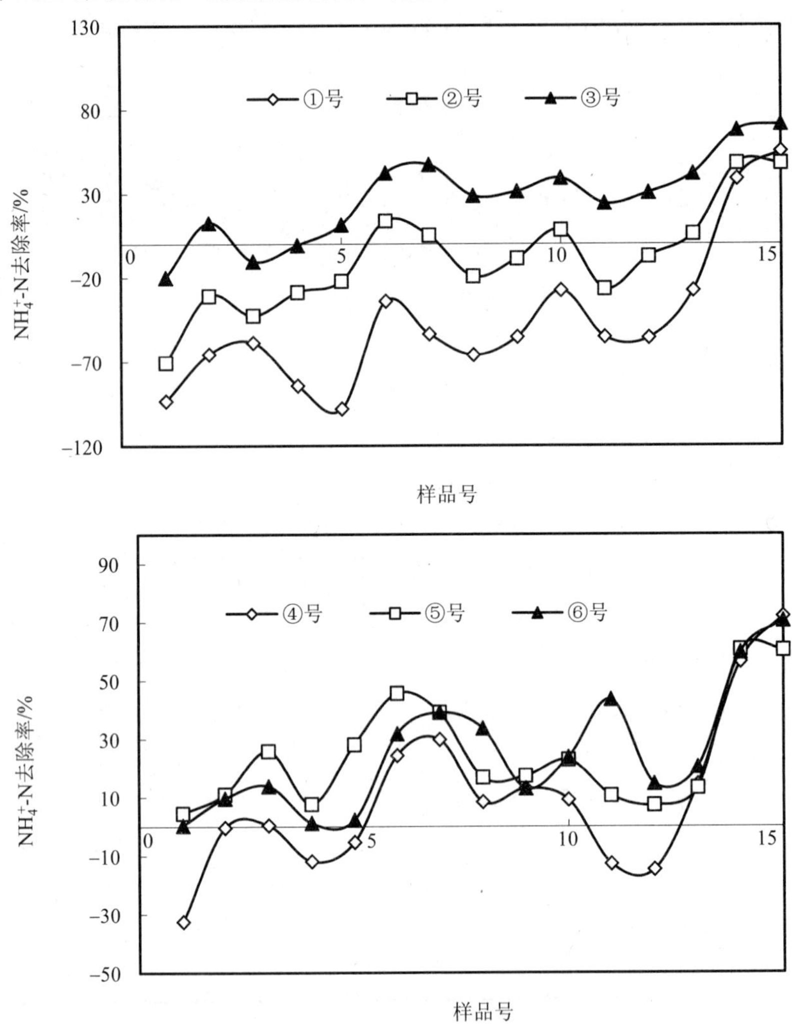

图 5-19　PRB 系统对 NH_4^+-N 的去除效果

系统在运行初期各 PRB 系统的去除率均较低，甚至是负值。这一方面是由于系统运行不稳定；另一方面是由于各反应器介质中都含有一定量的铁屑，铁屑腐蚀电池原理与 NO_2^-进行还原反应。反应式如下：

$$NO_2^- + 10H^+ + 4Fe \longrightarrow NH_4^+ + 3H_2O + 4Fe^{2+} \quad (5\text{-}13)$$

生成了部分 NH_4^+，而增加了污水中 NH_4^+-N 含量。对各系统的去除率有很大影响，特别是反应材料配比中铁屑含量比重大的①、②、④号 PRB 系统，铁屑在它们的反应材料配比中的比重都是 50%，去除率都很低，甚至是负值，分别是−45.34%、−8.44%、10.04%，但同样铁屑含量是 50%的③号 PRB 系统，由于反应材料中含有 50%的沸石，因此很好地缓解了这种情况，其平均去除率为 27.91%，是各 PRB 系统中去除效果最好的。随着系统运行的逐渐稳定，沸石等反应材料对氨氮大量吸附及微生物的硝化作用，各个 PRB 系统的去除率都逐步上升。

6）PRB 对 TP 的去除效果

PRB 系统进水和出水 TP 浓度及去除率如图 5-20 所示，结果表明，①～⑥号 PRB 系统对 TP 都有较好的去除率，平均去除率分别为 75.39%、82.05%、74.71%、74.81%、82.04%、80.97%。其中②、⑤、⑥号 PRB 系统的去除效果好于其他各系统。方差分析表明，各 PRB 系统间的去除率差异不显著（F=2.087，P>0.05）。从图 5-20 还可看出，经各个 PRB 处理后出水的 TP 浓度随进水浓度的增大变化不大，说明各 PRB 系统均有一定的抗负荷冲击能力，说明各 PRB 系统对 TP 的去除能力还有一定的提升空间。

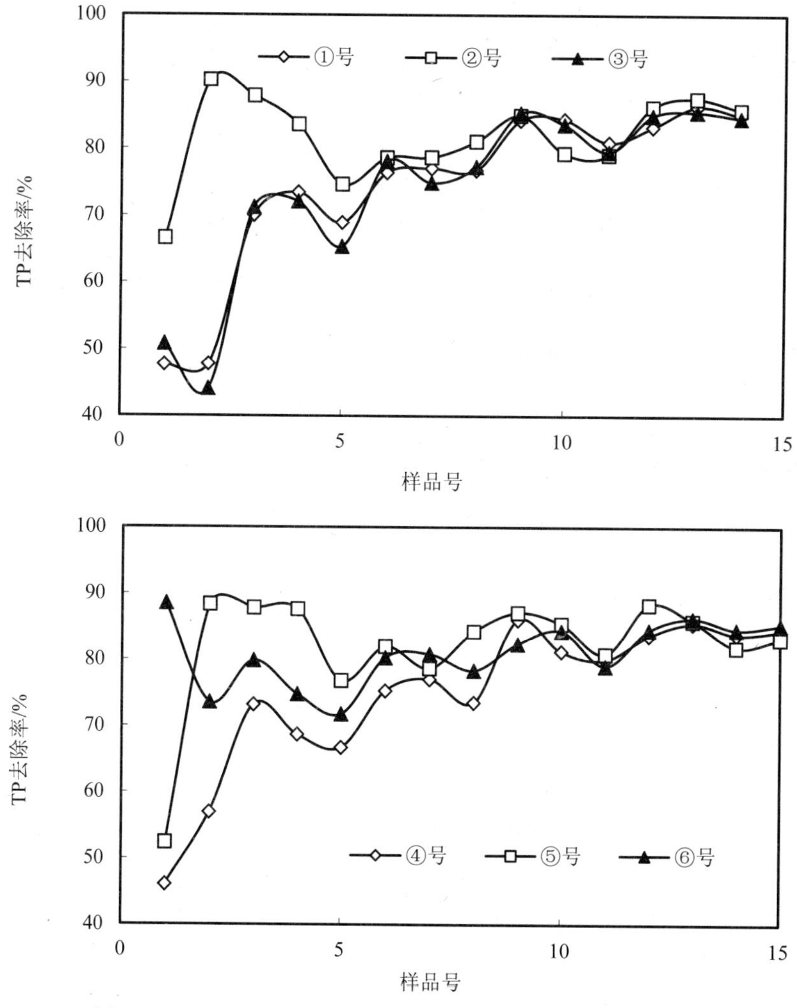

图 5-20　PRB 系统对 TP 的去除效果

系统在运行初期各 PRB 系统的去除率均较低，这可能是由系统运行不稳定造成的。在稳定期，各 PRB 系统的去除率都稳定在 60%以上。对 TP 的处理可能主要是化学吸附及微生物的作用。各反应器介质中都含有一定量的铁屑，Fe^0 及在水中可缓慢生成 Fe（Ⅱ）和 Fe（Ⅲ），与磷酸根反应后将生成磷酸铁或羟基磷酸铁沉淀，从而达到除磷的目的，这与严子春等[24]的研究结论相符。铁屑腐蚀电池除了提供电子外，所形成的氧化铁水合物具有较强的吸附-絮凝活性，能吸附污水中大量游离态的 P。②、⑤号 PRB 系统的反应材料配比中增加了焦炭的比重，与铁屑形成宏观上的腐蚀电池，加速了铁屑的腐蚀。另外，试验河水中可能含有一定浓度的 Mg^{2+}，这样可以和 PO_4^{2-}、NH_4^+共同生成磷酸铵镁沉淀而去除一定量的 PO_4^{2-}，同时还有 NH_4^+（这也是去除氨氮的机理）。反应式如下[25]：

$$Mg^{2+} + HPO_4^{2-} + NH_4^+ + 6H_2O \longrightarrow MgNH_4PO_4 \cdot 6H_2O + H^+ \qquad (5\text{-}14)$$

但如果反应器中产生较多的沉淀，会造成反应器的堵塞，在现场应用时要慎重考虑，必要情况下采取措施防止沉淀。

7）小结

方差分析表明，各 PRB 系统对 TN、NO_2^--N、NH_4^+-N 的去除率均在 0.05 及（好于）水平上差异显著；虽然对 NO_2^--N、TP 的去除率表现为差异不显著，但由表 5-14 可知，它们的 P 值分别为 0.076、0.075，也较小；说明 PRB 系统中反应材料及配比不同对污染物的去除起关键的作用。综合以上的分析可知，在本试验条件下，试验研究的 6 个不同反应材料配比的 PRB 系统对 COD_{Cr}、TN、NO_2^--N、NO_3^--N、NH_4^+-N 和 TP 都有一定的去除效果，其中⑤、⑥号 PRB 系统对各污染物质都有较好的去除效果，⑤号系统对各污染物的平均去除率分别为 COD_{Cr} 56.58%、TN 85.83%、NO_2^--N 96.31%、NO_3^--N 76.62%、NH_4^+-N 22.15%和 TP82.04%，⑥号系统对各污染物的平均去除率分别为 COD_{Cr} 54.12%、TN 79.24%、NO_2^--N 96.31%、NO_3^--N 75.69%、NH_4^+-N 23.46%和 TP 80.97%。

5.3.4.4 PRB 污染物沿程变化特性

污染物的去除和停留时间的关系是十分密切的，在连续进水的条件下，在污水流程的不同位置处，污水的停留时间是不同的。因此，在 PRB 的反应区中沿长度方向分别布置若干取样孔，在这些取样孔中同时取样分析，可以得到污染物在反应区中沿程动态变化规律。

选取处理效果较好的⑤、⑥号 PRB 系统做污染物沿程变化研究，在反应区沿程设置 5 个取样口（包括反应区最初进水、最后出水），分别进行 2 次污水沿程变化水质监测，各系统的水力负荷为 1 m/d，由表 5-12 可知 HRT 为 9.12 h。根据监测结果，以污水中主要污染物 COD_{Cr}、TN、NH_4^+-N 和 TP 浓度值为纵坐标，以污水的迁移距离为横坐标，可分别得出⑤、⑥号 PRB 污染物质沿程变化的趋势图（见图 5-21～图 5-24、图 5-29～图 5-32）。

以各监测点污染物监测值 C_L 与污水初始浓度值 C_0 的商 C_L/C_0 为纵坐标，以各监测点沿水流方向至进水端的距离与 PRB 长度的百分比 L（%）为横坐标，可得出各污染物在 PRB 内的动态模型预测曲线图（见图 5-25～图 5-28、图 5-33～图 5-36）。

1）⑤号 PRB 系统各污染物沿程变化趋势及其动态模型预测

由图 5-21～图 5-24 可看出，污水中 4 种主要污染物的去除速率在开始阶段很快，在第一个出水取样口（污水在该处的流程占全流程的 1/4），COD_{Cr}、TN、NH_4^+-N 和 TP 等主要污染物的平均去除率分别为 33.83%、14.45%、7.38%和 44.07%。在第二个出水取样口（污水在该处的流程占全流程的 1/2），COD_{Cr}、TN、NH_4^+-N 和 TP 的平均去除率分别为 48.82%、31.46%、21.99%和 56.64%。而整个反应区对 COD_{Cr}、TN、NH_4^+-N 和 TP 的总去除率分别为 57.78%、42.23%、40.31%和 65.59%。可见，⑤号 PRB 系统对污染物的去除主要发生在反应区的前半段。

在经历开始阶段很快的去除速率后，随着污水在反应区内迁移的距离的延长，各污染物的去除速率逐渐减缓并趋于平直。这体现了 PRB 系统具有一定的耐冲击负荷、出水水质稳定的优点。污水中的污染物经过 PRB 系统处理后，并没有被全部去除，而是在反应区的末端较长的距离内，保持一个比较稳定的浓度，这可能是反应材料选择的问题。结合以下对⑥号 PRB 系统的分析，可以看出，这反映了 PRB 系统的另一个特点，即 PRB 系统对污染物的去除效果主要取决于反应材料的选择，不同的反应材料或不同的介质配比都会影响去除效果。因此对于实际运行 PRB 系统工程，选择适当的反应材料及配比是关键环节。

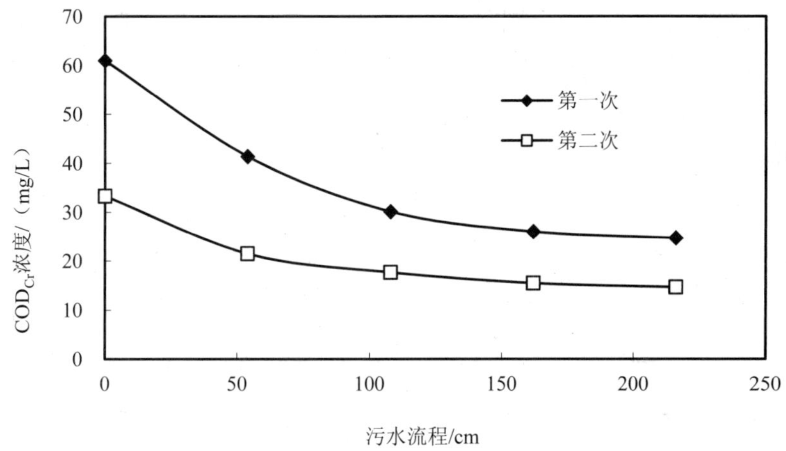

图 5-21　⑤号 PRB 系统 COD_{Cr} 沿程变化趋势

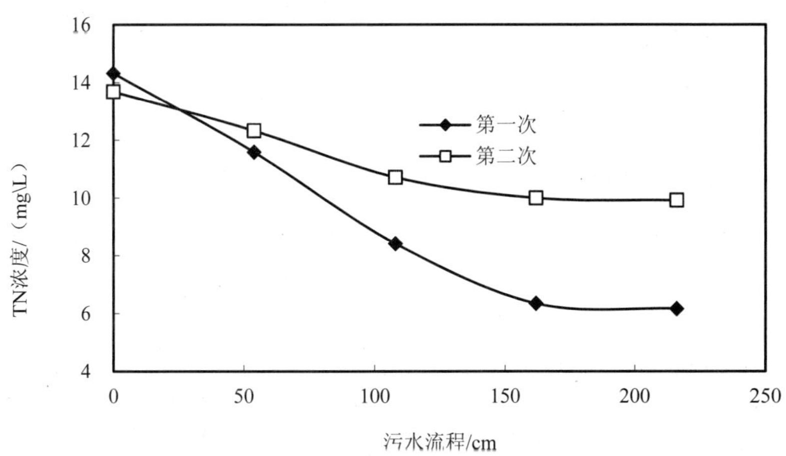

图 5-22　⑤号 PRB 系统 TN 沿程变化趋势

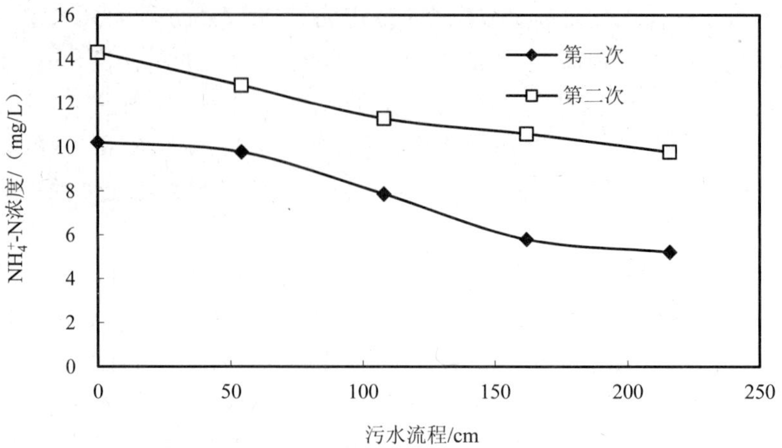

图 5-23 ⑤号 PRB 系统 NH_4^+-N 沿程变化趋势

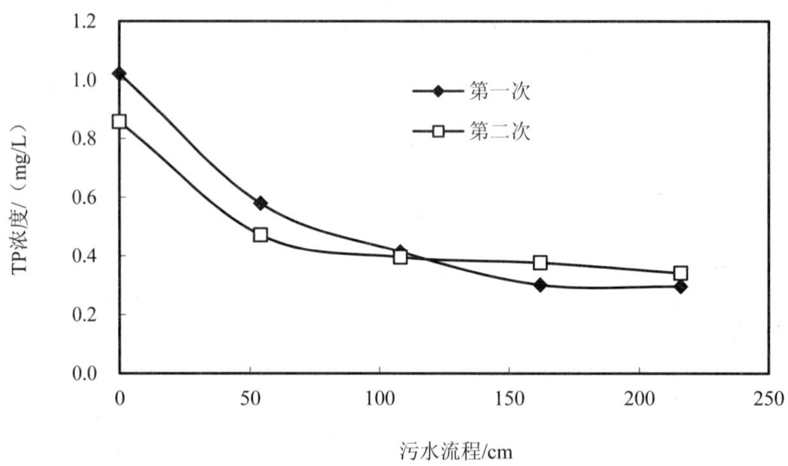

图 5-24 ⑤号 PRB 系统 TP 沿程变化趋势

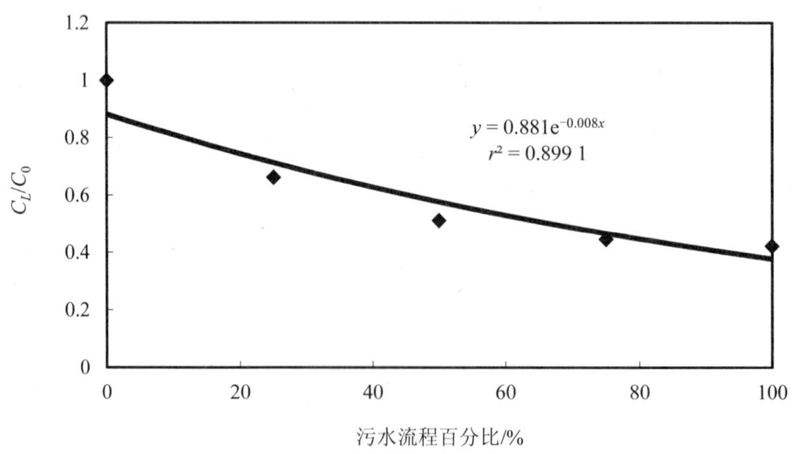

图 5-25 ⑤号 PRB 系统 COD_{Cr} 动态模型预测曲线

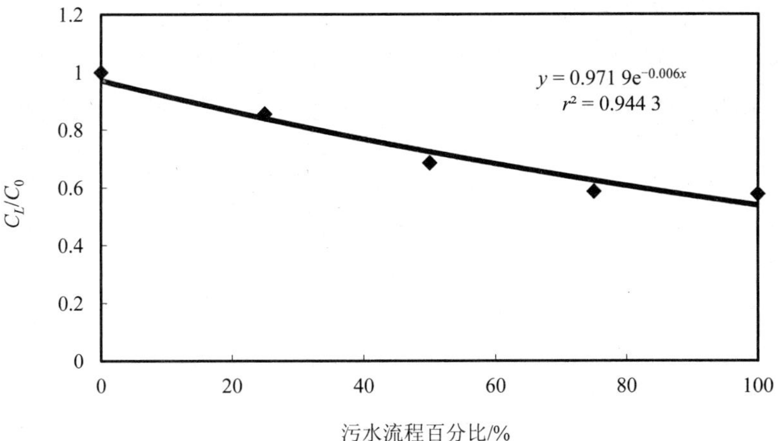

图 5-26　⑤号 PRB 系统 TN 动态模型预测曲线

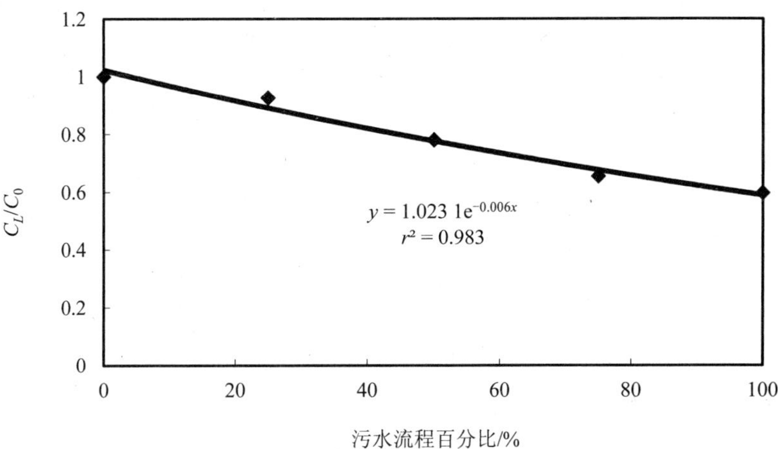

图 5-27　⑤号 PRB 系统 NH_4^+-N 动态模型预测曲线

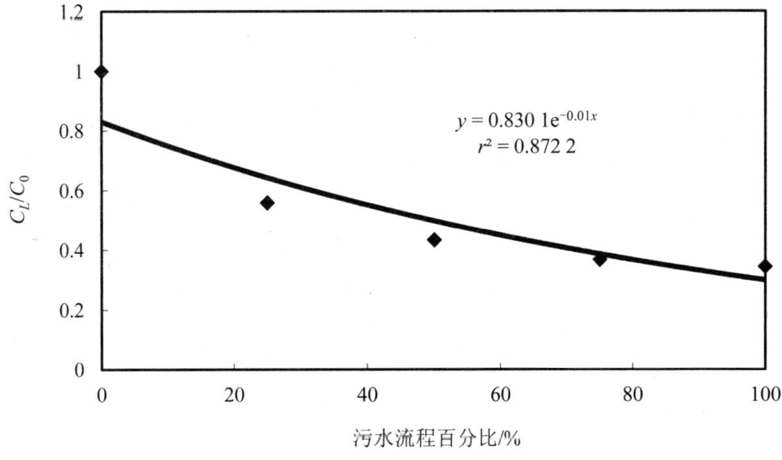

图 5-28　⑤号 PRB 系统 TP 动态模型预测曲线

2）⑥号 PRB 系统各污染物沿程变化趋势及其动态模型预测

由图 5-29～图 5-36 可看出，⑥号 PRB 系统污染物的去除规律与⑤号 PRB 系统类似，4 种污染物的去除速率也在开始阶段很快，随着污水迁移距离的延长，各污染物的去除速率逐渐减缓，在第一个出水取样口（污水在该处的流程占全流程的 1/4），COD_{Cr}、TN、NH_4^+-N 和 TP 的平均去除率分别为 30.16%、16.57%、20.50%和 40.40%。在第二个出水取样口（污水在该处的流程占全流程的 1/2），COD_{Cr}、TN、NH_4^+-N 和 TP 的平均去除率分别为 41.13%、44.49%、45.17%和 59.89%。而整个反应区对 COD_{Cr}、TN、NH_4^+-N 和 TP 的总去除率分别为 57.44%、70.21%、69.66%和 72.56%。可见，⑥号 PRB 系统污染物的去除也主要发生在反应区的前半段，前半段对污染物的去除率都占总去除率的 60%以上。

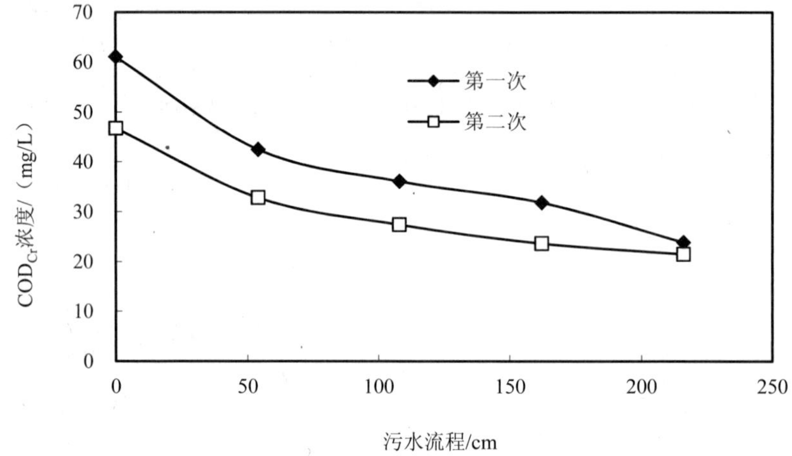

图 5-29 ⑥号 PRB 系统 COD_{Cr} 沿程变化趋势

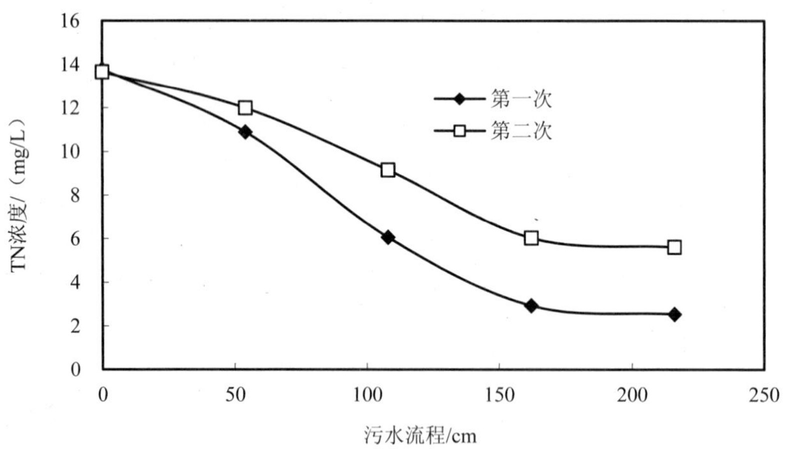

图 5-30 ⑥号 PRB 系统 TN 沿程变化趋势

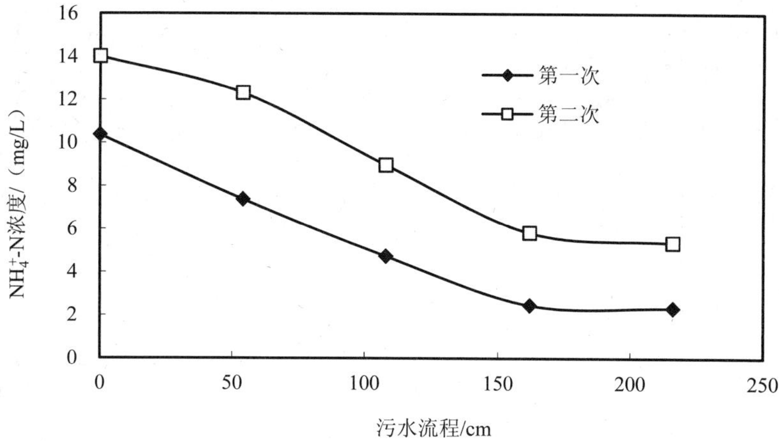

图 5-31　⑥号 PRB 系统 NH_4^+-N 沿程变化趋势

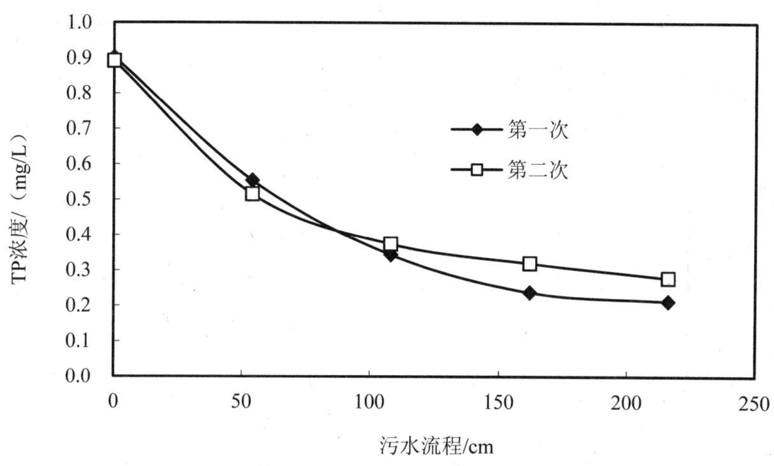

图 5-32　⑥号 PRB 系统 TP 沿程变化趋势

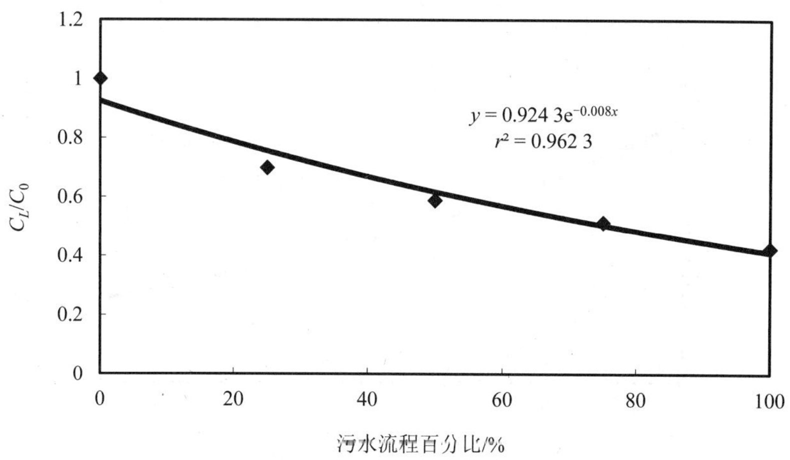

图 5-33　⑥号 PRB 系统 COD_{Cr} 动态模型预测曲线

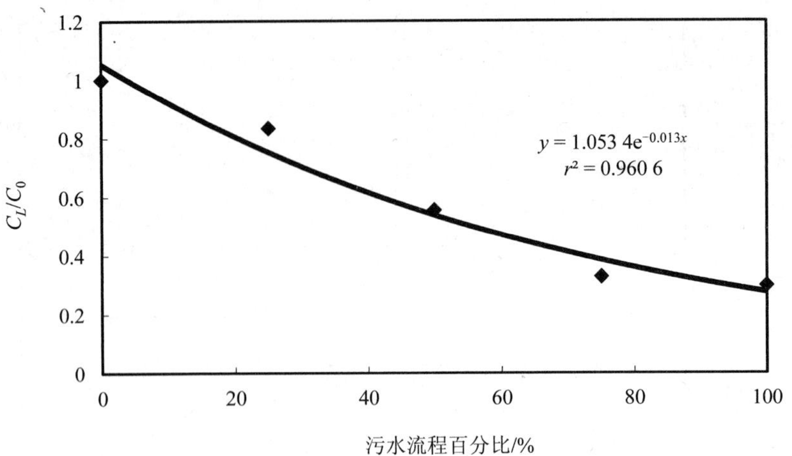

图 5-34 ⑥号 PRB 系统 TN 动态模型预测曲线

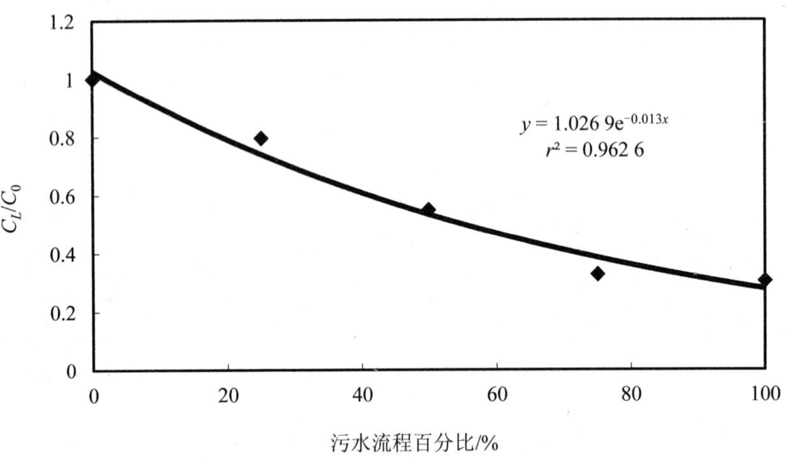

图 5-35 ⑥号 PRB 系统 NH_4^+-N 动态模型预测曲线

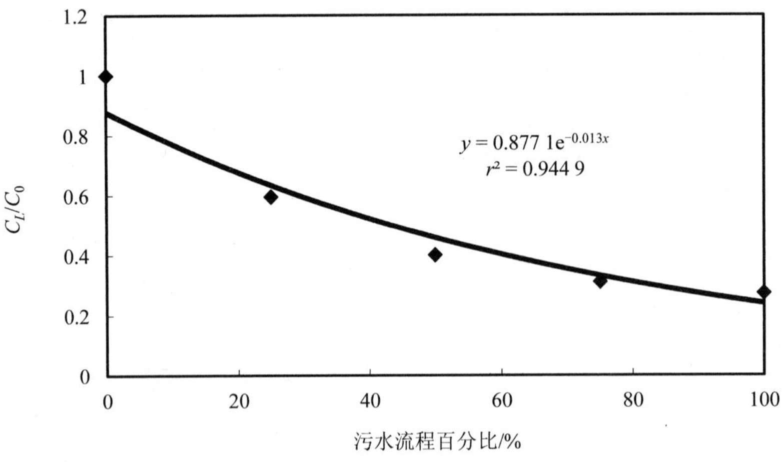

图 5-36 ⑥号 PRB 系统 TP 动态模型预测曲线

结合以上对⑤号 PRB 系统的分析，可以看出，⑥号 PRB 系统对 TN、NH_4^+-N 的去除速率优于⑤号 PRB 系统，而对其他两种污染物的去除速率则是⑤号 PRB 系统优于⑥号 PRB 系统。这是由两个 PRB 系统的反应材料配比不同所造成的，⑥号 PRB 系统的反应材料配比中增加了沸石的比重，沸石是一族架状构造含水铝硅酸盐，具有内表面积大、多孔穴的特点，以及很强的吸附能力和离子交换能力。沸石对氨氮以及重金属具有很强的吸附与离子交换功能[25]，而试验段污染河水中，NH_4^+-N 是主要的 N 类污染物质。这就使得⑥号 PRB 系统对 TN、NH_4^+-N 的去除速率优于⑤号 PRB 系统。⑤号 PRB 系统的反应材料配比中增加了焦炭的比重，与铁屑形成宏观上的腐蚀电池，加速了铁屑的腐蚀，提高系统对 COD_{Cr} 和 TP 的去除。

由图 5-25～图 5-28、图 5-33～图 5-36 可看出，不论是⑥号 PRB 系统还是⑤号 PRB 系统，4 种主要污染物在反应区的动态变化规律均可用指数方程来描述。

5.3.4.5 污染负荷对系统处理效果的影响

系统运行过程中，虽然每一阶段的水力负荷是固定的，但由于进水的污染物浓度是在不断变化的，所以其相应的污染负荷也是在不断波动变化的。本试验以⑤号、⑥号 PRB 系统为研究对象，其相应的 4 种主要污染负荷如表 5-15 所示。

表 5-15 PRB 系统运行负荷表

PRB	水力负荷/[m^3/（m^2·d）]	COD_{Cr} 负荷/[g/（m^2·d）]	TN 负荷/[g/（m^2·d）]	NH_4^+-N 负荷/[g/（m^2·d）]	TP 负荷/[g/（m^2·d）]
⑤号 PRB	1	29.71～139.78	2.88～22.5	0.70～18.62	0.09～1.59
⑥号 PRB	1	29.71～139.78	2.88～22.5	0.70～18.62	0.09～1.59

系统运行过程中，系统日进水量始终保持 1 987.2 L，系统各污染物的最大负荷和最小负荷相差一个数量级左右，但从各污染物的去除率上看，不论⑤号 PRB 系统还是⑥号 PRB 系统都是比较高而且稳定的。系统运行过程中，两种 PRB 的有机负荷、TN 负荷、NH_4^+-N 负荷和 TP 负荷分别与相应净化负荷之间的关系如图 5-37～图 5-40 所示。

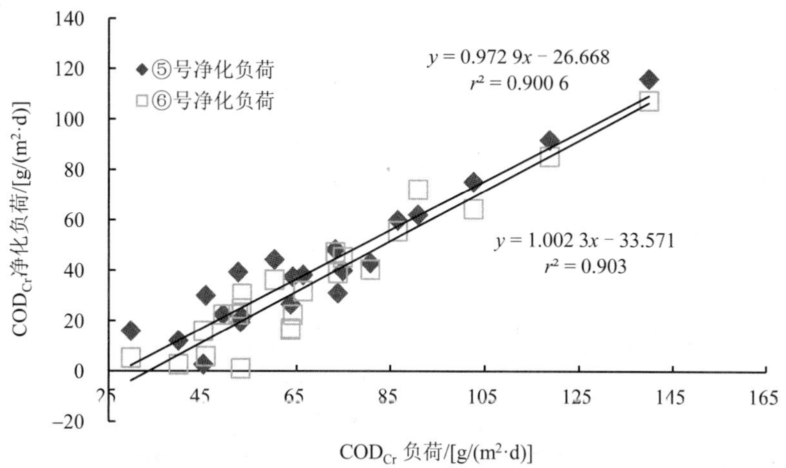

图 5-37 ⑤、⑥号 PRB 系统污水有机负荷对净化负荷的影响关系图

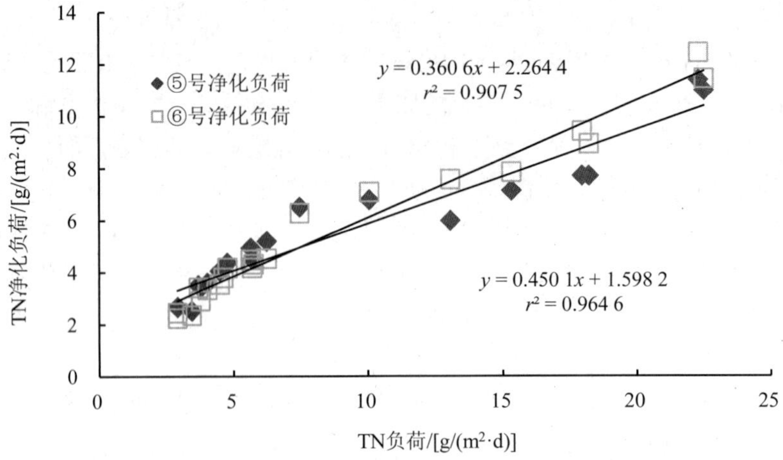

图 5-38　⑤、⑥号 PRB 系统污水 TN 负荷对净化负荷的影响关系图

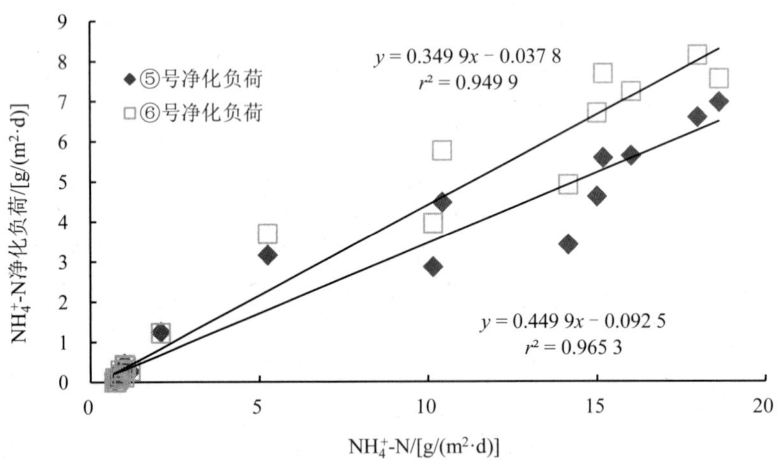

图 5-39　⑤、⑥号 PRB 系统污水 NH_4^+-N 负荷对净化负荷的影响关系图

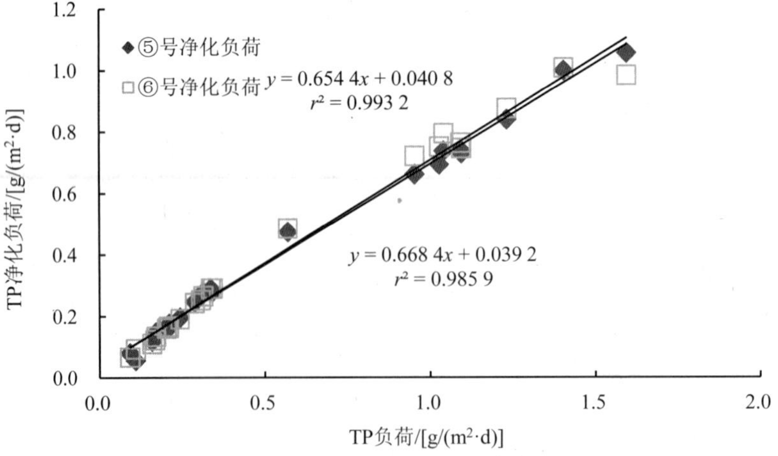

图 5-40　⑤、⑥号 PRB 系统污水 TP 负荷对净化负荷的影响关系图

由图 5-37～图 5-40 可知，两种介质配比的 PRB 系统的有机负荷、TN 负荷、NH_4^+-N 负荷和 TP 负荷与相应的污水净化负荷呈极显著的线性关系，其中⑤号 PRB 系统的有机负荷、TN 负荷、NH_4^+-N 负荷和 TP 负荷与净化负荷的相关关系程度判定系数 r^2 值分别为 0.900 6、0.907 5、0.949 9 和 0.993 2，⑥号 PRB 系统相应的 r^2 值分别为 0.903 0、0.964 6、0.965 3 和 0.985 9。可见两个系统此时均表现为随污染负荷提高，净化负荷也相应提高的较佳反应状况。从直线的上升趋势看，系统还有较大的剩余净化容量可以利用。该结果与系统运行时间较短有关，在后续的运行规律如何，还需要做进一步的试验。

在实际运行中，系统的负荷不能无限制地提高。在开始阶段，系统的净化容量非常大，有些净化空间被利用后便不能再利用了。要使系统运行的年限尽量长，维持一个较低的负荷是适宜的。另外，虽然系统运行的污染负荷提高后，净化负荷也随之提高，污染物去除总量增大，但并不一定能保证出水的水质达标。

5.3.4.6　铁离子浓度与系统处理效果的关系

由于主要反应材料包含铁屑，铁屑与污水中氧化性物质的氧化还原反应会提高出水中的铁离子浓度，对系统进、出水中的铁离子含量进行跟踪监测，可以了解系统的反应状况。在试验过程中，由于现场试验条件所限，进、出水铁离子浓度的数据较少，试验共测得 4 组进、出水中铁离子浓度的数据，其均值与相对应的各污染物质的进、出水浓度均值见表 5-16。

表 5-16　出水数据的平均数及标准差　　单位：mg/L

污染物 / 编号	铁离子浓度	COD_{Cr} 浓度	TN 浓度	NO_3^--N 浓度	NO_2^--N 浓度	NH_4^+-N 浓度	TP 浓度
进水	0.39±0.01	43.36±17.8	6.77±0.33	0.37±0.05	4.51±0.16	1.19±0.14	0.29±0.01
①出水	0.43±0.06	29.69±6.24	2.23±0.49	0.07±0.02	1.00±0.07	1.15±0.22	0.10±0.02
②出水	0.93±0.27	27.10±7.98	2.26±0.48	0.05±0.02	0.75±0.21	1.32±0.16	0.10±0.01
③出水	0.35±0.07	29.93±8.76	2.87±0.47	0.04±0.03	0.85±0.14	1.89±0.16	0.09±0.02
④出水	0.82±0.12	31.71±14.3	3.11±1.10	0.03±0.02	0.90±0.50	2.06±0.21	0.09±0.03
⑤出水	0.79±0.13	28.62±11.5	2.72±0.69	0.06±0.04	0.83±0.45	1.85±0.11	0.08±0.02
⑥出水	20.57±0.09	28.18±8.09	2.99±0.85	0.04±0.04	0.83±0.54	2.06±0.12	0.09±0.03

对系统进、出水中铁离子浓度与各污染物浓度作配对的相关分析，为选择适当的相关系数，首先对进、出水中铁离子浓度做正态分布检验（图 5-41），发现其符合正态分布。因此，对系统进、出水铁离子浓度与各污染物进、出水浓度作单侧的参数相关分析，结果见表 5-17。

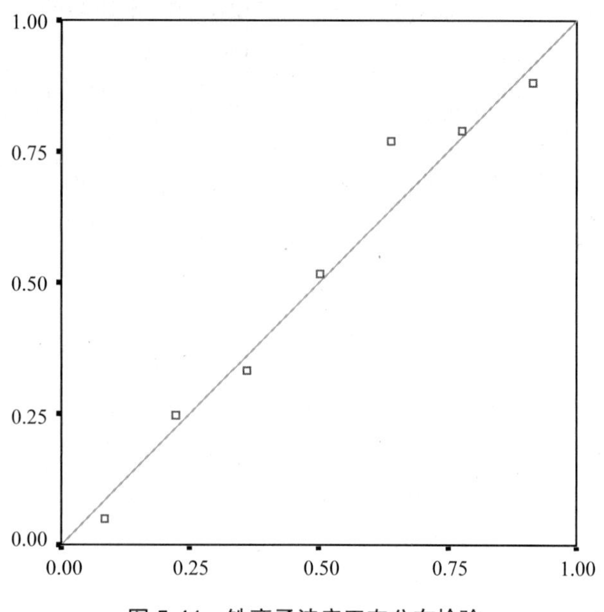

图 5-41 铁离子浓度正态分布检验

表 5-17 铁离子浓度与各污染物出水浓度相关分析

	r^2 值	自由度	P 值
COD_{Cr}	−0.754	7	0.025*
TN	−0.721	7	0.034*
NO_3^--N	−0.736	7	0.030*
NO_2^--N	−0.750	7	0.026*
NH_4^+-N	0.379	7	0.201
TP	−0.755	7	0.025*

注：*表示在 0.05 水平上显著相关。

结果表明，进、出水中铁离子浓度与各污染物浓度（除 NH_4^+-N 外）呈显著负相关（$P<0.05$）。这说明铁屑与污染物的化学反应和污染物的去除呈显著相关。铁离子浓度与 COD_{Cr}、TP、NO_2^--N 浓度的相关性好于其他污染物，说明在本研究范围内，COD_{Cr}、NO_2^--N、TP 的去除比其他污染物更倚重反应材料铁屑。

5.4 功能材料在 PRB 去除痕量有机污染物的应用

5.4.1 概述

应用 PRB 技术处理地下水中的痕量有机污染物是 PRB 技术最早的研究领域，1992 年，世界上第一个实地的 PRB 工程就是利用 PRB 技术治理 TCE 和 PCE 污染，该工程位于加拿大安大略省保登（Borden）空军基地，反应墙厚 1.5 m，用 21%的铁屑和 79%的粗砂构筑，污染羽体中的 TCE 和 PCE 含量分别是 200 mg/L 和 60 mg/L，污染羽状体通过反应墙后，污水中 TCE 和 PCE 90%被去除[3]。PRB 技术针对的痕量有机污染物主要是氯代烃类有机物，零价铁是使用最早及应用最广泛的反应材料，随着技术的发展，研究者遴选和开发出众多品质优良的反应材料。

5.4.2　去除痕量有机污染物的基本原理

对痕量有机污染物的去除主要是利用反应材料的还原作用、吸附作用及特殊微生物菌体的降解作用。特别由于铸铁是铁-碳合金，当其处于电解溶液中时，炭粒充当阴极，而铁因电势小，充当阳极，由此构成了成千上万个微小腐蚀电池（如果在反应体系中另外加入活性炭、煤炭等阴极材料，则会形成宏观上的腐蚀电池，从而加快反应速度），腐蚀电池对氯代有机物进行还原反应，使氯代有机物转化为无毒的无机盐或易被降解的有机物，且铁氧化后形成的氧化物能够吸附氯代烃，因此作为 PRB 的一种反应介质——零价铁受到各国学者极大的关注。反应式（氯代烃以 R—Cl 表示）如下：

$$\text{阳极过程：}Fe^{2+} + 2e = Fe^{0}，E^{0}=-0.44\ V \tag{5-14}$$

$$\text{阴极过程：}R—Cl+e+ H_2O = R—H+Cl^{-}+OH^{-} \tag{5-15}$$

如果氯代烃分子中含有不止 1 个氯原子，则继续发生式(5-15)的脱氯过程。由式(5-15)可以看出，一方面，脱氯过程中产生大量 OH^-，它会与阳极腐蚀出来的铁离子在铁表面形成 $Fe(OH)_2$、$Fe(OH)_3$，它们是良好的胶体絮凝剂，比一般药剂水解法得到的 Fe^{3+}吸附能力强，能吸附大量有机分子，可进一步降低水体中污染物的含量。另一方面，这对减少水中铁的二次污染无疑也是很有好处的。但絮体沉淀物也可能会堵塞孔隙而使其透水性降低，另外沉淀物沉积在铁表面，会阻碍反应的进一步进行。Puls 等[26]的研究结果也表明，pH 升高会导致一些污染物降解速率降低，同时易形成不溶解金属氢氧化物沉淀将铁的表面包围起来，从而降低 PRB 的可渗透性，甚至造成堵塞。虽然在天然地下水中，有溶解的碳酸盐及重碳酸盐起缓冲作用[3]，但随着反应的进行，也会生成碳酸铁等难溶盐。

5.4.3　零价铁及其发展材料的应用

Fe^0 材料是最早被应用于针对痕量有机污染物的 PRB 技术中，1996 年在美国 Elizabeth 地区的东南部安装了一个连续墙式 Fe^0-PRB，污染羽状体中含有较高浓度的 6 价铬（＞10 mg/L）及一部分 TCE（＞19 mg/L）、DCE 等有机物，污染羽状体经过反应墙的连续反应，其中铬的浓度小于 0.01 mg/L，TCE、DCE 等有机物的浓度也达到了相应的标准[26-27]。

随着研究的深入，为克服单独使用零价铁长期运行效果不佳等缺点，研究了零价铁与其他反应材料联用的 PRB 技术，如 Baric 等[28]研究了聚羟基丁酸酯（polyhydroxybutyrate，PHB）联合零价铁强化去除氯代己烷，发现 PHB 的存在及其发酵形成的环境（如产生挥发性酸、低 pH 等）有利于零价铁的氧化还原反应，同时能够延长零价铁的使用寿命。增加了 PHB 的 PRB 能够稳定地去除进水中的四氯乙烷（TeCA）。

Yang 等[29]以改性活性炭和零价铁为反应材料去除水体中的 2,3-二氯苯酚，活性炭用二氯二甲基硅烷进行改性，使其表面性质变成疏水性，虽然改性使得活性炭的比表面积由 895 m^2/g 降至 835 m^2/g，但其对 2,3-二氯苯酚的吸附量增加了 20%，同时发现活性炭改性有利于 PRB 对 2,3-二氯苯酚的降解。

而影响零价铁 PRB 效果和寿命的钝化和堵塞问题也得到了相应的研究，Ruhl 等[30]研究了零价铁颗粒大小对零价铁 PRB 效果和寿命的影响，结果表明多种粒径的组合比单粒径更有利于 PRB 的长期运行。Ruhl 等[31]同年还研究了引起零价铁 PRB 堵塞的气体累积问题，结果发现钙与溶解性无机碳反应造成的零价铁的钝化阻碍了 PRB 中气体的产生，试验中每克零价铁的产气量为 13.5 ml。

近年来，在 Fe^0 的基础上发展起来的双金属系统一直是一个活跃的研究领域。所谓双金属系统就是在 Fe^0 颗粒上镀上第二种金属，如镍和钯，成为 Ni/Fe 和 Pd/Fe 双金属系统。初次使用 Pd/Fe 系统的是 Muftikian 等[32]，他们认为 Fe^0 表面的 Pd 加速了目标污染物的脱氯，反应速率可以比 Fe^0 系统大 10 倍。Grittini 等[33]研究证明 Pd/Fe 双金属系统能够降解十分难降解的多氯联苯。

Petersen 等[34]利用 Ti/金属氧化物复合电极降解 TCE，去除率达 80%～90%。Choi 等[35]运用反应材料为 Pd/Fe 二元金属和接种了厌氧菌的砂砾的连续式 PRB 还原脱氯和生物降解 2,4,6-三氯苯酚（2,4,6-TCP），Pd/Fe 二元金属 PRB 部分在反应时间为 21.2～30.2 h 时，可将反应器内浓度为 100 mg/L 的 2,4,6-TCP 全部还原成苯酚，比表面积反应常数 K_{SA}=3.84（±0.48）×10^{-5} L/（m^2·h），PRB 生物部分在反应时间为 7～8 d 时可将 100 μmol/L 的苯酚完全去除。在生物处理前预先进行还原脱氯会提高整个 PRB 系统的处理效果。

5.4.4 吸附及生物载体材料的应用

目前已研究或应用的吸附及生物载体材料包括活性炭、泥炭、沸石、膨润土、石灰石、锯屑和微生物等[21]。

Öztürk 等[36]以桉树皮和商业堆肥等有机自然物质作为 PRB 反应材料，研究其对三氯乙烯（TCE）的降解效果，结果发现反应材料能够在厌氧条件下降解 TCE，其中 TCE 第一级生物降解速率为 0.23d^{-1}（桉树皮）和 1.2d^{-1}（商业堆肥），阻滞因子分别为 35（桉树皮）和 301（商业堆肥）。

Arora 等[37]研究了温度对活性炭 PRB 吸附甲苯的影响，结果发现低温降低了活性炭对甲苯的吸附，其反应动力学中的扩散系数也由 20℃时的 5.112×10^{-13} m^2/s 降至 4℃时的 3.65×10^{-13} m^2/s。

Ahmad 等[38]应用自然有机物质作反应材料修复受环三亚甲基三硝胺（RDX，hexahydro-1,3,5-trinitro-1,3,5-triazine）和环四亚甲基四硝胺（HMX，octahydro-1,3,5,7-tetranitro-1,3,5,7-tetrazocine）污染的地下水，结果表明，该 PRB 能完全去除进水中 90 ppb 的 RDX 和 8 ppb 的 HMX，自然有机物质与砂砾的最佳配比为 7∶3（体积比）。Vesela 等[39]研究了生物煤渣（煤渣既是吸附介质也是微生物的载体）对 BTEX（苯、甲苯、乙苯、二甲苯）、氯苯、萘、硝基酚、苯酚、TCE、总石油烃（TPH）等多种有机污染物的去除效果，结果表明生物煤渣具有良好的去除效果，去除率从萘的 57.3%至硝基酚和 BTEX 的 99.9%，反应器中的生物密度达 105（CFU）/ml。

5.5　功能材料在 PRB 去除重金属污染物的应用

5.5.1　概述

在 PRB 技术中用于重金属去除的反应材料丰富多样，主要选择吸附性强、比表面积大、具有离子交换性能或是可与重金属离子生产化学沉淀的材料。

5.5.2　去除重金属污染物的基本原理

对重金属废水的处理，是利用反应材料的吸附能力、反应材料中的某些成分与金属离子的共沉淀作用去除金属离子，另外一些反应介质（如零价铁）利用其自身的还原作用将重金属以单质或不可溶的化合物析出（Morrison 等[40]；Schäfer 等[39]；Lien 等[42]），一些化学反应如下：

$$Fe^0+UO_2^{2+} = Fe^{2+}+UO_2(s) \tag{5-16}$$

$$4Fe^0+2HSeO_3^-+10H^+ = 4Fe^{2+}+2Se^0(s)+6H_2O \tag{5-17}$$

$$Fe^0+CrO_4^{2-}+8H^+ = Fe^{3+}+Cr^{3+}+4H_2O \tag{5-18}$$

$$(1-x)Fe^{3+}+(x)Cr^{3+}+2H_2O = Fe_{(1-x)}Cr_{(x)}OOH(s)+3H^+ \tag{5-19}$$

5.5.3　化学反应类材料的应用

人们常常利用反应材料中的某些成分与金属离子的共沉淀作用对重金属离子进行去除。Conca 等[43]在美国爱达荷州的 Ninemile 河附近，以 90 t 磷灰石Ⅱ（ApatiteⅡ，其化学式为$[Ca_{10-x}Na_x(PO_4)_{6-x}(CO_3)_x(OH)_2]$，其中 $x<1$）为反应材料，建立了 16.3 m 长、5 m 宽、4.5 m 高的 PRB，考察了磷灰石Ⅱ对含 Zn、Pb、Cd、Cu、SO_3^-和 NO_2^-的地下水的处理效果，PRB 于 2001 年 1 月建成运行。研究发现，PRB 出水中 Pb、Cd 的含量小于 2×10^{-3} mg/L，Zn 含量接近当地背景值（大约 0.1 mg/L），SO_3^-浓度降至 100～200 mg/L，NO_2^-浓度低于 0.05 mg/L；并且发现 90%的去除作用发生在 PRB 前面 20%墙体；PRB 运行至 2006 年时，5 年的现场运行数据表明，30%的磷灰石Ⅱ被消耗，累计去除 4 550 kg Zn、91 kg Pb、45 kg Cd。

另外一些研究者利用反应材料（如零价铁、铸铁等）的氧化还原作用去除水体中的重金属离子。Lee 等[44]利用白口铁铸造业的废铁渣为 PRB 的反应材料，研究了其对被含锌渗滤液污染的地下水中的锌离子的去除作用，结果表明，当锌离子初始浓度为 100 mg/L 时，去除率可达 50%以上。Ahn 等[45]用蒸发冷却器尘（ECD）、氧化气尘（OGS）、碱性氧化炉渣（BOFS）及静电沉淀剂尘（EPD）等钢铁工业副产品作反应材料对含砷矿山废水进行处理，ECD、OGS、BOFS 都能在 72 h 内将砷离子含量从初始的 25 mg/L 降至 0.5 mg/L 以下。可以看出，利用 PRB 技术对重金属污染进行修复是十分有效的。

Han 等[46]以石英砂负载硫化铁作为 PRB 反应材料研究其厌氧环境下去除地下水中的砷（III）的效果，试验表明它既具备去除砷（III）的能力，又克服了纳米硫化铁由于太细不能应用于常规 PRB 的缺点，试验结果表明在 pH 为 5 和 7 时，石英砂负载硫化铁对砷(III)去除能力是纳米硫化铁的 30%，而在 pH 为 9 时，石英砂负载硫化铁对砷（III）去除能力是纳米硫化铁的 400%，这可能是因为石英砂天然氧化表面或是存在四方硫铁矿的次生矿物，同时石英砂负载硫化铁能在条件更加苛刻的厌氧条件取得与石英砂负载氧化铁在好氧条件去除砷（III）的效果，相对于普遍认为的对砷（III）去除效果最佳的零价铁，随着零价铁的腐蚀，被去除的砷有可能重新回到水体中，特别是在长时间的厌氧条件下，而石英砂负载硫化铁没有这样的问题。

Moraci 等[47]研究了以零价铁和浮石为 PRB 反应材料，对镍、铜等重金属的去除，试验设计了三组对照试验，分别为零价铁 PRB、零价铁/浮石混合 PRB、零价铁-浮石串联 PRB，结果表明无论是在对镍、铜的去除效果还是 PRB 的渗透系数，零价铁/浮石混合 PRB 都优于其他两种 PRB，且对铜的去除效果优于前任的报道。还有学者研究了材料配比 PRB 处理效果的影响。Calabrò 等[48]以零价铁和浮石为反应材料设计了三种 PRB，材料配比（零价铁/浮石重量比）分别是 10/90、30/70 和 50/50，同时设置单独使用零价铁的对照，每种 PRB 制作两组，结果发现配比为 30/70 的 PRB 对镍的去除效果较好同时能够长期稳定运行。

同时还有研究者利用堆肥等自然有机碳混合物去除重金属，其去除原理包括物理吸附、氧化还原、生物降解等。Gibert 等[49]观测了建设在西班牙西南 Aznalcóllar 的以石灰石和植物堆肥为反应材料的 PRB（该 PRB 用于控制由于排放酸性矿山废水而造成的地下水污染），发现 Aznalcóllar 的 PRB 能有效地中和地下水的 pH，同时去除地下水的重金属污染物，其中 Al、Zn 和 Cu 的去除率分别超过 96%、95%和 98%。Amos 等[50]研究了含牛粪、有机堆肥、石灰石片及砂砾的 PRB 对煤矿渗滤液的处理效果，结果表明含 50%石灰石片的混合介质增加溶液碱度和去除金属离子的能力均比含 50%砂砾的混合介质强，石灰石片与有机堆肥（1∶1）混合介质在 24 h 内达到最大金属离子去除率，而添加了 25%的有机堆肥及 25%牛粪的混合介质 4 h 内就可以达到最大金属离子去除率。

5.5.4 物理吸附类材料的应用

物理吸附类常用反应材料包括沸石、活性炭等。吸附程度与反应材料的性质和 pH 有关。Woinarski 等[51]设计的以斜发沸石为反应材料，在模拟南极低温条件下对 Cu^{2+}的去除效果，发现在 2℃时沸石的吸附量远远小于 22℃时的吸附量，吸附能力降低了 32%～50%，低温降低了其对 Cu^{2+}的去除率。

Park 等[52]以斜发沸石为反应材料构造 PRB，试验表明斜发沸石对地下水中重金属污染有很好的去除效果。

参考文献

[1] 束善治，袁勇. 污染地下水原位处理方法：可渗透反应墙. 环境污染治理技术与设备，2002，3（1）：47-51.

[2] 崔俊芳，郑西来，林国庆. 地下水有机污染处理的渗透性反应墙技术. 水科学进展，2003，14（3）：363-367.

[3] MARCUS D L，BONDS C. Results of the reactant sand-fracking pilot test and implications for the in situ remediation of chlorinated VOCs and metals in deep and fractured bedrock aquifers. Journal of Hazardous Materials，1999，68（1）：125-153.

[4] 翟斌. PRB 在地下水污染修复中的应用. 中国环保产业，2005，（2）：33-35.

[5] POWELL R M，PULS R W，BLOWES D，et al. Permeable reactive barrier technologies for contaminant remediation. NASA，1998，（19990008853）.

[6] 柏耀辉，张淑娟. 地下水污染修复技术：可渗透反应墙. 云南环境科学，2006，24（4）：51-54.

[7] 董军，赵勇胜，赵晓波，等. PRB 技术处理污染地下水的影响因素分析. 吉林大学学报：地球科学版，2005，35（2）：226-230.

[8] BOWLES D，CHERRY J，GILLHAM R，et al. Passive remediation of groundwater using in situ treatment curtains. Geotechnical Special Publication，1995：1588-1607.

[9] CANTRELL K J，KAPLAN D I，WIETSMA T W. Zero-valent iron for the in situ remediation of selected metals in groundwater. Journal of Hazardous Materials，1995，42（2）：201-212.

[10] SNAPE I，MORRIS C，COLE C. The use of permeable reactive barriers to control contaminant dispersal during site remediation in Antarctica. Cold Regions Science and Technology，2001，32（2）：157-174.

[11] BELL L，DEVLIN J，GILLHAM R，et al. A sequential zero valent iron and aerobic biodegradation treatment system for nitrobenzene. Journal of Contaminant Hydrology，2003，66（3）：201-217.

[12] GUERIN T，MCGOVERN T，HORNER S. A funnel and gate system for remediation of dissolved phase petroleum hydrocarbons in groundwater. Land Contamination & Reclamation，2001，9（2）：209-224.

[13] MU Y，YU H Q，ZHENG J C，et al. Reductive degradation of nitrobenzene in aqueous solution by zero-valent iron. Chemosphere，2004，54（7）：789-794.

[14] GUSMÃO A D，DE CAMPOS T M P，NOBRE M D M M，et al. Laboratory tests for reactive barrier design. Journal of Hazardous Materials，2004，110（1）：105-112.

[15] ROBERTSON W，CHERRY J. Long term performance of the Waterloo denitrification barrier. 1997.

[16] SU C，PULS R W. Removal of added nitrate in the single，binary，and ternary systems of cotton burr compost，zerovalent iron，and sediment：Implications for groundwater nitrate remediation using permeable reactive barriers. Chemosphere，2007，67（8）：1653-1662.

[17] MOON H S，AHN K-H，LEE S，et al. Use of autotrophic sulfur-oxidizers to remove nitrate from bank filtrate in a permeable reactive barrier system. Environmental Pollution，2004，129（3）：499-507.

[18] BAKER M J，BLOWES D W，PLACEK C. Phosphorous adsorption and precipitation in a permeable reactive wall：applications for wastewater disposal systems. 1997.

[19] SORG T J，LOGSDON G S. Treatment technology to meet the interim primary drinking water regulations for inorganics：Part 2. Journal（American Water Works Association），1978：379-393.

[20] 周玲，李铁龙，全化民，等. 还原铁粉去除地下水中硝酸盐氮的研究. 农业环境科学学报，2006，25（2）：368-372.

[21] 李铁龙，康海彦，刘海水，等. 纳米铁的制备及其还原硝酸盐氮的产物与机理. 环境化学，2006，25（3）：294-296.

[22] 赵德明，史惠祥. 微电解法预处理对氟硝基苯废水的研究. 化工环保，2002，22（1）：15-18.

[23] 李晔，肖文浚. 沸石改性及其对氨氮废水处理效果的研究. 非金属矿，2003，26（2）：53-55.

[24] 严子春，龙腾锐，何强，等. 城市污水曝气过滤式化学除磷试验研究. 中国给水排水，2006，22（3）：86-88.

[25] 赵庆良，李湘中. 化学沉淀法去除垃圾渗滤液中的氨氮. 环境科学，1999，20（5）.

[26] PULS R W，BLOWES D W，GILLHAM R W. Long-term performance monitoring for a permeable reactive barrier at the US Coast Guard Support Center，Elizabeth City，North Carolina. Journal of Hazardous Materials，1999，68（1）：109-124.

[27] WILKIN R T，PULS R W，SEWELL G W. Long-term performance of permeable reactive barriers using zero-valent iron：An evaluation at two sites，DTIC Document.

[28] BARIC M，MAJONE M，BECCARI M，PAPINI M P. Coupling of polyhydroxybutyrate（PHB）and zero valent iron（ZVI）for enhanced treatment of chlorinated ethanes in permeable reactive barriers（PRBs）. Chemical Engineering Journal，2012，195：22-30.

[29] YANG J，CAO L M，GUO R，JIA J P. Permeable reactive barrier of surface hydrophobic granular activated carbon coupled with elemental iron for the removal of 2,4-dichlorophenol in water. Journal of Hazardous Materials，2010，184（1）：782-787.

[30] RUHL A S，JEKEL M. Impacts of Fe（0）grain sizes and grain size distributions in permeable reactive barriers. Chemical Engineering Journal，2012a，213：245-250.

[31] RUHL A S，WEBER A，JEKEL M. Influence of dissolved inorganic carbon and calcium on gas formation and accumulation in iron permeable reactive barriers. Journal of Contaminant Hydrology，2012b，142：22-32.

[32] MUFTIKIAN R，FERNANDO Q，KORTE N. A method for the rapid dechlorination of low molecular weight chlorinated hydrocarbons in water. Water Research，1995，29（10）：2434-2439.

[33] GRITTINI C，MALCOMSON M，FERNANDO Q，et al. Rapid dechlorination of polychlorinated biphenyls on the surface of a Pd/Fe bimetallic system. Environmental Science & Technology，1995，29（11）：2898-2900.

[34] PETERSEN M A，SALE T C，REARDON K F. Electrolytic trichloroethene degradation using mixed metal oxide coated titanium mesh electrodes. Chemosphere，2007，67（8）：1573-1581.

[35] CHOI J H，KIM Y H，CHOI S J. Reductive dechlorination and biodegradation of 2,4,6-trichlorophenol using sequential permeable reactive barriers：Laboratory studies. Chemosphere，2007，67（8）：1551-1557.

[36] ÖZTÜRK Z，TANSEL B，KATSENOVICH Y，et al. Highly organic natural media as permeable reactive barriers：TCE partitioning and anaerobic degradation profile in eucalyptus mulch and compost. Chemosphere，2012，89（6）：665-671.

[37] ARORA M，SNAPE I，STEVENS G W. The effect of temperature on toluene sorption by granular activated carbon and its use in permeable reactive barriers in cold regions. Cold Regions Science and Technology，2011，66（1）：12-16.

[38] AHMAD F，SCHNITKER S P，NEWELL C J. Remediation of RDX-and HMX-contaminated groundwater using organic mulch permeable reactive barriers. Journal of Contaminant Hydrology，2007，90（1）：1-20.

[39] VESELA L，NEMECEK J，SIGLOVA M，et al. The biofiltration permeable reactive barrier：practical experience from Synthesia. International Biodeterioration & Biodegradation，2006，58（3）：224-230.

[40] MORRISON S J，METZLER D R，DWYER B P. Removal of As，Mn，Mo，Se，U，V and Zn from

groundwater by zero-valent iron in a passive treatment cell：reaction progress modeling. Journal of Contaminant Hydrology，2002，56（1）：99-116.

[41] SCHÄFER D，KÖBER R，DAHMKE A. Competing TCE and *cis*-DCE degradation kinetics by zero-valent iron—experimental results and numerical simulation. Journal of Contaminant Hydrology，2003，65（3）：183-202.

[42] LIEN H L，WILKIN R T. High-level arsenite removal from groundwater by zero-valent iron. Chemosphere，2005，59（3）：377-386.

[43] CONCA J L，WRIGHT J. An Apatite II permeable reactive barrier to remediate groundwater containing Zn，Pb and Cd. Applied Geochemistry，2006，21（8）：1288-1300.

[44] LEE T，PARK J W，LEE J H. Waste green sands as reactive media for the removal of zinc from water. Chemosphere，2004，56（6）：571-581.

[45] AHN J S，CHON C-M，MOON H-S，et al. Arsenic removal using steel manufacturing byproducts as permeable reactive materials in mine tailing containment systems. Water Research，2003，37（10）：2478-2488.

[46] HAN Y S，GALLEGOS T J，DEMOND A H，et al. FeS-coated sand for removal of arsenic（III）under anaerobic conditions in permeable reactive barriers. Water Research，2011，45（2）：593-604.

[47] MORACI N，CALABRÒ P S. Heavy metals removal and hydraulic performance in zero-valent iron/pumice permeable reactive barriers. Journal of Environmental Management，2010，91（11）：2336-2341.

[48] CALABRÒ P，MORACI N，SURACI P. Estimate of the optimum weight ratio in zero-valent iron/pumice granular mixtures used in permeable reactive barriers for the remediation of nickel contaminated groundwater. Journal of Hazardous Materials，2012，207：111-116.

[49] GIBERT O，RÖTTING T，CORTINA J L，et al. In-situ remediation of acid mine drainage using a permeable reactive barrier in Aznalcollar（Sw Spain）. Journal of Hazardous Materials，2011，191（1）：287-295.

[50] AMOS P W，YOUNGER P L. Substrate characterisation for a subsurface reactive barrier to treat colliery spoil leachate. Water Research，2003，37（1）：108-120.

[51] WOINARSKI A，SNAPE I，STEVENS G，et al. The effects of cold temperature on copper ion exchange by natural zeolite for use in a permeable reactive barrier in Antarctica. Cold Regions Science and Technology，2003，37（2）：159-168.

[52] PARK J B，LEE S H，LEE J W，et al. Lab scale experiments for permeable reactive barriers against contaminated groundwater with ammonium and heavy metals using clinoptilolite（01-29B）. Journal of Hazardous Materials，2002，95（1）：65-79.

第 6 章 功能材料在人工湿地工艺中的应用

6.1 人工湿地工艺发展及研究现状

按 2012 年环境保护部颁布的《人工湿地污水处理工程技术规范》(HJ 2005—2010)对人工湿地的定义，人工湿地是指用人工筑成水池或沟槽，底面铺设防渗漏隔水层，充填一定深度的基质层，种植水生植物，利用基质、植物、微生物的物理、化学、生物三重协同作用使污水得到净化。按系统的布水方式不同或水流方式差异，大致可分为自由表面流人工湿地和潜流型人工湿地，而潜流型人工湿地又主要包括水平潜流人工湿地、垂直潜流人工湿地两种。

人工湿地在欧美地区的应用十分广泛，欧洲目前建成约 1 万多座人工湿地，而北美则有近 2 万座。欧洲应用较多的是潜流人工湿地，采用砾石为填料，种植的植物主要包括芦苇、菖蒲、香蒲等；北美则约 2/3 的湿地为表面流湿地，其中一半为自然湿地，一半为表面流人工湿地，系统水深范围一般为 30～40 cm。垂直流人工湿地在近年来所受到的关注较多，获得的评价也较高，但因为其需要更细致的建设和基质选择而未能广泛推广。垂直流人工湿地将成为未来人工湿地发展的重要方向。

按《人工湿地污水处理工程技术规范》(HJ 2005—2010)的要求，人工湿地系统进水水质需满足表 6-1 中的规定。

表 6-1 人工湿地系统进水水质要求 单位：mg/L

人工湿地类型	BOD	COD	SS	NH_3-N	TP
表面流人工湿地	≤50	≤125	≤200	≤10	≤3
水平潜流人工湿地	≤80	≤200	≤60	≤25	≤5
垂直潜流人工湿地	≤80	≤200	≤80	≤25	≤5

人工湿地系统的污染物去除率可参照表 6-2 中的数据取值。

表 6-2 人工湿地系统污染物去除效率 单位：%

人工湿地类型	BOD	COD	SS	NH_3-N	TP
表面流人工湿地	40～70	50～60	50～60	20～50	35～70
水平潜流人工湿地	45～85	55～75	50～80	40～70	70～80
垂直潜流人工湿地	50～90	60～80	50～80	50～75	60～80

6.2　人工湿地基质的选择

人工湿地被广泛用于 SS、BOD、NH_3-N、磷酸盐、金属离子等污染物的去除。在人工湿地中，其对污染物的去除作用是植物、微生物、基质等共同作用的结果。

人工湿地基质的选择对于人工湿地的处理效果影响很大，应针对不同的污水水质进行基质的选择，就近取材。传统的人工湿地基质主要包括土壤、砂、砾石等，近年来包括沸石、石灰石、页岩、塑料和陶粒等。据文献报道，基质类型可分为三大类：天然材料、工业副产品、人造产品。天然材料主要有白云石、石灰石、硅酸钙岩矿、沸石、页岩、铝土矿、砂子、砾石、灰土、土壤、蛋白土和贝壳砂等；工业副产品主要有高炉矿渣、电弧炉钢渣、炉渣、矿渣和粉煤灰等；人造产品主要是指轻质膨胀性集料黏土（LECA），有的也称作轻质聚合体（LWA）。从经济性及实际运行管理等方面考虑，目前我国仍以砂、石混合作为最常用的基质组合。

基质的选择应遵循材料的易得、高效、价廉及安全无毒等原则。应首先筛选对污染物去除能力强的当地材料，既能提高人工湿地对污水的净化能力和降低成本，又能延长生态工程的使用寿命。另外，由于不同基质的渗透系数存在比较大的差异，应根据不同的人工湿地设计而选用不同的基质，如对于表面流人工湿地，可选择土壤作为基质；而潜流和垂直流人工湿地对基质的渗透系数要求比较高，应选用砂子、炉渣或它们与土壤的混合物等作为人工湿地的基质为宜。

湿地基质粒径的分布对湿地中的孔隙体积和水流模式有决定性作用。分层铺设的基质每层都应力求均匀，如果大小颗粒掺杂会减小填料孔隙率，影响水流分布，改变水力学状态，影响基质的渗透性能，进而影响去除效果。粒径较大的基质可以有效防止堵塞的发生，但粒径过大会缩短水力停留时间，影响净化效果，所以需要在保证净化效果和防止堵塞二者之间选择一个最佳平衡点。因此，多层填料的垂直流人工湿地还应考虑不同粒径填料的配比问题。基质的粒径范围应能达到设计要求，对潜流湿地而言，基质的结构需满足大型水生植物生长时提供根系附着，且能保证对污水有良好的过滤与处理效果，细砂层基质的低水力传导率则可保持滞水状态使进水均匀分布。根据《人工湿地污水处理工程技术规范》（HJ 2005—2010），湿地基质的选择需根据基质的机械强度、比表面积、稳定性、孔隙率及表面粗糙度等因素确定，尤其是当人工湿地对出水的氮、磷浓度有较高要求时，提倡使用功能性基质以提高氮、磷的去除率。基质的初始孔隙率一般应控制在 35%～40%。由于人工湿地表层土壤在浸水后会有一定程度的下沉，因此建造时填料表层的标高应高出设计值 10%～15%。

6.3　功能材料强化人工湿地的脱氮除磷研究

功能材料强化人工湿地脱氮除磷试验选择在环境保护部华南环境科学研究所内进行。对实验室废水进行严格处理后排放是目前实验室标准化的一项重要内容[1]。一般地，对于综合实验室而言常用的化学试剂包括酸、碱、重金属盐、酚类及其他有机物等，其废水的主要组成大致可分为无机废水、有机废水和综合废水等[2]。无机废水主要含有汞、铅、铬等重金属及氰化物、砷化物、氟化物等，有机废水主要含有酚、苯、硝基化合物、多环芳烃等致癌物质[3]，而综合废水中既含有机污染物又有无机污染物，是实验废水的主要组成部分，其污染物浓度高，成分复杂，pH 变化大，往往会增加其处理的难度。

人工湿地为华南环境科学研究所实验室废水处理工程的一部分，原设计总处理规模：Q=10.0 m^3/d，全天间断运行，处理设施按 Q=0.90 m^3/h 设计建设。本工程出水近期按照要求执行广东省地方标准《水污染排放限值》（GB 44/26—2001）中第二时段一级标准，远期考虑回用于所内的浇灌绿地、冲洗地面等杂用。首先对实验室废水中的重金属离子或有毒物质进行混凝沉淀预处理，再进入接触氧化池进行物化处理，出水沉淀以后通过砂滤罐进一步除去水中悬浮有机物，最后达标排放。

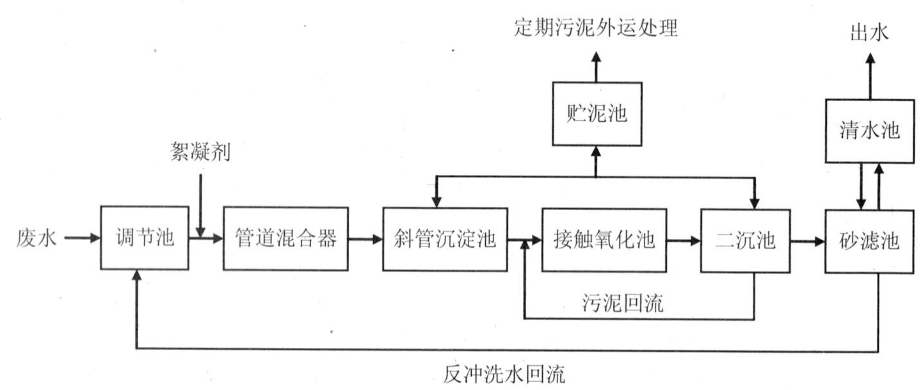

图 6-1 处理工艺路线

在原有废水处理工程的预留地上建造两级人工湿地，其中第一级人工湿地用作中试实验。人工湿地为垂直流式碎石床人工湿地，分别填入人工沸石、陶粒、人工沸石和陶粒混合物等填料，处理实验室废水经二级处理后的出水，并与纯碎石床人工湿地进行实验效果对比。

人工湿地全天间断运行，处理设施按 Q=1.20 m^3/h 设计建设，每天运行 9 h，总设计规模 10.8 t。本中试目的是将经二级处理后的出水进行深度处理，并将出水水质提升到一级 A 标准，即总磷浓度不高于 0.5 mg/L，氨氮浓度不高于 5 mg/L。

将人工湿地池划分为四格，分别为：①人工沸石+碎石层；②陶粒+碎石层；③陶粒+人工沸石+碎石层；④纯碎石层。由一根主管进行配水，四格以不透水钢板隔开，避免相互影响。出水区同样分为四格，以分别取出水水样进行分析测定。铺上沸石及陶粒后，在其表面种植美人蕉、菖蒲、纸莎草、再力花等人工湿地植物。

人工湿地总体尺寸规格为：2 700×2 000×700（mm）。以防水隔板（PVC 板，厚度可忽略）进行分隔后，单格尺寸为：2 700×500×700（mm）。布水高度为 500 mm，湿地有 200 mm 留空。

1）第一次试验结果

第一次试验为期 60 d。总的来说，纯碎石床湿地对 NH_3-N、TN、TP 及 COD 的去除效果为四个湿地中最低，而填充了沸石+陶粒的湿地对 NH_3-N、TN、TP 及 COD 的去除效果则为最佳；沸石+碎石床湿地对氨氮的去除效果良好，但对 TP 的去除效果一般，而陶粒+

碎石床湿地则对 TP 有良好的去除能力，但氨氮的削减效果并不明显。第一次实验的平均处理效果如表 6-3 所示。

表 6-3　第一次实验对污染物的平均处理效果　　单位：mg/L

类型	COD	NH_3-N	TN	TP
进水浓度	26.79	8.56	12.32	1.96
碎石床湿地	23.89	6.32	11.23	1.55
碎石床+陶粒湿地	21.56	6.15	11.34	0.46
碎石床+沸石湿地	20.56	1.68	4.36	1.38
碎石床+沸石+陶粒湿地	19.68	1.76	4.29	0.42

碎石床湿地对 COD、NH_3-N、TN 及 TP 的平均去除率分别为 10.8%、26.2%、8.8%及 20.9%，表明普通碎石床湿地具有一定污染物去除能力，但相对而言去除能力不高；填充陶粒后的人工湿地对 TP 的去除能力有明显的提高，TP 的去除率达到了 76.5%，而 COD、NH_3-N 及 TN 的去除能力则一般，去除率分别为 19.5%、28.2%及 8.0%，与碎石床相比差别不大；由于沸石对氨氮的去除主要为吸附作用，因此填充沸石的人工湿地对 NH_3-N 及 TN 的去除效果均很明显，碎石床+沸石湿地对 NH_3-N 及 TN 的去除率分别达到了 80.4%及 64.6%，但碎石床+沸石湿地对 TP 的去除效果不佳，仅有 29.6%，其对 COD 的去除效率则为 19.5%；沸石+陶粒+碎石床湿地是四种人工湿地中对污染物去除效果最好的，在中试实验过程中获得了良好的强化人工湿地脱氮除磷的效果，其对 NH_3-N、TN 及 TP 的平均去除率分别达到了 79.4%、65.2 及 78.6%，对 COD 的去除效率也有 26.5%。

第一次实验的结果显示，以沸石及陶粒强化人工湿地脱氮除磷是可行的，而实验结果也表明了沸石及陶粒的同步脱氮除磷在实际废水处理中是完全可以达到的。但第一次实验后期出现了填充沸石的人工湿地板结的情况，尤其是到了实验的后期，沸石层基本上已经全部板结成块，填充了沸石层的人工湿地过水能力大大降低，甚至出现了滩水的情况，如图 6-2 所示。基于上述情况，对人工湿地进行了简单的改造，并将沸石进行造粒后再投入使用，进行了第二次试验。

图 6-2　第一次实验后期情况

2）第二次试验结果

第二次试验时间为 120 d，未种植植物前，其对污染物的平均处理效果如表 6-4 所示。

表 6-4 第二次实验对污染物的平均处理效果 单位：mg/L

类型	COD	NH_3-N	TN	TP
进水浓度	25.34	8.69	12.59	1.93
碎石床湿地	23.69	6.48	11.65	1.57
碎石床+陶粒湿地	21.96	6.09	11.26	0.47
碎石床+沸石湿地	20.74	1.65	4.42	1.42
碎石床+沸石+陶粒湿地	19.58	1.72	4.31	0.44

其中，碎石床湿地对 COD、NH_3-N、TN 及 TP 的平均去除率分别为 6.5%、25.4%、7.5%及 18.7%；填充陶粒后的人工湿地对 TP 的去除率为 75.6%，而 COD、NH_3-N 及 TN 的去除率则分别为 13.3%、29.9%及 10.6%；碎石床+沸石湿地对 NH_3-N 及 TN 的去除率分别达到了 81.0%及 64.9%，对 TP 的去除效果为 26.4%，对 COD 的去除效率则为 18.1%。沸石+陶粒+碎石床湿地仍是四个人工湿地中对污染物去除效果最好的，对 NH_3-N、TN 及 TP 的平均去除率分别达到了 80.2%、65.8 及 77.2%，对 COD 的去除效率也有 22.7%。

湿地稳定运行后，在上面种植了富贵竹、小凤梨及红掌等湿地植物。目前植物生长状况良好，如图 6-3 所示。

图 6-3 第二次试验稳定运行后的人工湿地

种植了植物后对污染物的去除效果如表 6-5 所示。植物的加入进一步提高了人工湿地对水中污染物的处理效果。

表 6-5　第二次实验对污染物的平均处理效果　　单位：mg/L

类型	COD	NH_3-N	TN	TP
进水浓度	25.68	8.49	12.32	1.87
碎石床湿地	23.52	6.42	11.52	1.52
碎石床+陶粒湿地	21.67	6.01	10.98	0.45
碎石床+沸石湿地	20.64	1.63	4.28	1.38
沸石+陶粒湿地	19.46	1.68	4.15	0.42

6.4　结合石溪河人工湿地的河道持续富氧技术研究

6.4.1　示范工程概况

1）应用技术

①河道持续复氧技术。针对坪山河溶解氧低、自净能力差及急需持续复氧应用技术等问题，通过建设模拟河道反应器，进行曝气充氧中试试验，研究污染河水曝气充氧技术、河道污染河水复氧规律及污染物降解效果与曝气量的关系等，拟定工程技术关键参数。

②人工造流构建技术。针对雨源型河道河水停留时间短，结合河道持续复氧技术，通过增加阻流设施或人工构造滞留沟，研究阻流设施和滞留沟建成后对河水污染物的去除规律，分析停留时间增加后在充氧条件下的净化效果，确定阻流设施和滞留沟的构建技术等。

2）设计规模与进水水质

设计处理规模：Q=1.50 万 t/d。设计进水水质如表 6-6 所示。

表 6-6　设计进出水水质指标　　单位：mg/L

水质指标	COD	NH_3-N	TN	TP
设计进水水质	60.0	20.0	25.0	2.0
设计出水水质	＜20.0	＜5.0	＜8.0	＜0.50

3）工艺流程

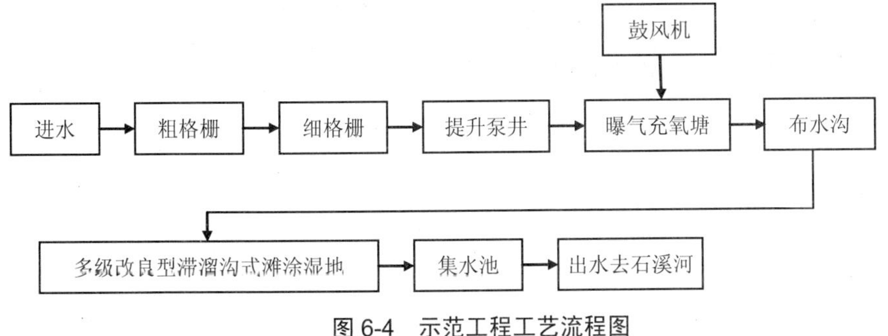

图 6-4　示范工程工艺流程图

图 6-5　提升泵井

图 6-6　曝气充氧塘

图 6-7　工程建设前现场实景

图 6-8　工程建设后现场实景

图 6-9　湿地生态恢复现状

6.4.2　工程运行效果分析

本工程于 2010 年 6 月初建成通水和培植植物，6 月中期开始进入正式运行。近 6 个月的运行分析数据表明，示范工程处理设施对污染河水有比较好的净化效果。本工程对常规污染物中 COD 的去除率为 50%～70%，NH_3-N 的去除率为 50%～60%，TN 的去除率为

50%～60%，TP 的去除率为 40%～50%，对痕量毒害物（双酚 A、壬基酚、三氯生等）的去除率为 30%～40%。

6.4.3　工程技术要点、创新性和应用分析

针对我国在雨源型河道水污染治理与生态修复方面存在的问题，在总结已有河道治理技术的基础上，根据生态模拟河道中试研究的情况，利用南方地区雨源型河道下游或城市城郊存在许多的滩涂湿地，重点研究和开发河道改良型滩涂湿地原位水质强化净化组合技术。

以节能低强度曝气、强化植物水质净化技术和滩涂湿地技术等多种研发技术为基础，对污染河道进行系统水质净化处理和生态修复重建，沿程削减河道中的污染负荷，改善饮用水水源型河道水体环境，逐步改善生态系统结构，构筑具有水质净化、湿地恢复和增加河道生物多样性等多种功能的河道改良型滩涂湿地系统。

工程在湿地技术上进行创新，主要利用河道下游或城郊存在的滩涂湿地进行局部改造，具体做法是在滩涂湿地上沿进水垂直方向增加滞留沟，滞留沟断面尺寸为 $B\times H$=0.50 m×0.30 m，长度根据现场情况而定，两沟之间间距在 1.0 m 左右。滞留沟的主要功能是增加污染河水反应容积，使经曝气充氧后的污染河水与湿地中微生物的接触时间加长而得到深度净化。在湿地选择方面，根据滩涂湿地现有植物品种，再选择种植削减污染负荷强和能增加河道生物多样性的植物，与现有植物进行合理配置，使得湿地系统在削减污染物的同时逐步恢复河道的生态系统和生物多样性。

改良型滩涂湿地中种植了 4～5 种植物，包括香茅草、风车草、花叶芦笛、水葱和水竹等，种植采用不同植物分片种植又互相间种的方式。通过湿地中植物的合理配置，改良型滩涂湿地能适应暴雨强度大的城郊区域，在暴雨洪水过后，由于植物种植方式和配置比较合理，改良型滩涂湿地能很快自我恢复其生态净化功能。其工程投资不高于 120 元/t 水，运行成本低于 0.06 元/t 水。

本工程对常规污染物中 COD 的去除率为 60%～80%，NH_3-N 的去除率为 60%～70%，TN 的去除率为 60%～70%，TP 的去除率为 50%～70%，对痕量毒害物（双酚 A、壬基酚、三氯生等）的去除率为 40%～50%。各污染物去除率变化曲线如图 6-10～图 6-14 所示。

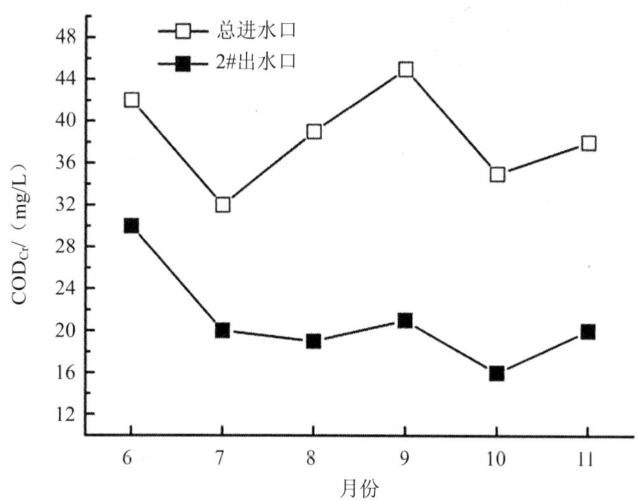

图 6-10　COD 去除效果随时间变化曲线

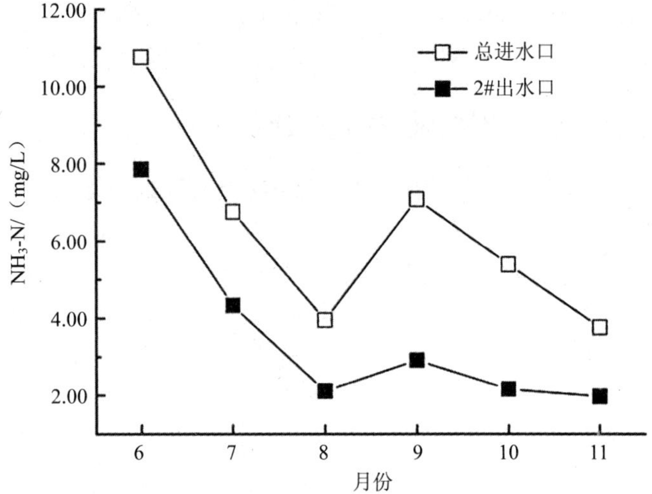

图 6-11 NH_3-N 去除效果随时间变化曲线

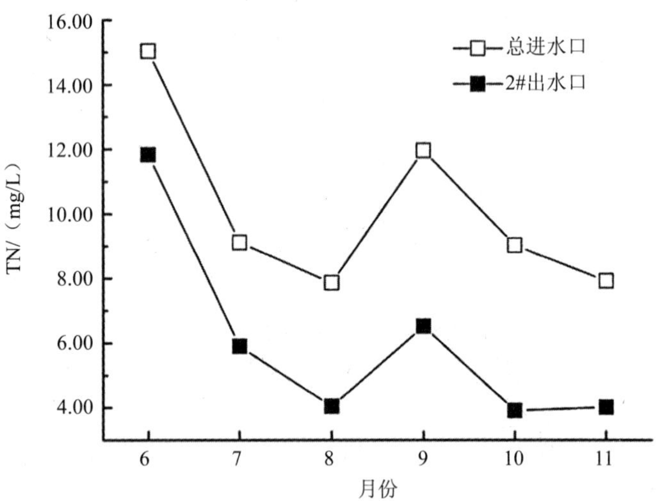

图 6-12 TN 去除效果随时间变化曲线

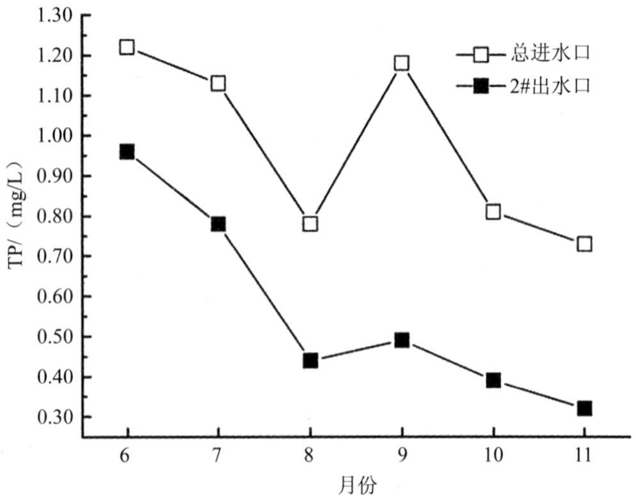

图 6-13 TP 去除效果随时间变化曲线

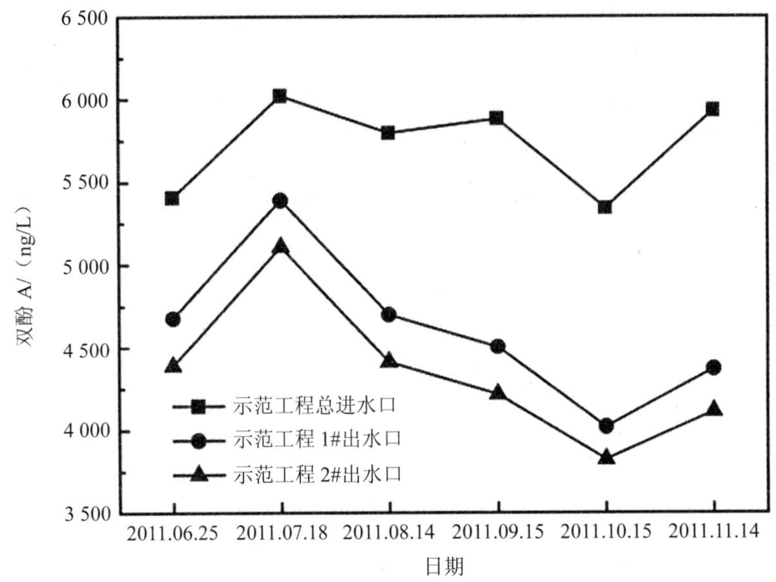

图 6-14 双酚 A 去除效果随时间变化曲线

6.5 河道多功能旁路水质净化组合技术示范工程

1）工程主体核心工艺

采用常规处理+深度处理组合工艺，在原有设计排放标准的基础上深度处理，提高出水标准，并建设河道多功能旁路水质净化组合示范工程。示范工程主要采用以下两项技术：

①营养型污染物（N、P）降解功能材料制备技术。课题组针对营养型污染物降解功能材料的实际应用需要，研发以粉煤灰为主要原料的人工改性沸石和多孔陶粒合成制备技术，获得了人工改性沸石和陶粒专利产品，并将这两类新研制的产品作为构筑湿地和渗滤反应墙的填料介质。

②多功能旁路水质净化组合技术。应用功能材料和中试试验研究的工艺参数，建设多功能湿地型渗滤反应墙，并结合强化曝气充氧和生态浮床技术，确定组合技术在不同工艺参数条件下有机物及营养性污染物（N、P）的去除效果和工艺运行参数，集成多功能旁路水质净化组合技术。

本工程选择对景观影响较小的处理方式，选择“自然活性填料工艺+生态净化技术+基于功能材料的滤式反应墙”为主体核心工艺。

2）设计规模与进水水质

设计处理规模：Q=6 500 t/d。

表 6-7 设计进出水水质指标 单位：mg/L

水质指标	COD	NH_3-N	TN	TP
设计进水水质	140	25	30	2.20
出水水质参考《城镇污水处理厂污染物排放标准》（GB 18918—2002）一级 A 执行	<30	<5	<10	<0.50

注：COD 按《地表水环境质量标准》（GB 18918—2002）中 IV 类水标准执行。

3）示范工程工艺流程

示范工程主要工艺流程如图 6-15 所示。

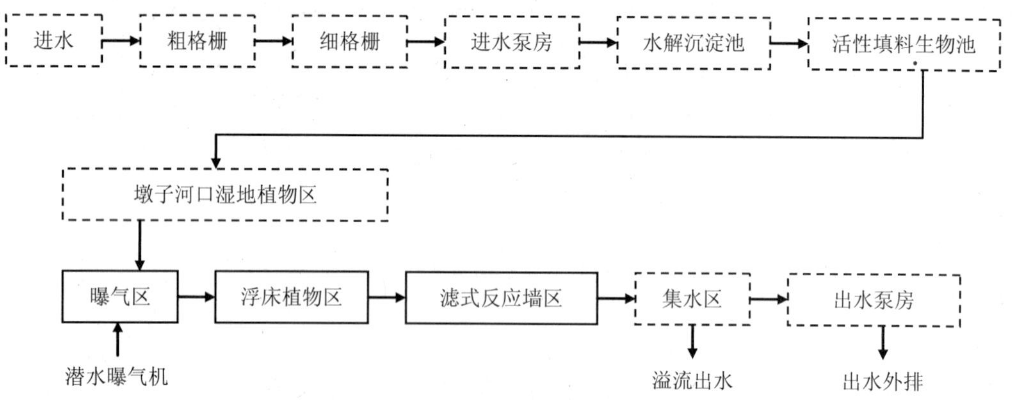

图 6-15 示范工程工艺流程

4）示范工程建设主要内容

①常规处理单元处理设施包括：引水渠与粗、细格栅各 1 座，提升泵井 1 座，水解沉淀池 1 座，活性填料生物池 1 座。需要参数优化和技术升级改造。

②深度处理单元处理设施包括：曝气充氧区 1 个、浮床植物区 1 个、滤式反应墙（1 000 m^2）1 座及其他附属设施等。

5）常规处理区工艺改造内容

针对原有常规处理区处理效果不理想、未能稳定达到《城镇污水处理厂污染物排放标准》（GB 18918—2002）一级 B 标准的情况，经课题组与原设计单位商讨，并获得业主同意，对常规处理区进行适当改造，改造内容包括调整生化池滤料的组成、调整生化池曝气方式及加强活性填料生物池反冲洗等，其中最大改造是调整生化池滤料的组成，为加强活性填料生物池的处理效果，将池内下部 1/3 的滤料换成自行制备的粉煤灰陶粒。

示范工程常规污染物中 COD 的去除率为 50%～70%，NH_3-N 的去除率为 50%～60%，TN 的去除率为 50%～60%，TP 的去除率为 40%～50%，痕量毒害物（双酚 A、壬基酚、三氯生等）的去除率为 30%～40%。

图 6-16　常规处理单元现状图

图 6-17　深度处理单元现状图 1

图 6-18　深度处理单元现状图 2

各污染物去除率变化曲线如图 6-19～图 6-25 所示。

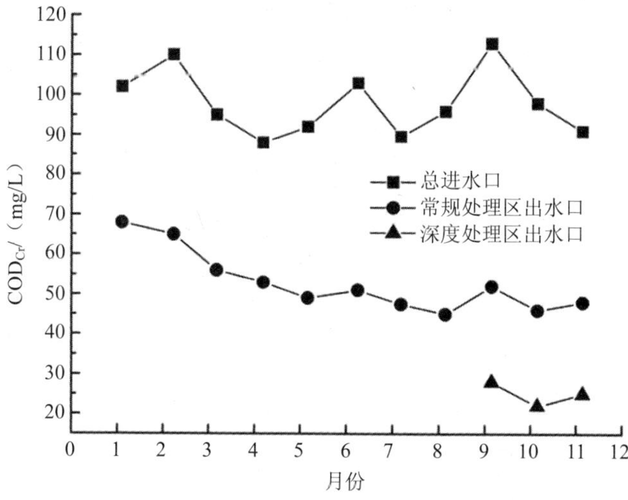

图 6-19　COD 去除效果随时间变化曲线

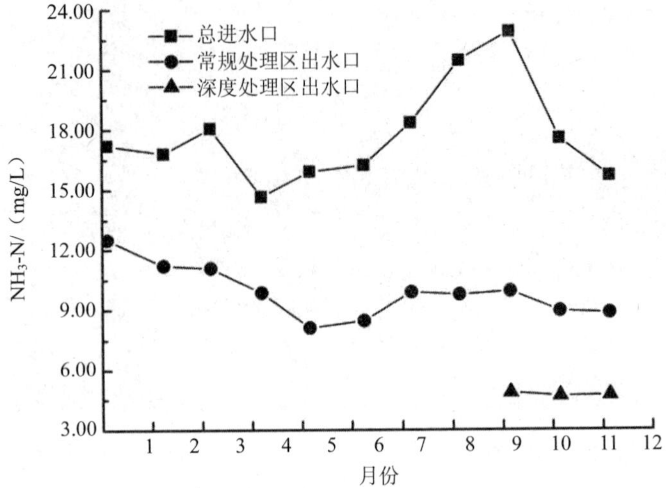

图 6-20 NH_3-N 去除效果随时间变化曲线

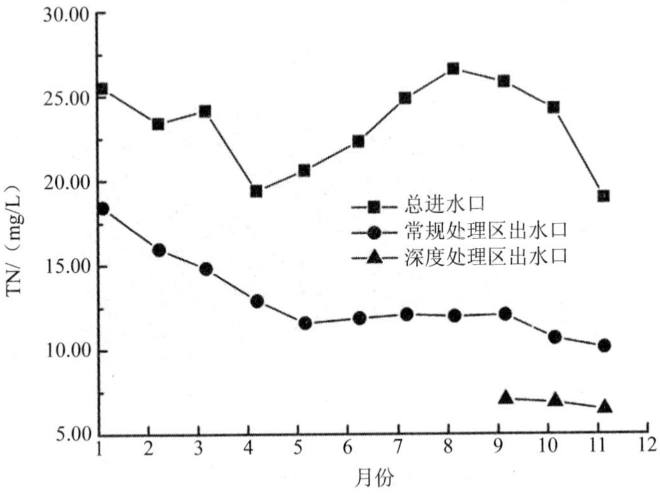

图 6-21 TN 去除效果随时间变化曲线

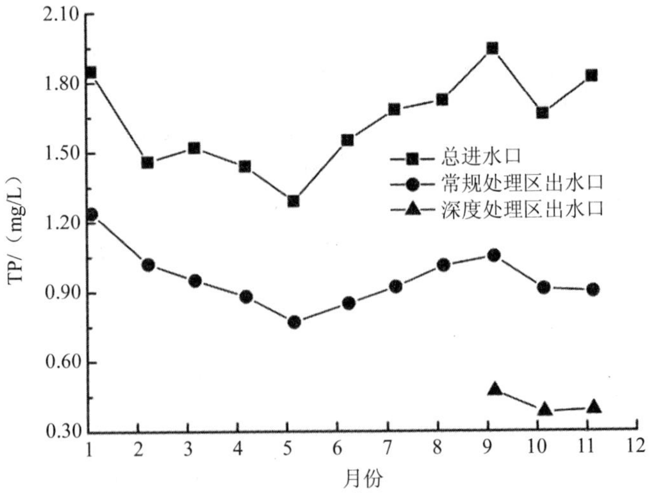

图 6-22 TP 去除效果随时间变化曲线

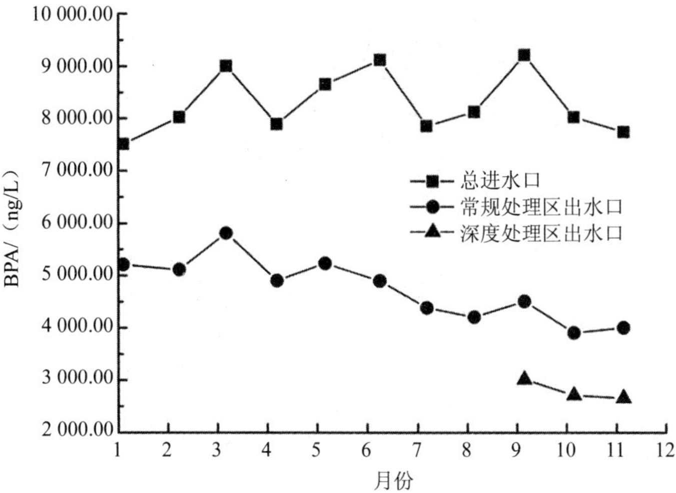

图 6-23　双酚 A 去除效果随时间变化曲线

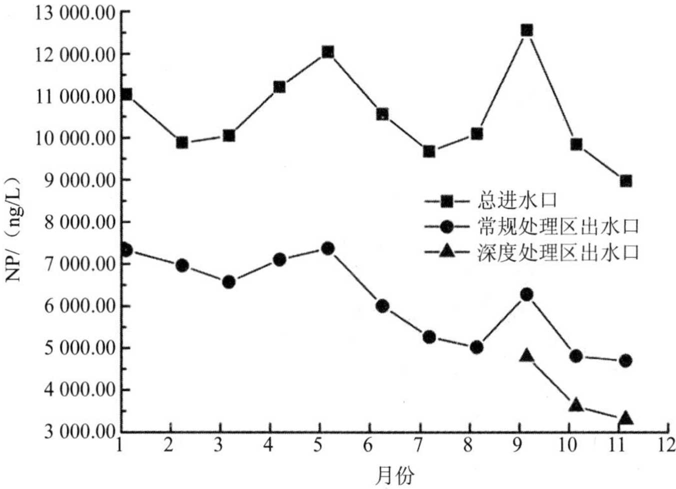

图 6-24　壬基酚去除效果随时间变化曲线

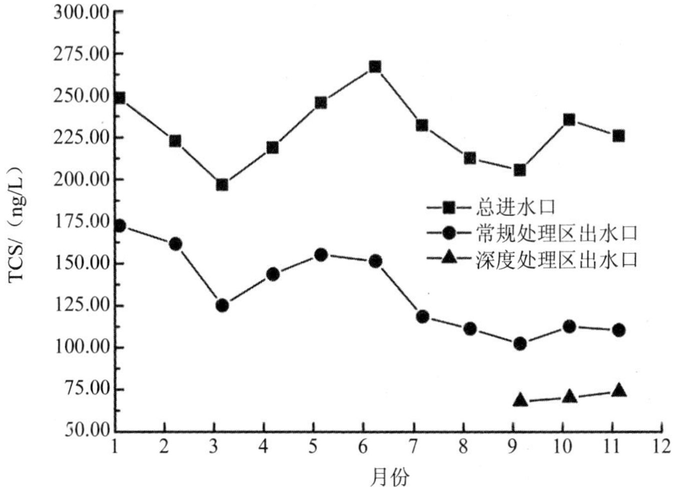

图 6-25　三氯生去除效果随时间变化曲线

6.6 人工湿地日常维护及填料更换

填料是人工湿地的核心组成部分。人工湿地在运行了一定年限之后往往会出现堵塞问题。其堵塞过程常分为三个阶段：①渗透速率接近开始运行水平，但呈现下降趋势；②渗透速率缓慢稳定下降；③填料表面从间歇积水到持续积水。人工湿地堵塞与填料、温度、生物机制、运行方式等均有关系。其堵塞主要是由于系统在运转期间因悬浮物沉淀和有机物生长造成渗透池表层孔隙的过度堵塞，发生渗透性能下降，进而出现系统堵塞，堵塞层是由沉降和被过滤的固体颗粒在微生物作用下累积而成的。

在人工湿地的设计阶段，可考虑如下措施解决堵塞问题：

①选择合适的填料粒径与级配；

②选择根际复氧能力强、分泌难降解物质较少的植物并定期收割植物的地上部分；

③对进入湿地的污水进行有效预处理，尽量去除污水中的悬浮物和漂浮物；

④合理的配水策略，可选择间歇配水的方式，合理选择进水总量、负荷及进水的时间间隔。

在系统运行期间，可通过采用下列方法对系统进行维护，以恢复系统的渗透性能，解决系统堵塞问题：

①及时清理人工湿地表面以改善系统的渗透性。定时清淤，注意清扫、修剪人工湿地表面的植物，以保证渗水良好。

②系统运行期间，在允许的条件下更换湿地表层填料。人工湿地中积累的有机物主要集中在表层，堵塞一般也发生在湿地表层 0～15 cm 处。当使用具有吸附性能的湿地填料如沸石、功能型陶粒等，若要达到相关性能则也需要对填料进行更换。但这种情况下对植物生长成熟的人工湿地破坏较严重，对大规模的湿地而言工程量也过于巨大。

参考文献

[1] 庞志华，苏兆征，罗隽，等. 科研单位实验室废水处理工程设计与分析. 给水排水，2012，38（1）：70-72.

[2] 张奕，贺缨，程文涛. 高校实验室废水处理及污染防治措施评价初探. 环境科学与技术，2006，29（8）：54-56.

[3] 沈晓君，华德尊，李春燕. 高校实验室废水处理及污染防治措施研究. 环境科学与管理，2008，32（10）：107-109.

第 7 章　功能材料在曝气生物滤池工艺中的应用

7.1　曝气生物滤池工艺发展及研究现状

曝气生物滤池（Biological Aerated Filter，BAF）是一种应用普遍的生物膜污水处理技术。与普通活性污泥法相比，BAF 具有有机负荷高、占地面积小、投资少、不会产生污泥膨胀、氧传输效率高及出水水质好等优点，但它对进水 SS 要求较严（一般要求 SS≤100，最好 SS≤60），因此需要对进水进行预处理。同时，它的反冲洗水量、水头损失都较大。目前世界上较大的环保公司如法国得利满公司、德国菲力普穆勒公司、法国 OTV 公司均把它作为拳头产品在全世界推广。在我国 BAF 也在不断发展完善中。

曝气生物滤池的结构与普通快滤池基本相同，不同之处在于曝气生物滤池下部或底部增加了曝气系统。根据水流方向其可分为上向流和下向流两种，早期的曝气生物滤池多采用下向流，如 BIOCARBON。由于下向流曝气生物滤池的纳污效率不高、易堵塞、运行周期短，因此现在多采用上向流方式（即采用气水同向流），使布水、布气更加均匀。同时，在水气上升过程中可把底部截留的 SS 带入滤池中上部，增加了滤池的纳污能力，延长了工作周期。目前，上向流曝气生物滤池有 BIOFOR、BIOSTY、COLOX、DeepBed、BIOPUR 等多种形式，其中 BIOFOR 应用最为广泛。目前，中国工程建设协会颁布的 CECS 265：2009《曝气生物滤池工程技术规范》对曝气生物滤池的设计、施工、安装、调试及运行等进行了规范化。

单个曝气生物滤池可完成碳化、硝化、反硝化、除磷等功能，与其他工艺组合可进行一般城市污水或工业废水的二级或三级处理。表 7-1 是采用曝气生物滤池处理污水的典型流程。

表 7-1　采用曝气生物滤池处理污水的典型流程

功能	典型流程
碳化	S/C+BF/C
碳化+硝化	S/C+BF/C/N
碳化+硝化+反硝化	S/C+BF/C/N+BF/DN
碳化+硝化+反硝化	AS+BF/N+ BF/DN

注：S/C 为化学沉淀，BF 为曝气生物滤池，/C 为碳化，/N 为硝化，/DN 为反硝化，AS 为活性污泥。

由于各功能的实现对滤料粒径大小和滤层厚度、负荷、曝气等参数的要求不尽相同，一般认为不宜把各种功能放在同一个曝气生物滤池中完成。

曝气生物滤池内填料的物理吸附和过滤截留作用以及生物膜的生物氧化作用决定了

池内SS和有机物的高效去除。Desbos等[1]在研究SS和COD的去除率同滤速之间的关系时发现，当负荷的增大并不是因为进水中更多的SS，而是由于更高的流量和低停留时间时，总的SS去除率在80%～90%之间，而COD去除率在70%～80%之间波动。大连市马栏河污水处理厂采用BIOFOR型BAF，在处理量为12万m^3/d，COD负荷最大为6 kg/（m^3·d）的情况下，出水COD小于75 mg/L。曝气生物滤池对有机物和悬浮物的处理机能成熟，处理量大，去除效果显著[2]。

曝气生物滤池将较短的水力停留时间与长的污泥龄有机统一起来，有利于硝化细菌这类世代期较长的细菌生长，对氨氮具有较高的去除效率。Cromphout[3]利用上向流曝气生物滤池处理含氨的富营养化水时，在气水比为1∶1、滤速为5.18 m/h、温度为10℃时硝化效率可达100%。Dillon等[4]研究表明当氨氮容积负荷为0.63 kg/（m^3·d）时，NH_3-N去除率可达90%。Pujol[5]通过对Achresh处理厂的上向流曝气生物滤池两年的研究认为，当NH_3-N的容积负荷为1.5 kg/（m^3·d）时，曝气生物滤池氨氮去除率始终保持在80%～100%。由于曝气生物滤池中存在厌氧和兼性微生物，使得反硝化得以进行。Pujol研究认为，反硝化最好采用外加碳源的办法，在最佳滤速为10～15 m/h时，脱氮能力可达到100%。

7.2 曝气生物滤池填料及其特点

填料是曝气生物滤池的关键部分，对曝气生物滤池的效果有直接的影响，同时也影响到曝气生物滤池的结构形式和成本。目前，BAF填料多为专利产品或处于保密状态，常用的填料有石英砂、陶粒及塑料制品（合成纤维、聚苯乙烯小球、波纹板等）。除了对曝气生物滤池的工艺进行具体优化外，对曝气生物滤池填料的研究是BAF研究中的重中之重。曝气生物滤池的填料材质、粒径级配等都可能对曝气生物滤池处理污水的效果产生关键影响。

曝气生物滤池所用填料，根据其采用原料的不同，可分为无机填料和有机高分子填料；根据填料密度的不同，可分为上浮式填料和沉没式填料。无机填料一般为沉没式填料，有机高分子填料一般为上浮式填料。常见的无机填料有陶粒、焦炭、石英砂、活性炭和膨胀硅铝酸盐等，有机高分子填料有聚苯乙烯、聚氯乙烯及聚丙烯等。

目前针对BAF所用填料，国外的研究者进行了大量的研究。Moore等[6]研究了尺寸范围分别为1.5～3.5 mm和2.5～4.5 mm的滤料对BAF处理效能的影响，发现小颗粒（1.5～3.5 mm）滤料BAF的脱氮效果较好，但不适应高的水力负荷；而大颗粒（2.5～4.5 mm）滤料虽然改善了滤池的操作条件，减少了反冲洗的次数，但不利于脱氮和SS的去除。这为合理确定BAF滤料的粒径大小提供了一定的理论依据。Mann Allan等[7]通过研究发现：与沉没式滤料相比，上浮式滤料对有机物和SS的去除率更高，且受水力负荷和有机负荷冲击的影响较小。Chang等[8]以砂粒和天然沸石为BAF滤料，研究了其对纺织废水的处理效果，研究结果表明：与砂粒相比，天然沸石对纺织废水的处理效果更好，这可能是由于天然沸石的比表面积更大，且阳离子交换能力也强于砂粒。Kent等[9]对可能作为BAF滤料的泡沫柱状黏土、棱状煅烧黏土、膨胀耐火黏土、粉状燃料灰、老棱状页岩、新棱状页岩和膨胀型黏土做了系统分析，认为最适合做BAF滤料的是膨胀型黏土，其次是页岩。这说明，随着BAF污水处理技术的发展，轻质填料取代高密度填料是曝气生物滤池污水处理技术发展过程中的必然趋势。

我国对 BAF 滤料的研究以陶粒为最多，这是因为陶粒滤料具有比表面积大、材料廉价易得等优点，特别适合我国的国情。早期的陶粒大多采用页岩直接烧制、破碎、筛分而成，为不规则状（片状居多）。后来出现了球形陶粒，采用黏土作为主要原材料，加入适当化工原料作为膨胀剂，经高温烧制而成，具有表面粗糙、生物附着性强、挂膜性能良好、水流流态好、反冲洗容易进行、截污能力强等优点，有良好的发展前景。近年来，又在早期陶粒的基础上开发了酶促陶粒、纳米改性陶粒、球形轻质陶粒等新型滤料。酶促陶粒主要是通过酶的催化作用来增强其处理效果；纳米改性陶粒是使用纳米技术对滤料进行了改性，使滤料表面含有纳米粒子，因而具有更强的处理能力；球形轻质陶粒的表面粗糙、耐摩擦、强度高，且密度适中。朱乐辉等[10]研制出一种球形轻质陶粒，经过污水处理试验发现，该陶粒与形状规则的有机滤料相比，具有生物附着强、水流流态佳、挂膜性能好、易反冲洗、截污能力强等优点，可用于污水深度处理，其出水可达到回用水水质标准；江萍等[11]利用黏土陶粒进行了 BAF 污水处理试验，通过电镜扫描可以观察到黏土陶粒的内部孔隙能附着大量的微生物，认为其是非常理想的 BAF 滤料。余莹等[12]研究出了纳米改性陶粒，对其进行了理化性能检测和电镜微观结构观察，通过 BAF 试验发现，与国内其他滤料相比，其具有挂膜快、抗冲击负荷能力强、生物亲和性好等优点，适合做 BAF 滤料。

与此同时，我国部分专家对其他滤料也进行了研究。田文华等[13]研制出了一种沸石滤料，将该滤料应用于 BAF 对污水进行深度处理，出水水质可达到冷却用水水质标准（III）中的相关规定。张万友等[14]在对好氧生物膜过滤装置进行研究时，开发了一种新型软性滤料，该滤料孔隙率高、比表面积大、生物膜附着性能好，且经久耐用。清华大学实验室对不同滤料如黏土陶粒、页岩陶粒、砂、沸石、麦饭石、炉渣、焦炭等进行了筛选，并与生物活性炭进行了比较，认为陶粒、砂子、麦饭石和大同沸石优于其他几种滤料。目前，在国内研究和应用比较多的还有火山岩和球形膨润土等滤料。

欧美国家对曝气生物滤池用填料均有较为严格的标准，但在我国目前还没有，在系统掌握填料的尺寸、性状、密度等因素对污染物去除的影响后，制定适于我国曝气生物滤池的填料标准意义深远。

7.3　组合滤料曝气生物滤池的研究进展

由于单一滤料 BAF 在实际应用中存在一定的弊端，近年来组合滤料 BAF 工艺逐渐受到研究者的关注。

邱驰等[15]选取由活性炭、焦炭和麦饭石组成的组合滤料用于微污染水的处理，通过动态试验表明其对水中有机物和浊度有较好的去除效果，对 COD_{Mn} 的去除率为 25.55%～80.92%，对浊度去除率为 25.55%～98.80%。该组合滤料 BAF 工艺不仅降低了成本，而且也提高了处理效果。

王瑛等[16]利用炉渣-沸石组合滤料生物滤池对城市污水中的 COD_{Cr} 和 NH_3-N 进行处理研究。研究结果表明：两种生物滤料显示出良好的互补性，滤池对 COD_{Cr} 和 NH_3-N 的去除率稳定，且受污染冲击负荷的影响较小。

齐翔等[17]进行了石英砂和陶粒双层滤料的综合过滤试验及比较，试验表明石英砂和陶粒组成的双层滤料滤池的净水处理性能明显好于单层石英砂滤料滤池，特别是在出水浊度、微絮凝作用、反冲洗周期、对藻类的去除效果、絮凝剂的使用量等指标上具有明显的优势。

刘金香等[18]探讨了沸石-陶粒 BAF 处理微污染水源水的影响因素。研究表明，沸石-陶粒 BAF 工艺处理微污染水源的效果良好，且所需的滤料高度小，气水比低。

杜永祥等[19]采用陶粒-沸石-活性炭组合滤料 BAF 对受污染地表水体进行处理。试验结果表明：在温度为 16～24℃、水力停留时间为 6 h、气水比为 1∶1 的条件下，陶粒-沸石-活性炭组合填料 BAF 对受污染地表水体的处理效果较好。出水高锰酸盐指数和氨氮浓度分别降至 2 mg/L 和 0.1 mg/L 左右，陶粒层的高锰酸盐指数去除率和沸石层的氨氮去除率分别稳定在 50%和 85%左右。

张亮等[20]建立了石英砂-颗粒活性炭-沸石生物滤池工艺，并利用该工艺对微污染的姚江水源进行了生物预处理，研究表明：该滤池工艺对浊度、氨氮和有机物等的去除效果较好。

西班牙格拉纳达大学的 Osorio 等[21]尝试使用陶瓷滤料和塑料滤料组成的双层滤料 BAF 进行污水处理试验。在进水 BOD 和 SS 浓度分别为 250 mg/L 和 110 mg/L 时，出水 BOD 和 SS 浓度分别可控制在 20 mg/L 和 25 mg/L 左右。由于滤池在较大的负荷范围内均可获得很好的处理效果，抗冲击负荷能力较一般 BAF 工艺有明显的提高，使得该工艺在污水处理方面将得到更加广泛的应用。

7.4 一体化多层滤料曝气生物滤池污染物去除特性研究

7.4.1 滤料及装置

7.4.1.1 试验滤料

本试验所采用的滤料分别为火山岩、粉煤灰陶粒和聚苯乙烯泡沫滤珠。其中火山岩购自北京某环保科技有限公司，粉煤灰陶粒为环境保护部华南环境科学研究所自行研制的；聚苯乙烯泡沫滤珠购自河南某水处理材料有限公司。本试验采用的各滤料如图 7-1，其性能参数见表 7-2。

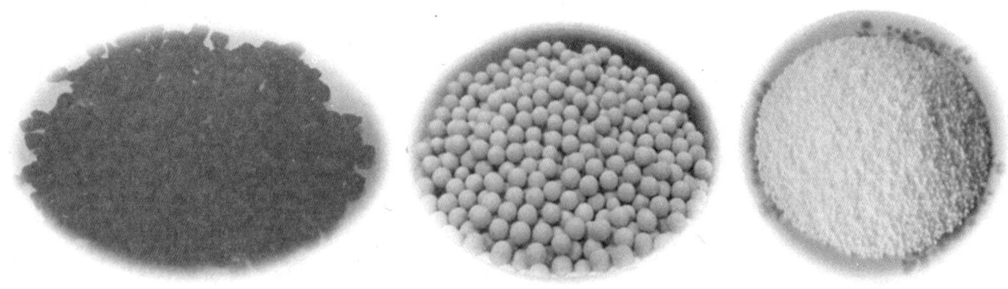

图 7-1 火山岩、陶粒及聚苯乙烯泡沫滤珠

表 7-2 三种滤料的性能参数

滤料种类	粒径/mm	堆积密度/（kg/m^3）	比表面积/（m^2/kg）	孔隙率/%
火山岩	4～6/3～5	900	100	60
粉煤灰陶粒	3～5	877	8 500	41.9
聚苯乙烯泡沫滤珠	2～4	60	11	50

7.4.1.2 试验装置及工艺流程

试验装置及流程如图 7-2 所示，采用三套平行的 DN 150 mm、高 2.4 m 的有机玻璃柱，从左至右分别为火山岩、多层滤料和陶粒 BAF。每套 BAF 系统均采用集缺氧层与好氧层于一体的结构。BAF 系统的底部为配水区，高 0.3 m；配水区上方依次为穿孔滤板和砾石承托层，其中承托层高 0.15 m；承托层上方为滤料层，高 1.5 m；沿着滤料层每 0.2 m 高度设一个取样口；在滤料层上方依次为清水区和超高区，分别高 0.3 m 和 0.15 m。在火山岩 BAF 系统中，缺氧层的火山岩滤料直径为 4～6 mm，好氧层火山岩滤料直径为 3～5 mm。多层滤料共分为三层，其中缺氧层高 0.4 m，滤料为火山岩，粒径为 4～6 mm；好氧层 I 高 0.8 m，滤料为粉煤灰陶粒；最上层为好氧层 II，高 0.3 m，滤料为聚苯乙烯泡沫滤珠。陶粒 BAF 采用的粉煤灰陶粒滤料与多层滤料 BAF 中陶粒相同，直径为 3～5 mm。

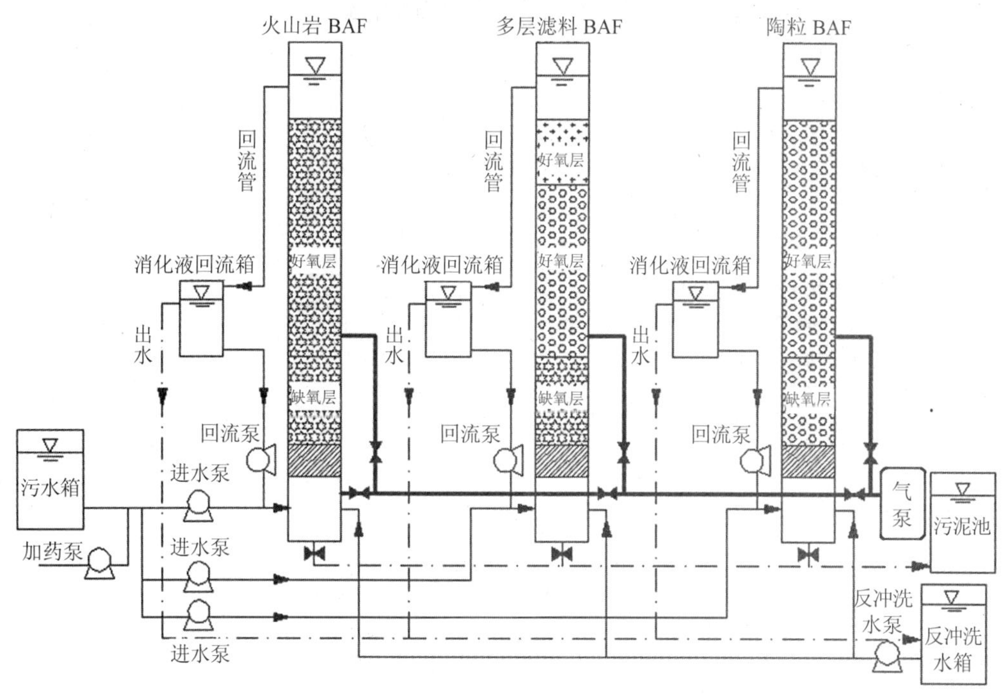

图 7-2 曝气生物滤池工艺流程

每套装置的有效容积为 39.7 L，设计水力负荷为 1.7 $m^3/(m^2·h)$，水力停留时间为 26 min，日处理量为 0.75 m^3。每套系统均采用集缺氧层与好氧层于一体的结构，滤料层总高度为 1.5 m，其中下层为缺氧层，高 0.4 m；上层为好氧层，高 1.1 m。三套 BAF 系统均为上流式，城镇污水通过进水泵首先进入滤料层底部的缺氧层，然后向上流过好氧层，好氧层出水部分回流到缺氧层，其余出水排入反冲洗水箱。

试验装置现场实物图见图 7-3。

图 7-3　现场装置照片

7.4.1.3　反冲洗

为避免 BAF 运行时产生填料堵塞、池底积泥等问题，保证系统的连续稳定运行，试验期间，本工艺反冲洗采用气、水联合反冲，先用气冲 5 min，然后气水联合反冲 6 min，最后再用水冲 8 min，其中气体反冲洗强度为 15.7 L/（m^2·s），水反冲洗强度为 7.9 L/（m^2·s）。反冲洗周期为 2～3 d。

7.4.2　一体化多层滤料 BAF 沿程的去污特性

7.4.2.1　COD 和 SS 随滤层高度变化

COD 和 SS 沿滤料层高度的变化如图 7-4 所示。图中“0”处对应进水和回流消化液混合后的浓度。经回流液稀释后，原水 COD 和 SS 浓度均急剧下降，分别从 60.84 mg/L 和 50 mg/L 降至 38.79 mg/L 和 26.5 mg/L。在缺氧层的 0～20 cm 段，COD 浓度从 38.79 mg/L 下降至 20.58 mg/L，而 SS 浓度却急剧上升至 104 mg/L。在 20～40 cm 段，COD 浓度上升到 30.42 mg/L，SS 浓度虽然较前段显著下降，但仍高于进水 SS 浓度。在好氧层Ⅰ中，COD 浓度沿程下降较快，从 30.42 mg/L 下降到 14.42 mg/L，SS 也呈明显的递减趋势，高 120 cm 取样口处的 SS 浓度降低至 14 mg/L。经过聚丙乙烯泡沫滤珠层后，COD 浓度基本保持不变，而出水 SS 浓度降低到 3 mg/L。

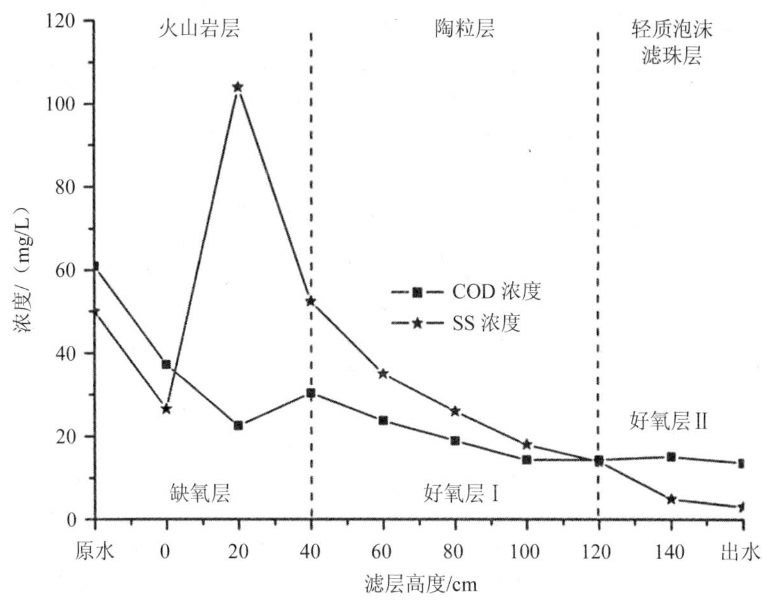

图 7-4 COD 和 SS 沿滤料层高度的变化

COD 的去除率在下层的火山岩-缺氧层中下降幅度较大，原因主要有：一是缺氧层的反硝化作用消耗了部分碳源；二是该段滤料层截留的悬浮性有机污染物较多。随着滤层的升高，易降解的有机物逐渐减少，COD 去除效果下降。一般来说，有机物的去除率沿滤层深度方向呈指数下降。

在 20～40 cm 段，有机物浓度高，异养菌营养充足、繁殖快，其中一部分微生物以悬浮污泥的形式存在；另外 BAF 系统截留的悬浮物在缺氧层聚集，导致该段 SS 浓度升高。而在好氧层 I 、II 中，SS 浓度逐渐降低。可见，SS 的去除主要发生在陶粒层和聚丙乙烯泡沫滤珠层。

7.4.2.2 不同形态的氮随滤层高度的变化

不同形态的氮随滤层高度变化如图 7-5 所示。从图中可以看出，原水和回流液混合后，NH_3-N 和 TN 浓度大幅下降，而 NO_3-N 和 NO_2-N 的浓度均升高了。NH_3-N 和 NO_2-N 浓度在缺氧层基本没变化；NO_3-N 浓度在缺氧层 0～20 cm 段从 5 mg/L 下降至 2 mg/L 以下，但在 20～40 cm 段基本不变；由于缺氧菌的反硝化作用和回流液的稀释作用，缺氧段 TN 从 17.21 mg/L 下降到了 10.18 mg/L。在 40～120 cm 段的陶粒层，NH_3-N 浓度从 7.3 mg/L 迅速降至 2.17 mg/L，NO_3-N 和 NO_2-N 浓度升高，TN 浓度从 10.18 mg/L 降至 9.33 mg/L。经过聚丙乙烯泡沫滤珠层后，NH_3-N 浓度继续降低到 0.1 mg/L，NO_3-N 和 NO_2-N 也呈下降趋势，TN 从 9.33 mg/L 下降到 7.7 mg/L。

由此可见，多层滤料 BAF 在不同滤料高度上呈现出功能分区。在下层的火山岩-缺氧层中，以反硝化作用为主，该段对 TN 去除的贡献率为 40.85%；在陶粒-好氧层 I 中，以硝化作用为主，对 NH_3-N 的降解作用较强；最上层的聚丙乙烯泡沫滤珠-好氧层 II 中，存在同步硝化反硝化作用，对 TN 和 NH_3-N 均有较好的降解作用。

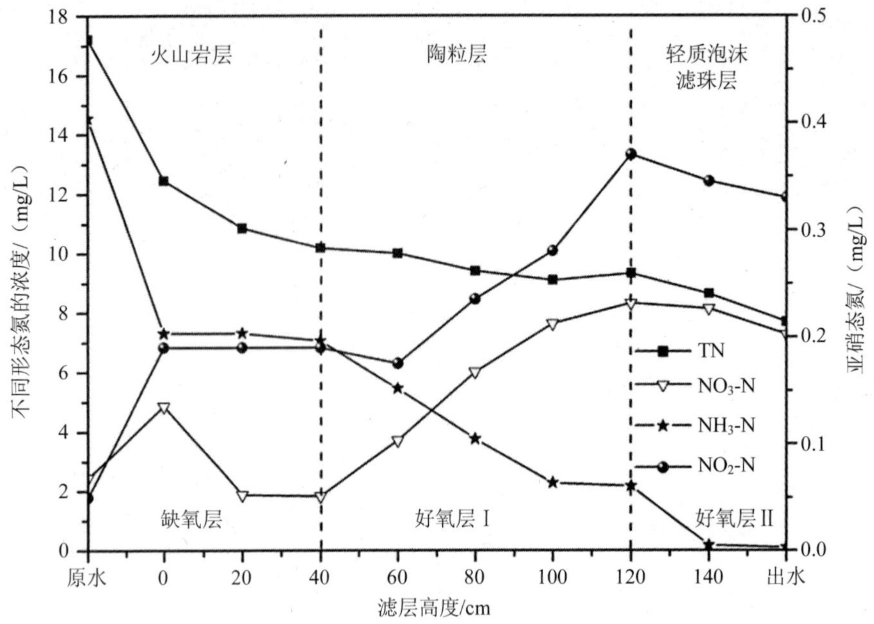

图 7-5 不同形态的氮沿滤料层高度的变化

7.4.2.3 生物膜量沿滤层高度的分布

生物膜量与填料高度的关系曲线如图 7-6 所示。沿着进水方向，在缺氧区，生物膜量逐渐增加；在好氧区 I 中，生物膜量先迅速上升，在高 80 cm 取样口处达到最大，测量值为 94.49 nmolP/g 滤料，相当于大肠杆菌（E.coli）大小的细胞 94.49×10^8 个，然后在 80～120 cm 段生物膜量逐渐下降；在好氧区 II 中，生物膜迅速下降，出水端生物膜量下降至 25.14 nmolP/g 滤料。从总体上看，好氧区 I 的生物膜量要高于缺氧区和好氧区 II 对应的量。

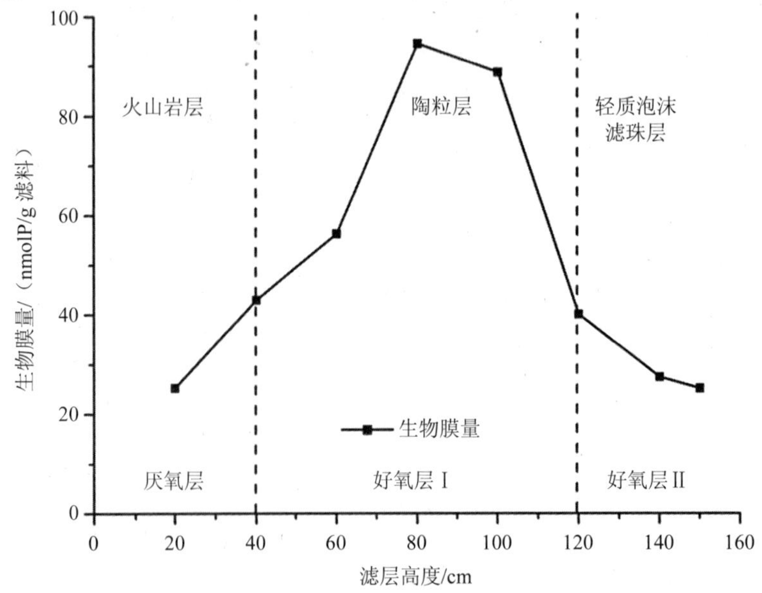

图 7-6 生物膜量沿滤料层高度的分布

缺氧区的生物膜量总体上少于好氧区Ⅰ的生物膜量。原因可能是：在缺氧区主要是以反硝化菌为主，而反硝化菌与异样菌相比生长缓慢，且对外界条件变化敏感，因此缺氧区生物量较小。而在好氧区Ⅰ中 40～80 cm 段滤层，有机物底物浓度较高，且曝气量充足，所以异样菌大量繁殖，生物量呈明显的上升趋势。其中 60～80 cm 段滤层的生物膜量增长速率要高于 40～60 cm 段，这可能是由于 40～60 cm 段滤层靠近穿孔曝气管，穿孔曝气管孔隙分布不均匀引起该段曝气不均匀，滤料表面有局部发黑现象，从而一定程度地抑制了异样菌的生长繁殖，而在 60～80 cm 段滤层，滤料松动，曝气效果较好，异氧菌增长更快。在好氧区Ⅰ中 80～120 cm 段以及好氧区Ⅱ段，污水中的有机污染物已经降到了较低水平，微生物缺乏营养物质，增值较慢，从而导致单位滤料上生物膜量迅速下降。

7.4.2.4 TTC-脱氢酶活性沿滤层高度的分布

TTC-脱氢酶活性沿滤层高度的分布如图 7-7 所示。沿进水方向，缺氧区中的 TTC-脱氢酶活性逐渐上升；在好氧区Ⅰ中，TTC-脱氢酶活性先上升，到 60 cm 处达到最高，为 218.68 μg/（g·h），然后又开始下降；在好氧区Ⅱ中，TTC-脱氢酶活性先下降后略微上升。从总体上看，好氧区Ⅰ生物膜的 TTC-脱氢酶活性最高，测量值为 59.56～218.68 μg/（g·h），而缺氧区和好氧区Ⅱ生物膜的 TTC-脱氢酶活性分别为 68.81～97.10 μg/（g·h）和 59.56～65.68 μg/（g·h）。

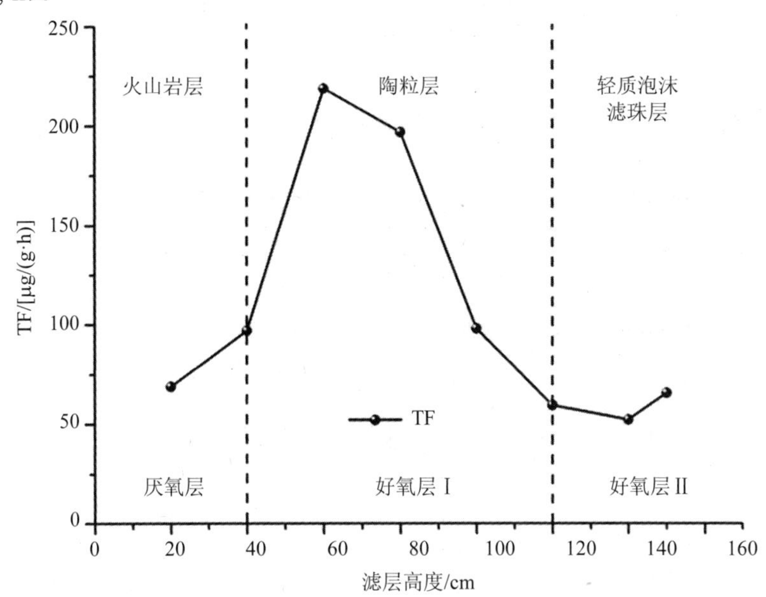

图 7-7 TTC-脱氢酶活性沿滤料层高度的分布

在进水端 20 cm 处，TTC-脱氢酶活性较低，这可能是由于进水端滤层截留了较多的悬浮物，其中含有较多的惰性物质，限制了营养基质的扩散，使微生物的增殖速度受到限制，导致生物活性较低。而随着滤层的升高，微生物膜受悬浮物和惰性物质的影响较小，传质效果较好，TTC-脱氢酶活性逐渐增大。在好氧区Ⅰ中 40～60 cm 段，有机物底物浓度较高，曝气量较充足，异氧菌和硝化菌等微生物生长繁殖较快，TTC-脱氢酶活性迅速增大。在 60 cm 取样口处 TTC-脱氢酶活性开始下降，这可能是随着有机物底物浓度逐渐降低，营养物质成为微生物生长繁殖的限制性因素，从而导致生物膜的活性开始降低。

将 TTC-脱氢酶活性数据除以生物膜量数据，得到单位生物量的生物活性值，以进一步分析生物膜的基质比去除能力，结果如图 7-8 所示。

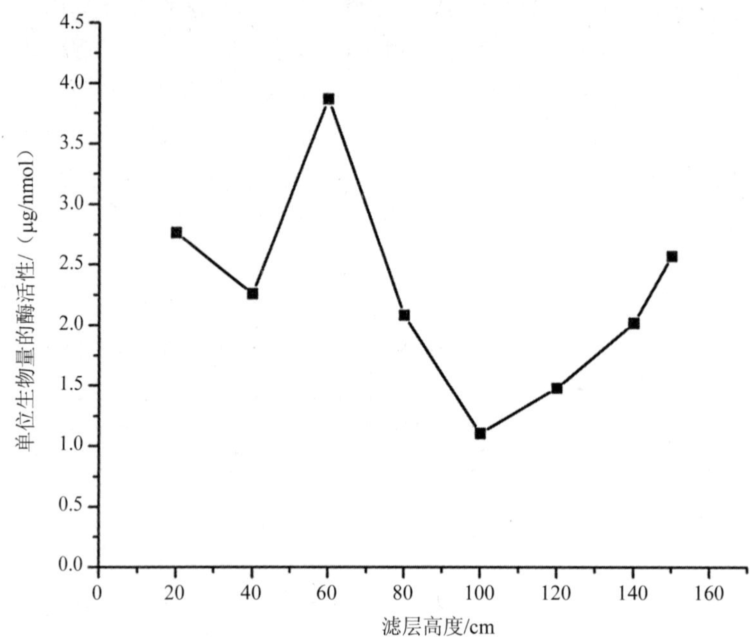

图 7-8 单位生物量的 TTC-脱氯酶活性

单位生物膜量的 TTC-脱氢酶活性和单位滤料的 TTC-脱氢酶活性的变化趋势相近。不同的是，在缺氧区的 20～40 cm 段，单位生物膜量的生物活性逐渐下降，而单位滤料的生物活性却逐渐上升。此外，在 100 cm 处，单位生物膜量的生物活性开始上升，而单位滤料的生物活性却仍呈下降趋势。这说明 BAF 中，不同滤层高度处的单位生物膜量的生物活性和单位滤料的生物活性的变化趋势并不完全一致。

7.4.3 多层滤料 BAF 与单层滤料 BAF 的处理效能对比

完成前期试验之后，将多层滤料 BAF 的滤料全部倒掉，并将 BAF 装置清洗干净。然后将火山岩、多层滤料及陶粒 BAF 重新进行滤料填装，在相同工况[水温为 20～35℃，pH 为 6.6～6.9，气水比为 3∶1，回流比为 1∶1，水力负荷为 1.7 m^3/（m^2·h）]的情况下同时挂膜启动，挂膜启动完成后，继续稳定运行 32 d，以进一步考察三种滤料 BAF 对城镇污水处理效能的差异。

7.4.3.1 各污染物平均去除率对比分析

稳定运行阶段，三种滤料 BAF 对各污染物的平均去除率如表 7-3 和图 7-9 所示。火山岩和多层滤料 BAF 对 NH_3-N 的去除效果比较接近，去除率分别为 95.60%和 94.69%；与前两者相比，陶粒滤料对 NH_3-N 的去除效果较差，去除率仅为 86.04%。火山岩和多层滤料 BAF 对 TN 的去除率也很接近，均在 50%左右；而陶粒 BAF 对 TN 的去除效果相对差一些，去除率只有 43.62%。三者对 COD 的去除率比较接近，平均去除率均在 70%左右，多层滤料 BAF 对 COD 的去除效果略好于其他两者，平均去除率为 71.71%。在 SS 去除方面，仍然是多层滤料 BAF 效果最好，三种 BAF 对 SS 去除率由高到低依次为多层滤料 BAF（86.06%）＞陶粒 BAF（83.51%）＞火山岩 BAF（80.42%）。

表 7-3 各污染物的平均去除率 单位：%

BAF	NH_3-N	COD	SS	TN
火山岩 BAF	95.60±4.73	68.74±7.63	80.42±7.12	49.54±4.31
多层滤料 BAF	94.69±5.07	71.71±5.04	86.06±4.58	50.01±5.08
陶粒 BAF	86.04±6.30	69.21±6.97	83.51±4.4	43.62±7.54

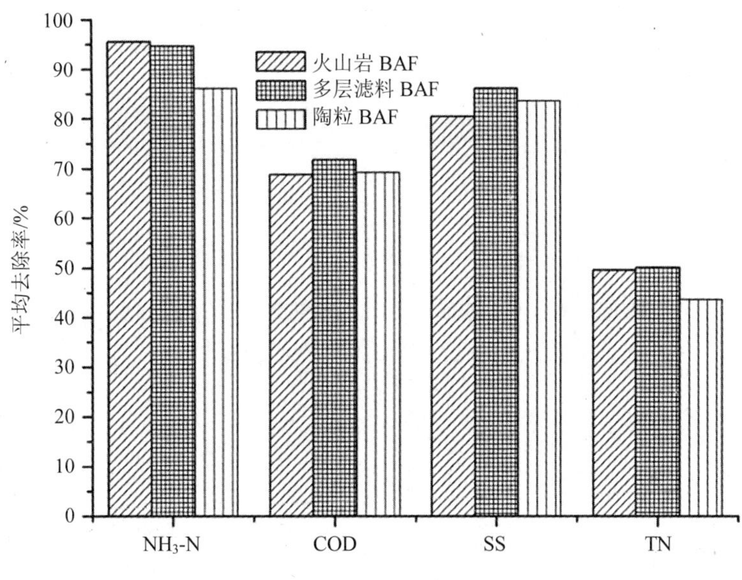

图 7-9 三种 BAF 对污染物的平均去除率

7.4.3.2 COD 去除规律对比分析

三套 BAF 对 COD 的去除效果如图 7-10 所示。在挂膜阶段的前 5 d，火山岩 BAF 对 COD 的去除效果较好，去除率在 70%以上，而多层滤料和陶粒 BAF 的 COD 去除率分别只有 50%和 60%左右。随着试验的进行，多层滤料和陶粒 BAF 对 COD 的去除效果逐步改善，第 8 天时二者的 COD 去除率均升高到 75%左右。第 12 天时随着进水流量从 20L/h 继续增大到 30 L/h，以及第 14 天时回流开启，导致水力冲击负荷增大，三套 BAF 的 COD 去除率均出现下降趋势，但很快又趋于稳定。这说明三种 BAF 均具有较强的抗水力负荷冲击能力。

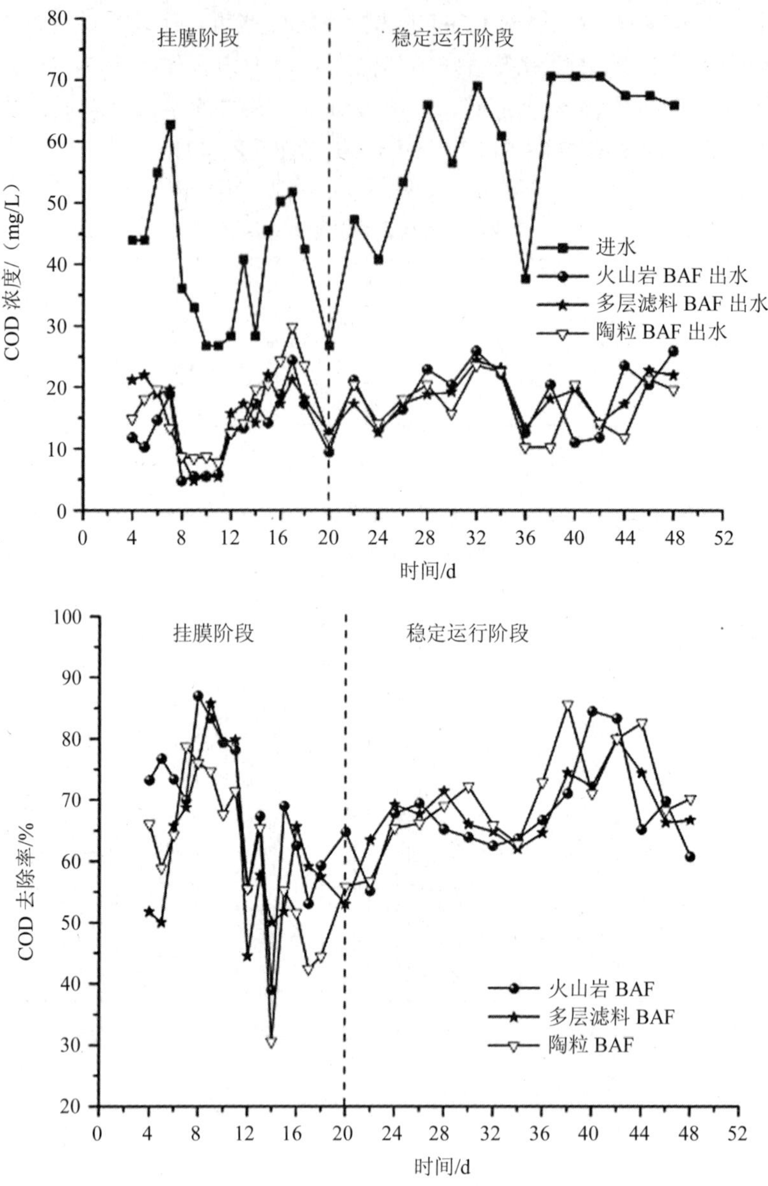

图 7-10 三种 BAF 对 COD 的去除效果

稳定运行阶段，尽管进水 COD 浓度在 37.5～70.6 mg/L 波动，但是三套 BAF 的出水均比较稳定，在 10～25 mg/L 之间，平均去除率在 70%左右。可见三种滤料 BAF 对 COD 容积负荷具有较强的耐冲击能力。

7.4.3.3 SS 去除规律对比分析

在相同试验条件下，三种 BAF 对 SS 的去除效果如图 7-11 所示。在挂膜启动阶段，三种滤料 BAF 对 SS 的去除率均呈现逐步升高趋势，但多层滤料 BAF 对 SS 的去除率略高于其他两者且更加稳定。从第 12 天到挂膜结束，多层滤料 BAF 出水 SS 浓度稳定在 3.5～18.5 mg/L 之间，而火山岩和陶粒 BAF 出水 SS 浓度分别在 13.5～42.5 mg/L 和 9.5～

19.0 mg/L 之间。

在稳定运行阶段，三种 BAF 对 SS 的去除效果都比较稳定，进水 SS 浓度在 32～92 mg/L 之间，多层滤料 BAF 平均出水 SS 浓度为（7.1±2.9）mg/L，去除率为（86.06±4.78）%；火山岩 BAF 平均出水 SS 浓度为（9.6±3.57）mg/L，去除率为（80.42±8.29）%；陶粒 BAF 平均出水 SS 浓度为（8.8±4.3）mg/L，去除率（83.51±6.39）%。由图 7-11 可知，多层滤料 BAF 对 SS 去除率更高，去除效果更加稳定。这可能是由于多层滤料 BAF 实现了不同滤层滤料粒径由大到小的级配组合，而且轻质滤料具有较强的截留能力，使该系统表现出良好的过滤和截污能力。

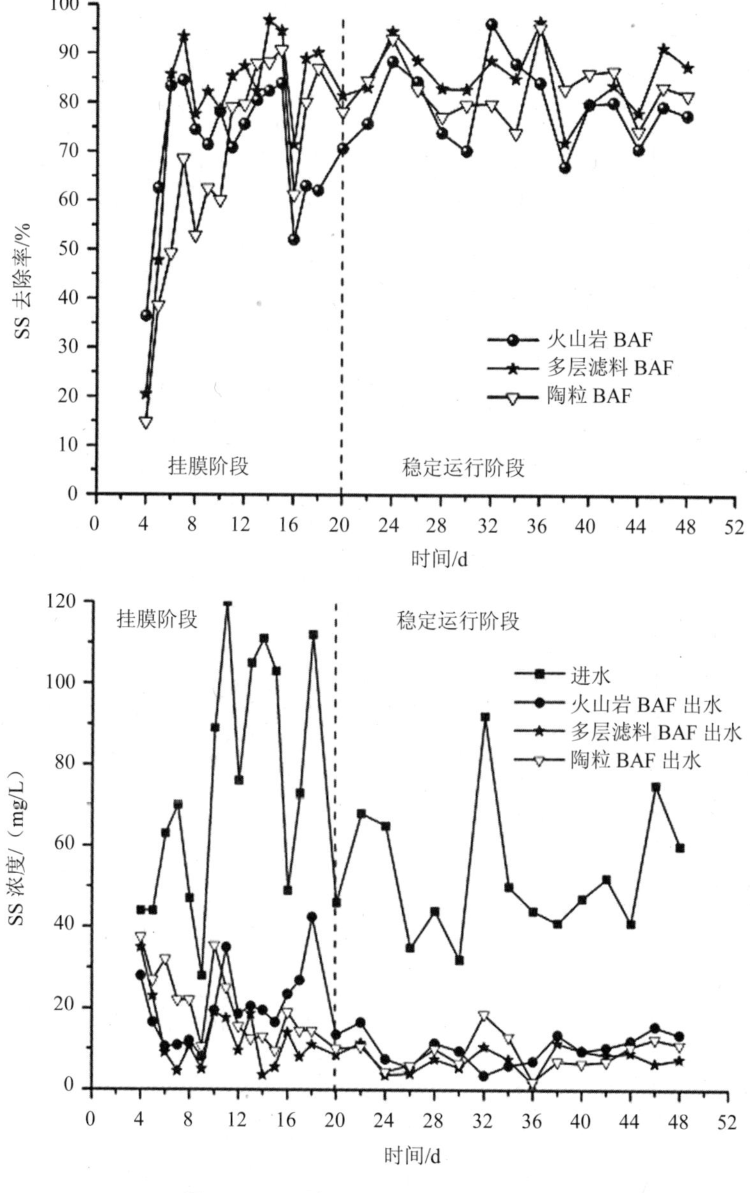

图 7-11　三种 BAF 对 SS 的去除效果

7.4.3.4 NH_3-N 去除规律对比分析

试验期间三种 BAF 对 NH_3-N 的去除效果见图 7-12。从图 7-12 中可见，挂膜阶段第 6 天火山岩 BAF 对 NH_3-N 的去除率就升至 98.78%，6～20 d 平均去除率达到 95%。说明火山岩 BAF 中好氧生物膜生长较快，且生物活性稳定。挂膜阶段前 2 天，多层滤料和陶粒 BAF 对 NH_3-N 的去除效果均低于火山岩 BAF。第 6 天多层滤料 BAF 对 NH_3-N 的去除率也上升到 98%以上，6～13 d 平均去除率达到 96.21%。而陶粒 BAF 在挂膜的 6～13 d 平均去除率只有 72.99%。从第 14 天开始，随着进水流量的增大，以及回流开启，水力负荷大大增加，导致多层滤料和陶粒 BAF 对 NH_3-N 的去除率均呈下降趋势。至挂膜完成时二者对 NH_3-N 的去除率均稳定在 70%左右。

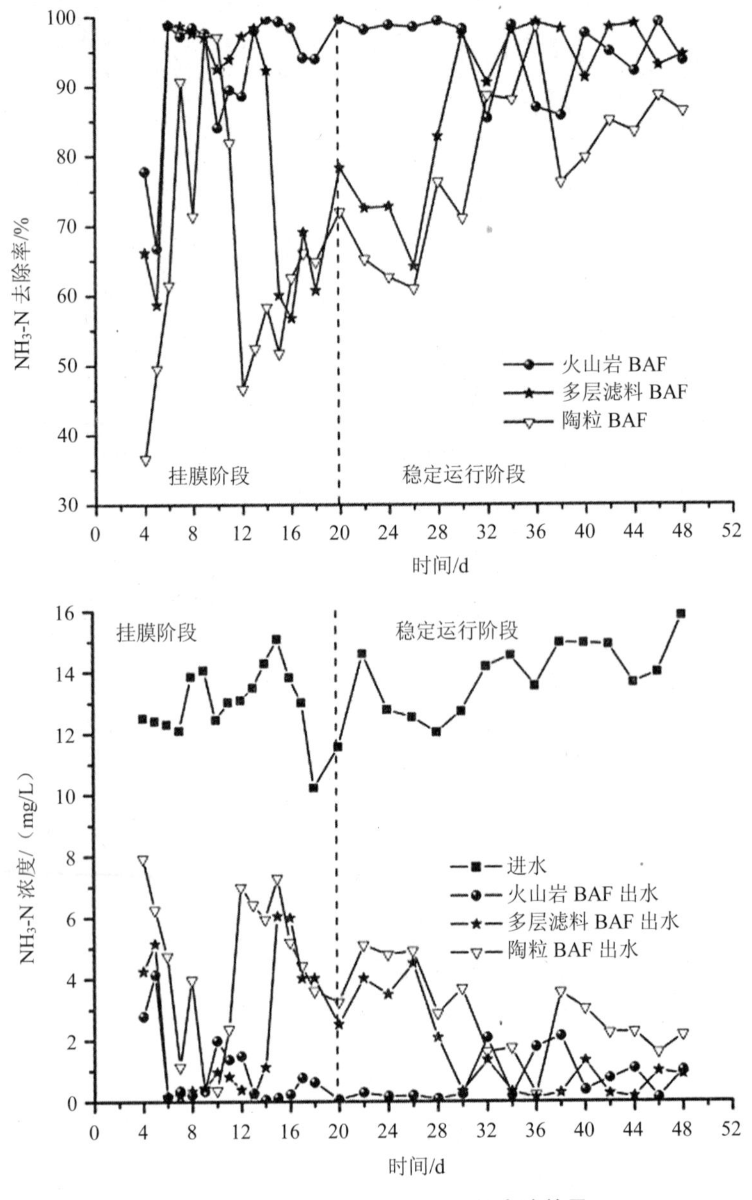

图 7-12　三种 BAF 对 NH_3-N 的去除效果

在稳定运行阶段，火山岩 BAF 对 NH_3-N 的平均去除率达（95.57±4.73）%，出水 NH_3-N 浓度稳定在 0.1～2.1 mg/L。在 20～30 d 多层滤料和陶粒 BAF 对 NH_3-N 的去除率波动较大，第 32 天后趋于稳定；多层滤料 BAF 平均出水 NH_3-N 浓度稳定在 0.12～4.1 mg/L 之间，平均去除率为（94.69±5.07）%；陶粒滤料 BAF 平均出水 NH_3-N 浓度稳定在 0.2～5.1 mg/L 之间，平均去除率为（86.04±6.3）%。可见，多层滤料和火山岩 BAF 对 NH_3-N 的去除效果更好，且出水稳定；而陶粒 BAF 对 NH_3-N 的去除率波动较大，去除率也低于前两者。

分析原因，可能是由于火山岩孔隙率大，为微生物生长繁殖提供了更大的空间，相应单位体积生物量也更大，从而表现出较好的 NH_3-N 去除效果。此外，轻质滤料对水流的阻力较大，能够保证水流的均匀分布和良好的传质条件，有利于硝化菌的生长，对 NH_3-N 的去除效果要优于陶粒。由于多层滤料在好氧层 II 使用了聚丙乙烯泡沫滤珠，从而获得较好的 NH_3-N 去除效果。

7.4.3.5　TN 去除规律对比分析

三种 BAF 在试验期间对 TN 的去除效果见图 7-13。在挂膜阶段，三种 BAF 对 TN 的去除率总体上均呈上升趋势。到第 16 天，三种滤料 BAF 对 TN 的去除率均上升到 40%左右，此后基本保持稳定。在稳定运行阶段，与陶粒 BAF 相比，火山岩和多层滤料 BAF 对 TN 的去除效果相对稳定，且平均去除率更高，分别达到 49.5%和 50.0%，而陶粒 BAF 的 TN 的去除率仅为 43.6%。TN 主要靠缺氧层的反硝化作用来去除，火山岩和多层滤料 BAF 在缺氧层填装的都是 4～6 mm 的火山岩，火山岩相比陶粒，内部贯通性的孔隙更加发达，滤料内部更容易形成缺氧环境，从而具有更好的脱氮效果。

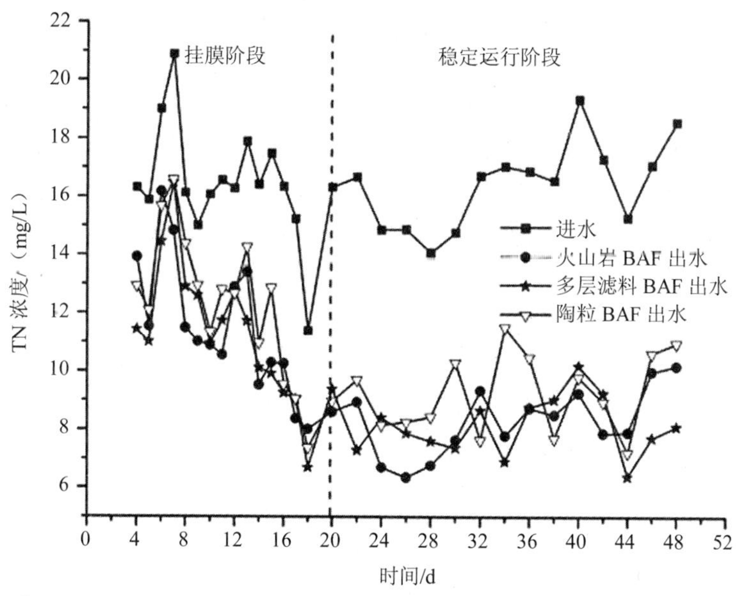

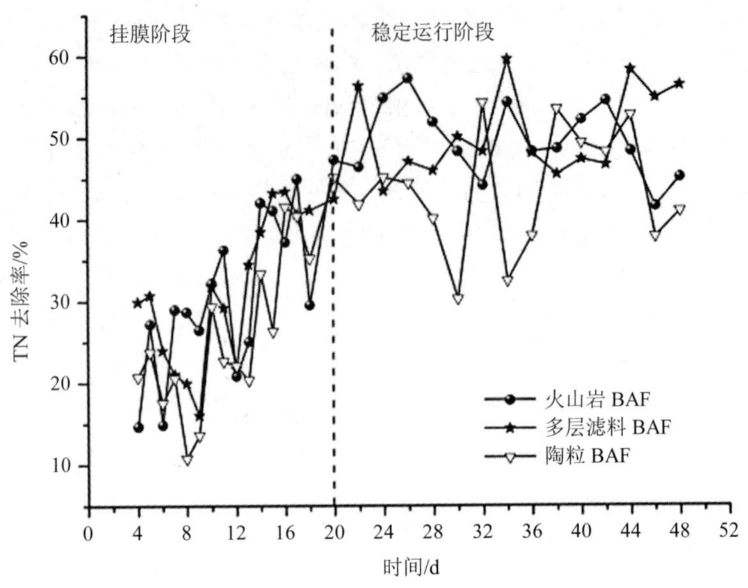

图 7-13 三种 BAF 对 TN 的去除效果

7.5 功能材料强化曝气生物滤池的除磷研究

一般情况下，BAF 反应器可通过硝化过程脱除污水中的氨氮，但反应器本身对磷的去除效果十分有限，实际工程应用中通常只利用化学法除磷。一般研究认为，在 BAF 内部不存在厌氧和好氧的交替环境，微生物对总氮与总磷的去除往往只是在微生物生长过程中的利用，因此 BAF 的生物脱氮除磷作用很弱。为使处理出水达到排放标准，以化学除磷解决磷的达标问题时往往会产生大量的化学污泥，增加处理处置的难度。因此，如何提高 BAF 的生物脱氮除磷效率就成为了目前 BAF 有关研究中急需解决的关键问题之一。在前期的研究中，本课题组针对 BAF 反应器填料的特点，研究开发了一种新型粉煤灰陶粒，并已证实其具有良好的辅助除磷效果。为此设计 BAF 反应器装置，并填入该粉煤灰陶粒为主要核心填料，考察其在启动及挂膜过程中对污染物的去除效果，为该新型填料将来的工程应用提供必要的数据支持。

主要实验装置为曝气生物滤池（BAF）一套，横截面为正方形，长×宽为 400 mm×400 mm，高为 2 500 mm。整体以有机玻璃制成。反应器采用上向流方式进水，进水采用穿孔管进行布水，基于预防堵塞的考虑进气选择了曝气盘进行曝气，并能保证曝气均匀。采用 1 台离心水泵及 1 台罗茨风机分别对两台曝气生物滤池进行供水及供气。反应器装置的设计图如图 7-14 所示。

在 BAF 反应器中填入高度 30 cm 的碎石层作为承托层。其中 12～15 mm 的较大颗粒碎石层厚度为 10 cm（均为层高，下同）、10～12 mm 的中等大小碎石层厚度为 10 cm，以及粒径为 8～10 mm 的小碎石层厚度为 10 cm。填完铺平后，填入自行研制的粉煤灰陶粒作为主要填料，层高分别为 100 cm 及 120 cm，填料层上部有 20 cm 的留空，废水从上部排放口排入下水道。安装完毕的 BAF 照片如图 7-15 所示。

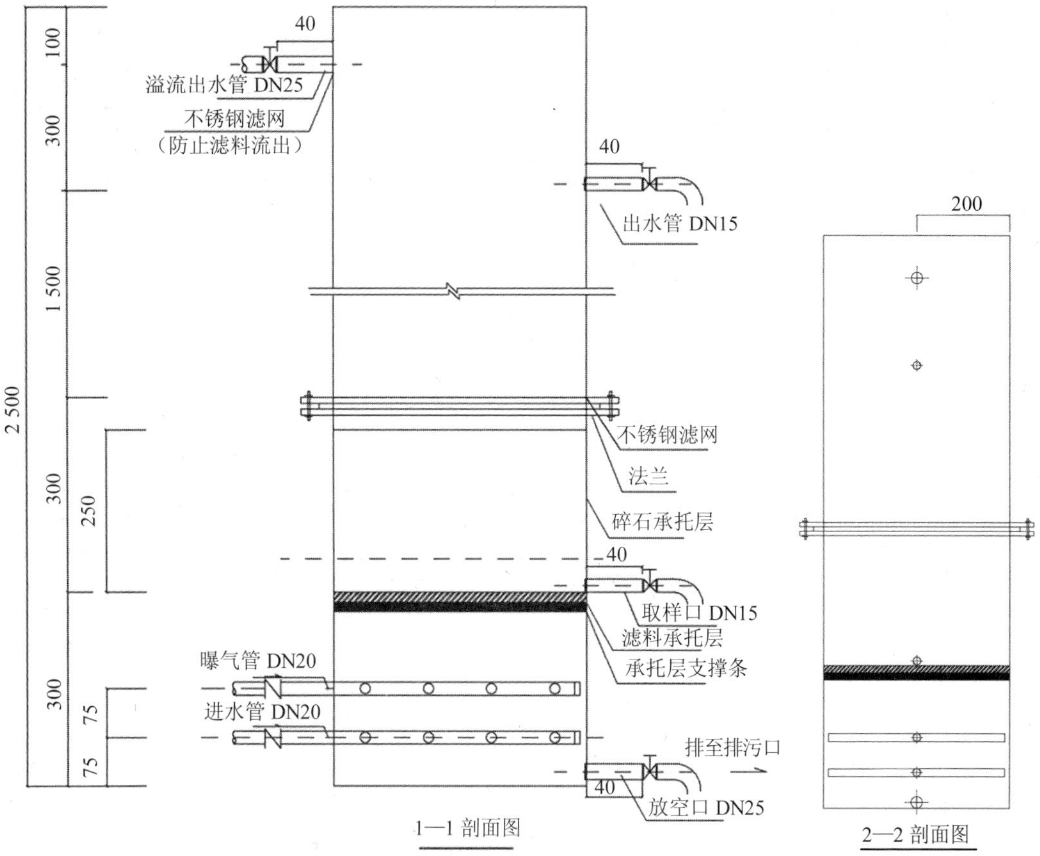

图 7-14　实验装置图

图 7-15　BAF 反应器照片

反应器核心填料为自行研制的粉煤灰陶粒。具体参数如下。粒径：ϕ4～6 mm；堆积密度：0.85～0.90 g/cm^3；表观密度：1.4～1.6 g/cm^3；堆积孔隙率：≥40%；破损率：≤0.03%；磨损率：≤2.0%；比表面积：≥1×10^4 cm^2/g；灼烧减量：<0.03%；不均匀系数：K_{60}：≤1.40；盐酸可溶率：≤3%；筒压强度：≥6.5 MPa。

实验的初始阶段采用自配水作为反应器的进水。自配水中的主要成分为葡萄糖（提供COD）、NH_3Cl（提供氨氮）及 KH_2PO_4（提供磷酸盐）以自来水进行配水。配水后进入反应器的各主要污染物指标分别为 COD 300 mg/L，NH_3-N 20 mg/L 及磷酸盐 2.5 mg/L。

采用连续进水的方式运行 BAF 反应器，每天运行时间为 9 h。进水量为 80 L/h，进气量为 480 L/h，以转子流量计进行水及气的流量调节，设对空排气管排走多余的空气。由于反应器的启动阶段需要一定的时间，故在反应器启动初期每天仅对出水进行一次采样。待反应器启动完毕并稳定运行后，再加大采样的频率。在启动期间主要考察进出水的 COD、NH_3-N 及 TP 浓度变化情况。

挂膜期间进水流量为 80 L/h，进气流量为 480 L/h，气水比为 6∶1。挂膜过程约持续了 20 d。挂膜时水温约 25℃。挂膜过程同时控制进水 pH 在 6～8 之间。

7.5.1 对 COD 的去除效果

反应器对污染物的去除效率往往首先体现在对 COD 的去除率上。由于本曝气生物滤池直接处理 COD 浓度较高的自配废水，所以预期其对 COD 的去除效率并不高。图 7-16 为挂膜期间进出水 COD 的变化情况，其对 COD 的去除效率如图 7-17 所示。

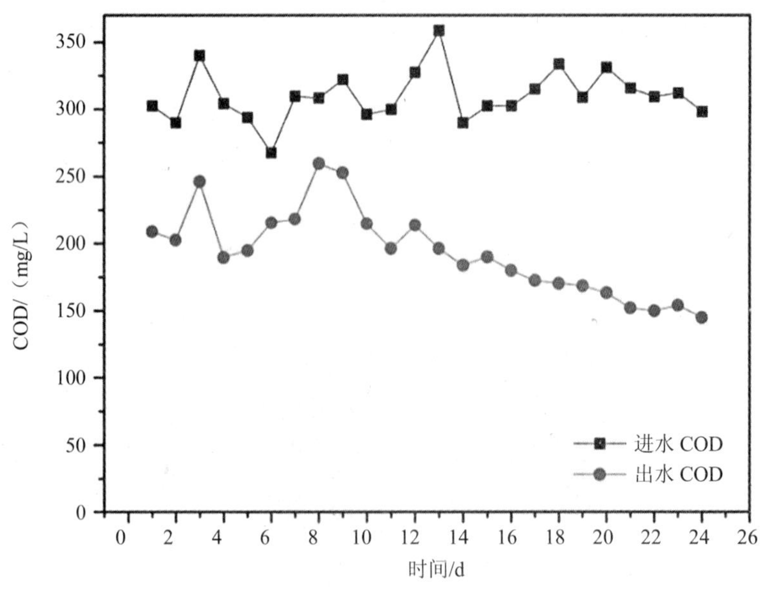

图 7-16　BAF 反应器挂膜期间进出水 COD 的变化情况

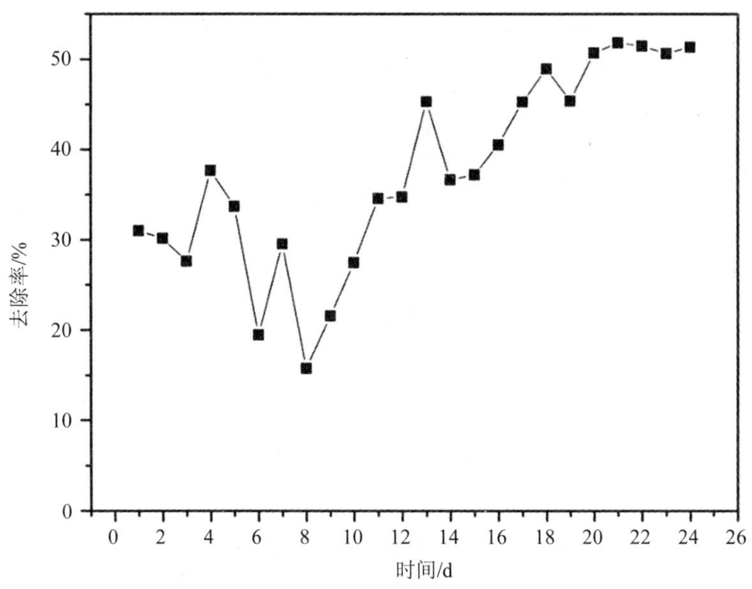

图 7-17　BAF 反应器挂膜期间 COD 的去除率

当曝气生物滤池直接用于处理浓度较高的污水时，由于其自身水力停留时间较短等特点，其去除效率不会太高。一般认为，当滤池对 COD 的去除率达到 30%以上时，填料挂膜成功。而在本实验中，自配水的 COD 主要组成成分为葡萄糖，其可生化性很好，因此 BAF 对 COD 的去除率也相对较高。本反应器的进水 COD 浓度设定为 300 mg/L，在 25 d 的挂膜周期里，处理后的出水 COD 浓度保持在 150～250 mg/L。从图 7-17 中可以看出，在 BAF 反应器的运行初期，由于反应器的运行未稳定，生物膜基本上没有生长等方面的原因，同时受到天气等方面的影响，反应器对 COD 的去除率仅为 10%～30%不等，第 6 天后反应器对 COD 的去除效率开始稳步上升，至第 13 天开始上升至 40%，此后一直保持在 40%以上，至第 20 天开始上升至 50%左右，并保持稳定，从 COD 的去除效率上推断，大致在这个时候生物膜挂膜可到达一个较为成熟的阶段。

从本次挂膜过程中看，尽管在挂膜初期 COD 的出水浓度有所波动，但总体来说，反应器对 COD 的去除效率是不断上升的。究其原因，这可能是在反应器的初期运行阶段受进水温度及填料上异养微生物影响较大。其中填料上的异氧微生物虽然在生长初期繁殖速度很快，但由于其在填料上的附着能力有限，在水流及气流的冲击下，容易流失，故会导致对 COD 的去除效果有所波动。经过一段时间的培养驯化后，填料上异养微生物的种类、数量趋于稳定，对废水中的有机物形成较为稳定的去除效果，故在启动过程的后期对 COD 的去除率也趋于稳定。

7.5.2　对 NH_3-N 的去除效果

挂膜期间常把滤池对 NH_3-N 的去除率作为衡量填料挂膜成功的一个重要指标。一般认为，当滤池对 NH_3-N 的去除率达到 60%以上时，填料的挂膜过程成功。图 7-18 为挂膜期间进出水 NH_3-N 的变化情况，图 7-19 为挂膜期间 BAF 反应器对 NH_3-N 的去除效率的变化情况。反应器进水 NH_3-N 浓度保持在 20 mg/L 左右，其出水浓度在挂膜开始的前 9 天内在 12 mg/L 左右，至第 10 天其对 NH_3-N 的去除效果开始有所提高，从第 11 天起处理出水 NH_3-N 浓度均在 10 mg/L 以下。考察其 NH_3-N 去除率的变化情况可以发现，前 9 天对 NH_3-N 的去除率相对较低，约在 40%以下，至第 11 天之后，对 NH_3-N 的去除率开始逐渐提升，20 天之后去除率基本上可稳定在 60%左右。

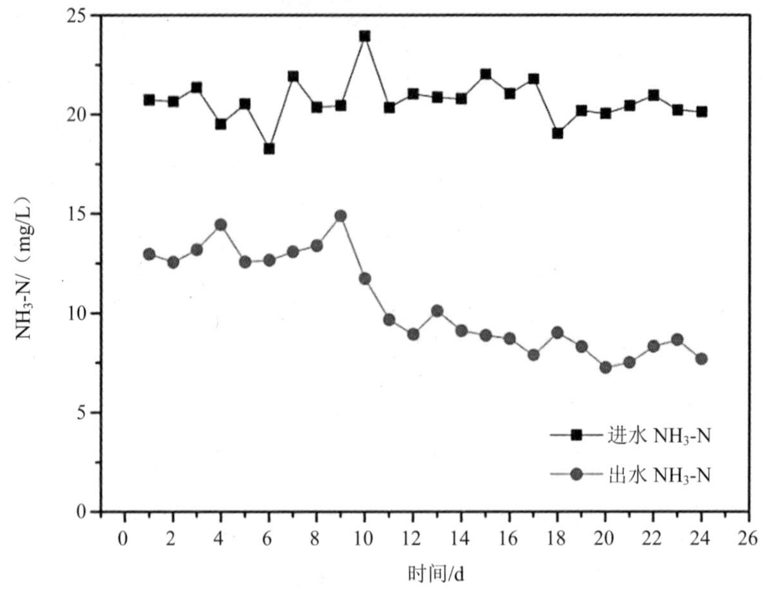

图 7-18 BAF 反应器挂膜期间进出水 NH_3-N 的变化情况

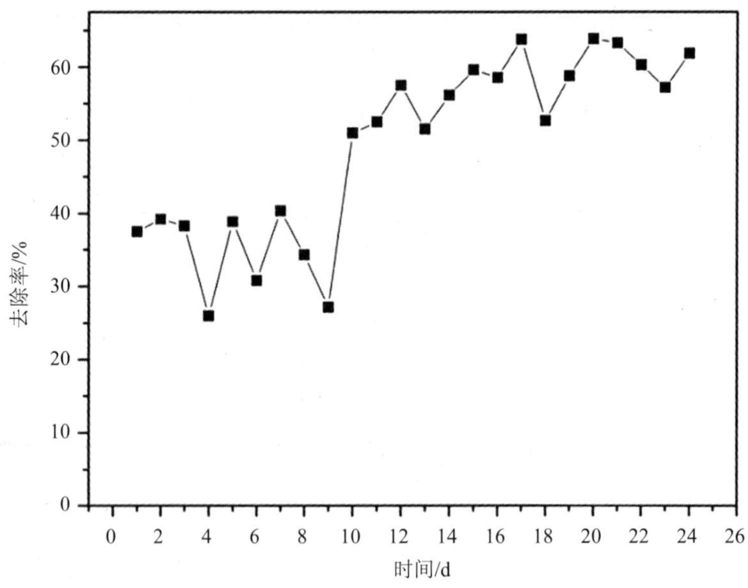

图 7-19 BAF 反应器挂膜期间 NH_3-N 的去除率

由图 7-18 可知，最初 BAF 进、出水 NH_3-N 浓度相差较小，究其原因，主要是因为这几天是硝化细菌在池内填料上附着与适应的阶段，再加上进水有机物浓度高，碳化异养菌占优势环境，对自养硝化菌的生长、繁殖产生抑制作用，所以生物滤池尚未完全发挥硝化功能；但 BAF 反应器对 NH_3-N 仍有一定程度的去除率，是由于：其一，对 NH_3-N 的去除率首先是来自异养菌同化作用消耗氨氮的结果；其二，曝气生物滤池的填料本身对 NH_3-N 会有一定程度的去除作用。反应器对 NH_3-N 的去除作用在第 10 天后开始有明显提升，这是由于在此阶段滤池对有机物有较高的去除率，使得有机物浓度降低，异养菌对自养硝化菌的抑制作用逐渐缓和，硝化菌开始大量生长、繁殖，故 NH_3-N 的去除率也随之有所上升。

曝气生物滤池中存在的硝化作用通常被认为是其去除污水中氨氮的主要原因。有关 BAF 硝化性能的研究已得到越来越多研究者的重视，先前的大多数研究均试图通过优化运行参数使 BAF 的硝化效率得到了明显的提高。研究发现，利用上向流曝气生物滤池处理含氨的富营养化水时，在气水比 1∶1、滤速 5.18 m/h、温度 10℃以上条件下，硝化效率可达 100%。英国水研究中心 Dillon 等[4]对 BAF 的硝化能力研究结果表明，当氮容积负荷为 0.63 kg/（m^3·d）时，NH_3-N 去除率可达 90%。尽管 BAF 的氨氮去除效能在实践中得到了检验，但有关进水负荷、有机物浓度以及硝化细菌分布特征等方面还需进一步探讨。目前的研究表明，曝气生物滤池的硝化性能与有机物浓度、温度、停留时间等因素有密切的关系，因此硝化性能及其原理仍有待进一步的深入研究。

7.5.3 对 TP 的去除效果

由于 BAF 反应器自身的特点，其对 TP 的去除效率一向不高，在常规 BAF 的运行过程中均需要加入除磷化学药剂来增加 TP 的去除效果。但本课题组开发的粉煤灰陶粒本身具有良好的除磷效果，在前期的小试试验中 1.0 g 的陶粒可完全去除 50 ml 溶液中浓度为 5 mg/L 的磷，故其作为 BAF 填料时可望能大大提高反应器的除磷能力。图 7-20 为挂膜期间进出水 TP 的变化情况，图 7-21 为挂膜期间 BAF 反应器对 TP 的去除效率变化情况。

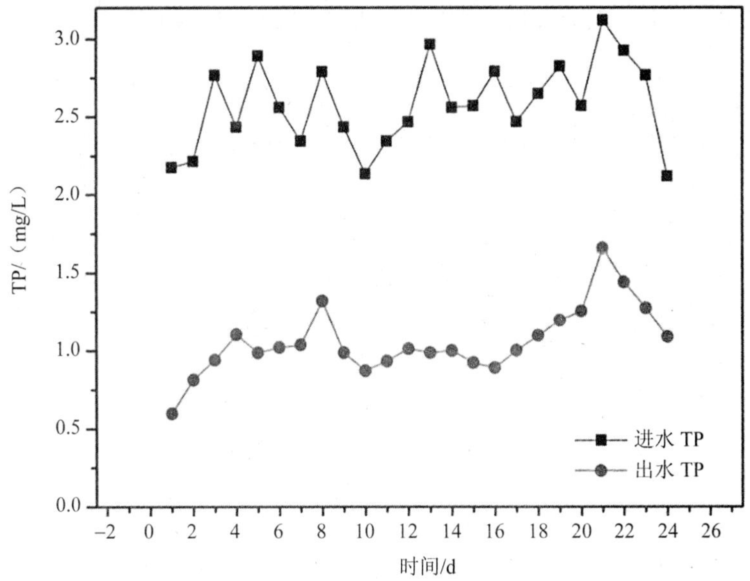

图 7-20　BAF 反应器挂膜期间进出水 TP 的变化情况

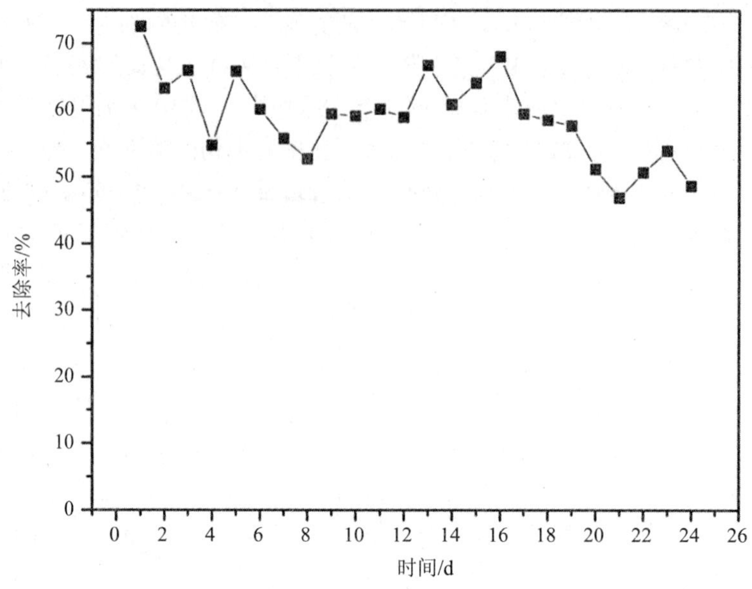

图 7-21　BAF 反应器挂膜期间 TP 的去除率

与常规曝气生物滤池有较大的不同的是，在反应器启动伊始对 TP 便有着十分优异的去除效果。虽然进水中 TP 初始浓度较低，但本 BAF 反应器仍表现出了很高的 TP 去除效率。BAF 反应器对 TP 的去除效率一度可达到 70%左右，尽管处理过程中 TP 的去除效率有所波动，但基本上可维持在 60%左右。出水 TP 浓度在大部分时间内均低于 1.0 mg/L，甚至接近 0.5 mg/L 左右的水平。挂膜阶段的后期，TP 去除效率有所下降。尤其是到了第 20 天以后，TP 的去除效率会回落在 50%左右，但出水中的 TP 浓度仍可基本维持在 1.0 mg/L 左右。

单独利用 BAF 的生物作用除磷是很难达到实际的处理效果的，通常情况下需采取化学方法除磷。国外不少研究者曾研究利用生物方法除磷，如 Goncalves 等[22]曾在进行曝气生物滤池同步脱氮除磷的研究时发现，进水方式对磷去除效果影响不大；AEsoy 等[23]发现，利用曝气生物滤池反硝化脱氮时，如利用水解污泥或水解固体废物做外加碳源，可同时去除高于微生物生长需要量 3 倍的磷。Castillo 等[24]在研究序批式曝气生物滤池生物除磷时发现，在保持原水中 COD∶N∶P 为 20∶5∶1，进水 COD＜15 g/（m^2·d）情况下，磷的去除率可达到 72%。但总的来说，在 BAF 运行过程中若只通过调整运行参数而达到同步脱氮除磷的效果仍较为困难，尤其是对磷的去除效果难以保证，较难获得稳定的磷的去除率。

因此，以本研究中的处理方式获得 BAF 反应器的同步脱氮除磷效果，是一种相对较为理想的方式：通过生物的方式达到 BAF 的脱氮效果，同时通过物理化学的方式去除污水中的磷从而达到氮磷的同步去除。研究结果表明自行开发的曝气生物滤池填料——粉煤灰生物陶粒可在污水处理中作为辅助除磷型材料使用。在挂膜过程中所发现的挂膜实验后期 BAF 反应器对磷的去除效率有所降低的情况，经反冲洗后可得到明显改善，其对 TP 的去除率重新回到了 60%左右。其原因主要是本 BAF 反应器的除磷作用主要是通过陶粒与进水中的磷形成磷酸盐共沉淀的缘故，反应器运行一段时间后，部分所形成的沉淀附在陶粒的表面，使得陶粒与进水的接触面积变小，从而导致了除磷效率的降低。因此，在挂膜过程完成后，当 BAF 反应器正常运行，定期进行反冲洗时，可在反冲洗过程中将陶粒表面附着的沉淀除去，从而可保持稳定的 TP 去除效率。

粉煤灰陶粒主要原料为燃煤电厂粉煤灰及辅料膨润土、$CaCO_3$ 等，原料易得，其制备过程相对简单，陶粒本身则具有对磷吸附容量大等特点，因此是一种具有良好应用前景的 BAF 填料，其推广应用的前景广阔。

参考文献

[1] DESBOS G，ROGALLA F，SIBONY J，et al. Biofiltration as a compact technique for small waste water treatment plants. Water Science & Technology，1990，22（3-4）：145-152.

[2] 齐兵强. 曝气生物滤池在污水处理中的应用. 给水排水，2000，26（10）：4-8.

[3] CROMPHOUT J. Design of an upflow biofilm reactor for the elimination of high ammonia concentrations in eutrophic surface water. Water Supply，1992，10（3）：145-150.

[4] DILLON G，THOMAS V. A pilot-scale evaluation of the "biocarbone process" for the treatment of settled sewage and for tertiary nitrification of secondary effluent. Water Science & Technology，1990，22（1-2）：305-316.

[5] PUJOL R. Process improvements for upflow submerged biofilters. 2010.

[6] MOORE R，QUARMBY J，STEPHENSON T. The effects of media size on the performance of biological aerated filters. Water Research，2001，35（10）：2514-2522.

[7] MANN A T， ESPINET M. STEMPHENSON TOM. Performance of floating and sunken media biological aerated filter under unsteady state contitions. Water Research，1999，33（4）：1108-1113.

[8] CHANG W S，HONG S W，PARK J. Effect of zeolite media for the treatment of textile wastewater in a biological aerated filter. Process Biochemistry，2002，37（7）：693-698.

[9] KENT T，FITZPATRICK C，WILLIAMS S. Testing of biological aerated filter（BAF）media. Water Science and Technology，1996，34（3）：363-370.

[10] 朱乐辉，朱衷榜. 水处理滤料——球形轻质陶粒的研制. 环境保护，2000（1）：35-36.

[11] 江萍，胡九成. 国产轻质球型陶粒用于曝气生物滤池的研究. 环境科学学报，2002，22（4）：459-464.

[12] 余莹，黄江南，林波，等. 新型水处理填料——纳米改性陶粒的研制. 给水排水，2005，30（12）：95-99.

[13] 田文华，文湘华，杨爱华，等. 沸石生物滤池处理低浓度生活污水的工艺性能及影响因素. 环境科学，2003，24（5）：97-101.

[14] 张万友，郗丽娟，陈雪梅，等. 几种纤维过滤器的工作原理及特性. 中国给水排水，2003，19（6）：23-25.

[15] 邱驰，白宇，周晓静. 组合滤料处理微污染水的效果探讨. 辽宁化工，2008，37（9）：615-617.

[16] 王瑛，李绍铭，樊凯，等. 双层滤料生物滤池去除城市污水中 COD（Cr）和 NH_3-N 的试验研究. 兰州理工大学学报，2007，33（2）：73-76.

[17] 齐翔，王飞际，王丽伟，等. 石英砂和陶粒双层滤料的综合过滤试验及比较. 能源环境保护，2006，19（5）：31-33.

[18] 刘金香，娄金生，陈春宁. 沸石-陶粒 BAF 处理微污染水源水的影响因素研究. 安全与环境学报，2008，7（3）：48-50.

[19] 杜永祥，沈耀良，许松瑜，等. 组合填料曝气生物滤池处理受污地表水的研究. 水处理技术，2012，37（12）：120-123.

[20] 张亮，张玉先，包卫彬，等. 生物滤料滤池处理姚江微污染水源水. 水处理技术，2007，33（1）：58-62.

[21] OSORIO F，HONTORIA E. Wastewater treatment with a double-layer submerged biological aerated filter，using waste materials as biofilm support. Journal of Environmental Management，2002，65（1）：79-84.

[22] GONCALVES R，ROGALLA F. Continuous biological phosphorus removal in a biofilm reactor. Water Science & Technology，1992，26（9-11）：2027-2030.

[23] ÆsØy A，Ødegaard H，BACH K，et al. Denitrification in a packed bed biofilm reactor（BIOFOR）—Experiments with different carbon sources. Water Research，1998，32（5）：1463-1470.

[24] CASTILLO P A，GONZÁLez-MARTÍNez S，TEJERO I. Biological phosphorus removal using a biofilm membrane reactor：Operation at high organic loading rates. Water Science and Technology，1999，40（4）：321-329.

第 8 章　新型功能材料安全评估及资源化利用

无论是“分子筛”型还是“生物膜载体”型功能陶质材料，长期应用于污水处理后，净化材料最终不可避免地需要更换，废弃产品存在着毒害性污染物可能浸出和最终富集等风险，必须得到科学合理的最终处置。因此，研究材料残留、富集污染物的环境安全性及其资源化处置技术是十分必要的。

8.1　材料环境安全性评估

材料的环境安全性评估主要考虑材料性质、应用过程、最终产物等。当一些低成本或综合利用原料制作废水处理净化载体材料时，材料的浸出毒性和最终废弃物产品类别界定最受人关注。必须通过分析监测净化材料各种富集毒害性污染物了解其主要成分和特征污染物规律，进一步评估其环境安全性，为其资源化综合利用提供依据。

8.1.1　浸出毒性标准

由于功能材料成品如生物陶粒、人工沸石（或改性人工沸石）、BAF 陶粒等主要成分均为粉煤灰或其他固体废弃物，在使用过程中可能会出现重金属污染。功能材料的使用风险主要考虑：产品浸出毒性、使用过程重金属的富集或浸出对排放标准的影响。

一般地，浸出毒性可根据《危险废物鉴别标准　浸出毒性鉴别》（GB 5085.3—2007）中的相关规定进行鉴别，除此之外，《固体废物浸出毒性浸出方法　醋酸缓冲溶液法》（HJ/T 300—2007）也是常用的鉴别固体废物浸出毒性的方法之一。选择了粉煤灰原料中 6 种常见的重金属离子（铬、镉、铅、铜、镍、锌）作为监测对象。根据《危险废物鉴别标准　浸出毒性鉴别》（GB 5085.3—2007），对于常见重金属污染，固体废物浸出液中任何一种危害成分含量超过如表 8-1 所列的浓度限值，则判定该固体废物是具有浸出毒性特征危险废物。对于排水水质的影响可以对照《城镇污水处理厂污染物排放标准》（GB 18918—2002），分析其特征污染物有无明显影响。

表 8-1　浸出毒性结果与标准限值　　单位：mg/L

重金属	标准限值
总 Cd	1
总 Cu	100
总 Pb	5
总 Zn	100
总 Ni	5
总 Cr	15

8.1.2 监测结果及分析

人工沸石（或改性人工沸石）：产品浸出毒性试验结果见表8-2，测定的六种重金属浓度均没有超过所参考的标准，表明沸石和改性沸石符合环境安全标准。产品实际应用于污水处理工艺时的试验结果见表8-3，通过和城镇污水处理厂污染物排放标准（表8-4）相比较，所测定的重金属离子浓度均在允许范围之内，表明合成沸石与改性沸石的环境安全性是可靠的，可用于污水处理中。

表8-2 浸出毒性试验结果 单位：mg/L

序号	项目	合成沸石测定值	改性沸石测定值
1	铬	未检出	0.239 2
2	镉	0.019 6	未检出
3	铅	0.313 9	0.128 6
4	铜	未检出	未检出
5	镍	未检出	未检出
6	锌	0.012 9	0.047 4

表8-3 出水部分重金属离子测定结果 单位：mg/L

序号	项目	合成沸石测定值	改性沸石测定值
1	铬	0.028 9	0.039 2
2	镉	未检出	未检出
3	铅	未检出	未检出
4	铜	0.041 8	0.106 1
5	镍	未检出	未检出
6	锌	0.033 6	0.024 4

生物陶粒或BAF介质：产品浸出毒性试验结果见表8-4，对比表中的浸出液浓度和标准限值可见，浸出结果显示粉煤灰陶粒浸出液中六种重金属浓度均很低，部分重金属指标甚至低于检测下限，且浓度均没有超过相应的浸出毒性鉴别标准值，这表明粉煤灰陶粒符合环境安全标准，在自然条件下不会对环境造成二次污染。另外，为考察粉煤灰陶粒在实际应用中的重金属浸出情况，实际应用试验结果见表8-5，与《城镇污水处理厂污染物排放标准》（GB 18918—2002）中相应标准值相比较。结果表明，所测定的重金属离子浓度均在允许范围之内，通过烧结制备的陶粒固定了原料中的有毒重金属成分，在自然条件下浸出重金属含量符合环境安全标准。

表8-4 浸出毒性结果与标准限值 单位：mg/L

重金属	浸出液浓度	标准限值
总Cd	0.001 3	1
总Cu	未检出	100
总Pb	0.031 4	5
总Zn	未检出	100
总Ni	未检出	5
总Cr	未检出	15

表 8-5　出水重金属测定结果与标准限制　　单位：mg/L

重金属	出水浓度	标准限值
总 Cd	0.000 2	0.01
总 Cu	未检出	0.5
总 Pb	0.004 6	0.1
总 Zn	未检出	1.0
总 Ni	未检出	0.05
总 Cr	未检出	0.1

8.2　功能材料富氮磷尾废料的资源化利用研究

对于环境功能材料的应用，其尾废料等的处置出路仍然是其关键问题之一。应用于升级改造技术或深度处理工艺等营养型类型污染物去除的环境功能材料，其尾废料因富集了大量的氮磷营养盐物质，通过适当处理后即可进行资源化综合利用。其中，尾废料作为原料制备土壤改良剂、无土栽培种植基质等是其中重要的发展方向之一。由于人工沸石及陶粒的自身固有特性，其用于园艺栽培、用作土壤改良剂的尝试早见报道，其中人工沸石的缓释作用、陶粒对土壤的疏松作用等均已得到证实。人工沸石可吸附大量的氮磷，而陶粒亦可吸附大量的磷，在保证其环境安全性，尤其是在环境中重金属的浸出浓度达到相关控制标准的基础上，可尝试将富氮磷的人工沸石及陶粒用作植物栽培基质，或作为土壤改良剂使用，以改变土壤的性状和肥力。本书选择玉米作为试验植物检验人工沸石及陶粒作为土壤改良剂的效果。

8.2.1　富氮磷人工沸石废料改良土壤对玉米生长发育的影响

盆栽试验主要供试材料包括玉米种子和人工沸石。供试植物选择玉米，试验选用珍甜 1 号和华农 2008 两种玉米种。选植株后每盆玉米种植时间为 2 个月，玉米种植 30 天后测定叶片中叶绿素含量和株高及茎粗，60 天后收获玉米和取土壤及人工沸石等样品进行分析。

1）叶面生长情况

玉米单叶叶面积计算公式：最大长×最大宽×0.75；玉米单株叶面积计算方法：植株各叶片面积的总和。不同处理组对于叶面的生长情况的影响如图 8-1～图 8-3 所示。从图中可以看出，加沸石土样种植的玉米较对照组有明显的优势，从植株叶子方面比较，加沸石土样叶片数目、植株叶片总面积均大于对照组，叶面积平均值分别为 89.19 cm^2 和 67.94 cm^2，提高了 31.28%。加沸石土样种植玉米叶片长度和叶片最大宽度平均值均高于对照组，分别为 40.03 cm 和 34.90 cm、2.80 cm 和 2.47 cm，提高了 14.70%和 13.36%。

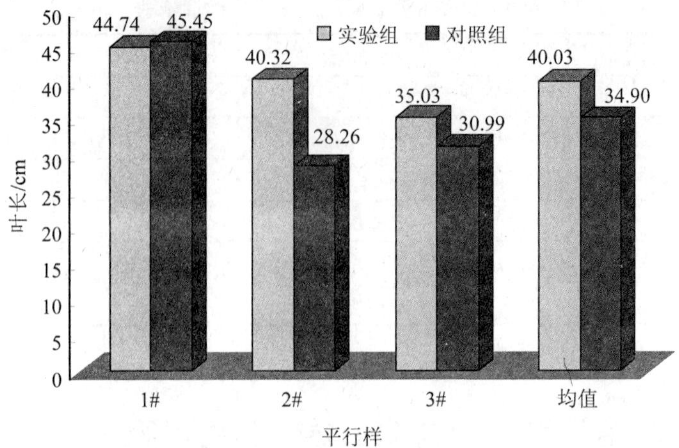

图 8-1　各处理组叶长均值

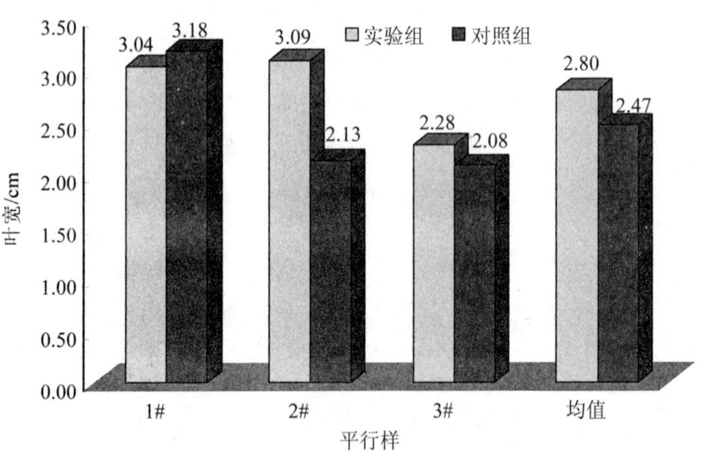

图 8-2　各处理组叶宽均值

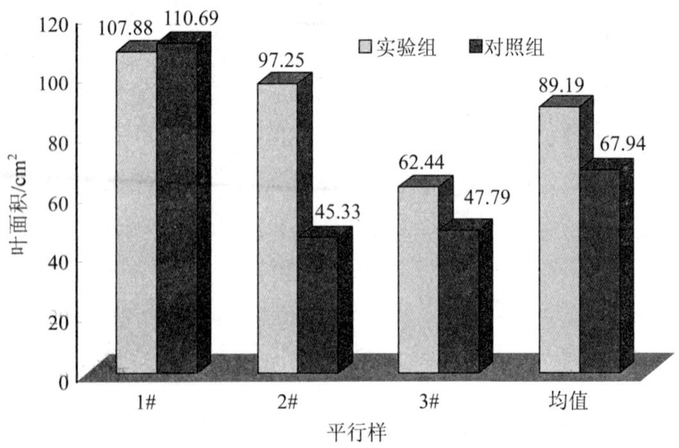

图 8-3　各处理组叶面积

2）生物量与干物质积累

根茎叶湿重和干重分别表示植株新鲜部分重量以及烘干的干物质累积量，从植株湿重和干物质累积量来分析，其结果如表 8-6 和图 8-4 所示。从试验结果可以看出，加沸石土样根茎叶的湿重量及干重量均高于对照组，并且数量上占绝对优势。叶湿重和干重分别提高了 85.29%和 84.03%，茎湿重和干重分别提高了 83.66%和 100%，根湿重和干重分别提高了 155.17%和 125%。

表 8-6　各土样种植玉米根、茎、叶干湿重量　　单位：g

土样	根湿重	根干重	茎湿重	茎干重	叶湿重	叶干重
实验组 1	3.211 1	0.368	23.416 8	2.271 8	13.549 1	1.267 2
实验组 2	2.368 4	0.519 4	22.499 9	3.226 7	13.579 5	2.545
实验组 3	1.720 5	0.732 2	15.123 6	2.776 7	6.505 4	2.757 2
对照组 1	1.801 3	0.451 4	19.840 7	2.502 2	11.682 2	2.297 8
对照组 2	0.704 3	0.196 6	6.045 1	0.732 8	1.914 6	0.906 6
对照组 3	0.409 5	0.069 1	7.363 6	0.916	4.54	0.364 6

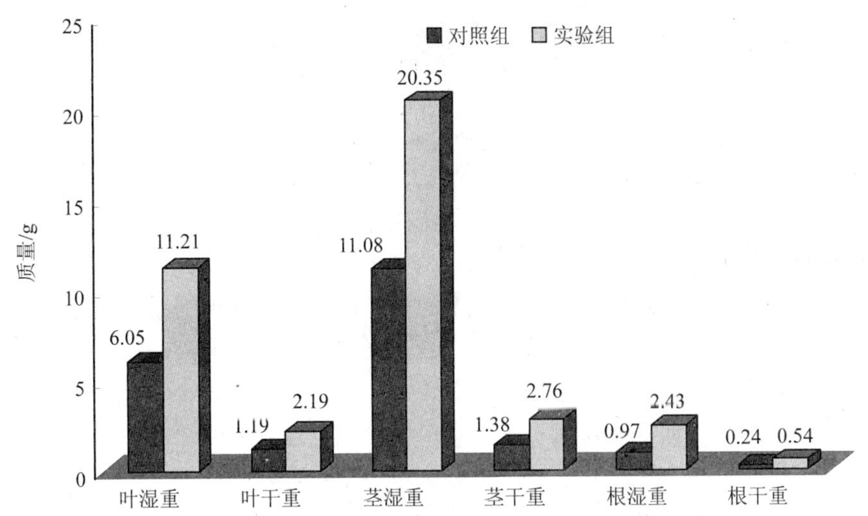

图 8-4　各处理组根茎叶干湿重量均值

3）根部生长情况

根数目为植物地下部分根系数目；根长为植株地下部分最长根长度。地下部分来说，考察指标主要有根系发达程度、根数目以及最大根长。不同处理组的根部生长情况如表 8-7 和图 8-5 所示。从试验结果可以看出，加沸石土样根系明显比对照组发达，根平均数目为 11.7，对比对照组为 10.7。根平均长度为 30.30 cm，对照组为 25.06 cm。

表 8-7 各土样种植玉米根数目、根长

土样编号	根数目	根长/cm
实验组 1	12	39.64
实验组 2	11	28.80
实验组 3	12	22.45
对照组 1	12	42.53
对照组 2	10	24.34
对照组 3	10	8.32

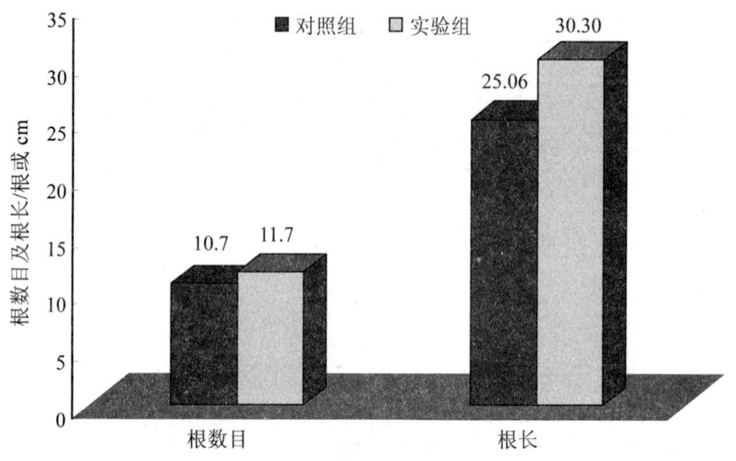

图 8-5 各处理组根数目及根长均值

沸石作为肥料保护剂和土壤改良剂，在玉米施肥上应用具有良好效果，对玉米增产显著。沸石具有蹲苗和壮苗的作用，施用沸石的玉米幼苗期虽然株高、叶长、叶片数稍小和少；但茎粗，叶宽加大，根系发达，侧根多而长。沸石能使肥料缓慢释放，从而保证了玉米生长中、后期养分的供应，防止了植株早衰，延长了叶片功能期，为产量提高创造了条件。张翔等[1]探讨了沸石及其复混肥的应用效果，发现从生育性状分析，以底肥沸石复混肥加沸石粉处理最好，研究指出沸石是一种矿物肥料，作为肥料添加剂具有特殊的作用，因其吸附性较强，可减少肥料有效成分的损失，同时含有多种营养元素，有利于肥料的养分平衡，促进作物对养分吸收，提高肥料利用率及施用化肥的经济效益。

加沸石土样各项考察指标均高于对照组，表明合成沸石和改性沸石与天然沸石一样同样具有保肥和缓释作用，有利于植物的生长，表明沸石作为土壤添加剂和改良剂切实可行。

8.2.2 水处理陶粒废料的农用环境风险与资源化处置

以盆栽的种植方式考察富磷陶粒废料对土壤的改良效果和对玉米生长发育的影响。主要包括：富磷陶粒废料对土壤有效磷、全磷含量的影响，改良土壤与原始土壤对玉米生长发育的影响。针对处理生活污水后陶粒废料的处置问题，以陶粒废料作为土壤改良剂按一定投加比例与土壤混合进行了盆栽玉米农用研究，通过与对照组比较考察其在自然条件下重金属的溶出情况和对玉米生长的影响，为水处理陶粒废料的安全农业利用提供参考。

选取华农 2008（糯玉米）和珍甜 1 号（甜玉米）两个玉米品种进行盆栽试验；陶粒废料取自实验室处理过生活污水的尾废料，陶粒的堆积密度为 877 kg/m^3，其外形为直径约 5 mm 的均匀球状颗粒；供试土壤的干容重为 1.0 kg/L，pH 为 5.49，含有效磷 6.1 mg/kg、全磷 0.7 g/kg。

采用直播方式种植玉米，每盆播 3 粒种子，待玉米出苗 5 d 后定植，每盆保留长势最好的一株。按常规方法进行浇灌管理，保证每盆灌水量相同。玉米种植 60 d 后收取进行试验。收获前 6 周每周同一时间测定每株玉米的株高和茎粗；收获时将玉米分成不同的器官分别用自来水和去离子水洗净，吸水纸吸干表面水，测定叶长、叶宽、叶面积（长宽比例法，叶面积系数取 0.75）、根长、根数等指标。茎干重为 90℃下杀青 30 min，然后降温到 70℃干燥至恒重，叶干重和根干重为 80℃下杀青 15 min，然后降温到 60℃干燥至恒重，并依此计算根冠比[2,3]。试验数据；用 SPSS12.0 对各因素指标进行多因变量方差分析，对同一因素内不同水平进行 LSD（Least-Significant Difference）检验。

1）不同处理对玉米生长和干物质积累的影响

将陶粒废料与土壤混合后盆栽玉米，两个品种的玉米生长状况良好。除了在玉米生长过程中定期测量株高、茎粗等指标，还要对玉米的其他生理指标进行测定，综合各指标分析在不同的处理下玉米生长状况，以期通过对比了解陶粒废料农用资源化的可行性及农用途径。

①不同处理对玉米茎部生长的影响。

通过对玉米茎粗和株高定期测量（图 8-6、图 8-7）发现，各处理组株高和茎粗均在前期较快增长，之后趋于平缓，有的在后期略微下降。总体来看，玉米在生长后期株高的大小为实验组 1＞实验组 2＞对照组 1＞对照组 2，茎粗的大小为实验组 2＞实验组 1＞对照组 2＞对照组 1，由此知施有陶粒的实验组 1、实验组 2 处理组的株高和茎粗均分别大于未施陶粒的对照组 1、对照组 2，虽然实验组 2 的株高在生长前期与对照组 2 相差不大，但后期差异逐渐显现。

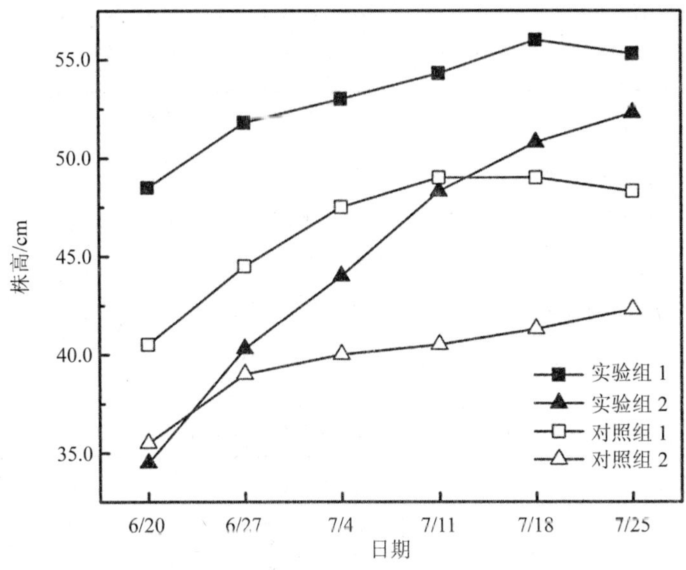

图 8-6　不同处理对玉米株高的影响

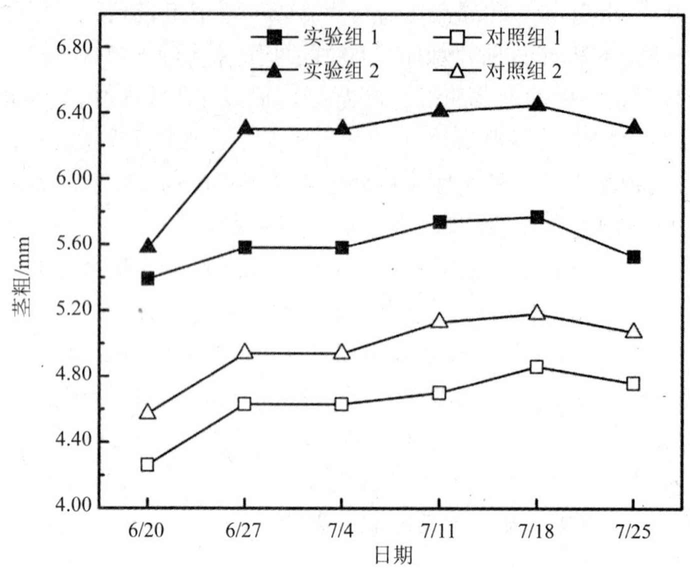

图 8-7 不同处理对玉米茎粗的影响

为了进一步了解不同处理对玉米茎部生长的影响，对收获当天测量的株高和茎粗进行统计分析（表 8-8），结果表明施加陶粒与不加陶粒两种处理对两个品种玉米的株高和茎粗均有显著差异，实验组 1、实验组 2 两组玉米的株高分别比对照组 1、对照组 2 提高了 14.5%和 23.6%，同样地，茎粗分别提高了 16.2%和 24.5%。

表 8-8 玉米株高和茎粗

处理	株高/cm	茎粗/mm
实验组 1	55.3 a	5.53 a
实验组 2	52.3 a	6.31 a
对照组 1	48.3 b	4.76 b
对照组 2	42.4 b	5.07 b

注：根据 LSD 检验（P=0.05），带有相同字母的同一列数据间无显著差异，n=4，下同。

②不同处理对玉米叶片生长的影响。

从表 8-9 看出，陶粒处理比对照处理的玉米叶片长势好，实验组 1、实验组 2 的叶长分别比对照组 1、对照组 2 提高了 23.0%和 20.6%，同样地，叶宽分别提高了 42.9%和 36.2%，叶面积分别扩大了 75.9%和 64.6%，这三项指标均在这两种处理间达到显著性差异，与对茎部的差异具有一致性，表明陶粒废料农用对玉米植株地上部分的生长具有促进作用。

表 8-9 不同处理对叶片生长的影响

处理	叶长/cm	叶宽/cm	叶面积/cm^2
实验组 1	51.69 a	3.10 a	480.68 a
实验组 2	47.12 a	2.90 a	409.92 a
对照组 1	42.03 b	2.17 b	273.22 b
对照组 2	39.07 b	2.13 b	249.09 b

③不同处理对玉米根系生长的影响。

施加陶粒和不施陶粒这两种处理间根部生长状况差异不显著，但从测量数据仍然可以看出实验组 1、实验组 2 的根部生长状况优于对照组 1、对照组 2（表 8-10）。华农 2008 品种的根数在两组处理中虽然根数差别不大，但根长差别较大，实验组 1 比对照组 1 增加了近 17.2%；另外，珍甜 1 号的根数和根长在两组处理中差别较大，实验组 2 比对照组 2 的根数和根长分别提高了 33.1%和 24.1%。

表 8-10　不同处理对根系生长的影响

处理	根数	根长/cm
实验组 1	12.8 a	22.15 a
实验组 2	23.3 b	26.40 a
对照组 1	12.3 a	18.90 a
对照组 2	17.5 b	21.27 a

④不同处理对玉米干物质积累的影响。

由表 8-11 可知，陶粒处理比对照处理的玉米干物质积累量大，实验组 1、实验组 2 的地上总质量分别比对照组 1、对照组 2 增加了 185%和 150%，根质量则分别增加了 309%和 378%，根冠比分别提高了 1.23%和 4.72%。除了根冠比，茎质量、叶质量、地上总质量和根质量四项指标在以上两种处理间呈显著性差异，说明施加一定量陶粒废料后可能改变了土壤理化性质，使之更适合玉米的生长，提高生物量产量，从而生产出更多干物质。

表 8-11　不同处理对玉米干物质积累量的影响

处理	茎质量/g	叶质量/g	地上总质量/g	根质量/g	根冠比/%
实验组 1	2.70 a	4.22 a	6.92 a	0.27 a	3.94 a
实验组 2	3.83 a	5.11 a	8.94 a	0.86 a	9.67 b
对照组 1	0.88 b	1.55 b	2.43 b	0.066 b	2.71 a
对照组 2	1.16 b	2.41 b	3.57 b	0.18 b	4.95 b

⑤施加陶粒对玉米相关生理指标的影响程度

为了解施加陶粒废料对玉米各项生理指标的影响程度，进一步认识陶粒废料农用的价值，对相关数据进行了方差分析，显著性分析结果见表 8-12。

从表 8-12 可知，施加陶粒处理对玉米的叶宽、叶面积、茎质量、叶质量等指标具有高度显著影响，而对根数、根长、根冠比等指标无显著影响，表明玉米的地上部分受到的影响比地下部分更大。

通过分析对比，发现陶粒废料农用可以促进玉米的生长发育，这是由于处理过生活污水的陶粒废料表明附有一定的有机质、氮和磷等营养物质，可提高土壤肥效，同时粒状的外形可以改善土壤的孔隙结构，增强土壤通透性，提高土壤中的空气量，从而更有利于玉米的生长发育[4]。因此，陶粒废料农用是一个可行的有前途的资源化途径。

表 8-12 施加陶粒对玉米生长相关指标影响程度

指标	株高	茎粗	叶长	叶宽	叶面积	根数
显著性	*	*	*	**	**	
指标	根长	茎质量	叶质量	地上质量	根质量	根冠比
显著性		**	**	**	*	

注：两个“*”表示高度显著影响（α=0.01），一个“*”表示显著影响（α=0.05），无“*”表示非显著影响。

8.3 结论

①经过富磷陶粒废料改良后的土壤盆栽玉米比对照组玉米的各项生理指标均有显著提高，能够促进玉米的生长发育；施加陶粒废料的实验组 1、实验组 2 处理组玉米生长状况明显优于未施陶粒废料的对照组 1、对照组 2，施加陶粒对叶宽、叶面积、叶质量和茎质量具有高度显著影响，对株高、茎粗、叶长和根质量具有显著影响。

②处理生活污水后的陶粒废料在农用资源化处置方面具有一定的应用前景。富磷陶粒废料可用作南方红壤的改良剂。

参考文献

[1] 张翔，朱洪勋，孙春河，等. 沸石复混肥在玉米上的应用效果试验. 农资科技，2000，2：25-29.

[2] 齐健，宋凤斌，刘胜群. 苗期玉米根叶对干旱胁迫的生理响应. 生态环境，2006，15（6）：1264-1268.

[3] 鲍士旦. 土壤农化分析. 北京：中国农业出版社，2000.

[4] 山东省农业科学院. 中国玉米栽培学. 上海：上海科学技术出版社，2004.